A Origem de (Quase) Todas as Coisas

Título do original: *The Origin of (Almost) Everything*.

Copyright © 2016 New Scientist.

Copyright das ilustrações © 2016 Jennifer Daniel.

Copyright da edição brasileira © 2021 Editora Pensamento-Cultrix Ltda.

1ª edição 2021.

Todos os direitos reservados. Nenhuma parte desta obra pode ser reproduzida ou usada de qualquer forma ou por qualquer meio, eletrônico ou mecânico, inclusive fotocópias, gravações ou sistema de armazenamento em banco de dados, sem permissão por escrito, exceto nos casos de trechos curtos citados em resenhas críticas ou artigos de revistas.

A Editora Seoman não se responsabiliza por eventuais mudanças ocorridas nos endereços convencionais ou eletrônicos citados neste livro.

Editor: Adilson Silva Ramachandra
Gerente editorial: Roseli de S. Ferraz
Preparação de originais: Danilo Di Giorgi
Gerente de produção editorial: Indiara Faria Kayo
Editoração eletrônica: Join Bureau
Revisão: Adriane Gozzo

Dados Internacionais de Catalogação na Publicação (CIP)
(Câmara Brasileira do Livro, SP, Brasil)

Lawton, Graham
  A origem de (quase) todas as coisas: ciência a jato com infográficos para geeks, nerds e antenados/ Graham Lawton; tradução Mário Molina. - 1. ed. - São Paulo: Editora Pensamento Cultrix, 2021.

  Título original: The Origin of (almost) everything
  ISBN 978-65-87143-10-1

  1. Ciências 2. Ciências - Miscelânea - Obra de divulgação 3. Curiosidade e maravilhas 4. Teoria (Filosofia) I. Título.

21-59126   CDD-500.2

Índices para catálogo sistemático:
1. Ciências físicas 500.2
Maria Alice Ferreira - Bibliotecária - CRB-8/7964

Seoman é um selo editorial da Pensamento-Cultrix.

Direitos de tradução para o Brasil adquiridos com exclusividade pela
EDITORA PENSAMENTO-CULTRIX LTDA., que se reserva a propriedade literária desta tradução.
Rua Dr. Mário Vicente, 368 — 04270-000 — São Paulo, SP — Fone: (11) 2066-9000
http://www.editoraseoman.com.br
E-mail: atendimento@editoraseoman.com.br
Foi feito o depósito legal.

Graham Lawton
e
Revista
New Scientist
Apresentam

A Origem de (Quase) Todas as Coisas

Ciência a Jato com Infográficos para Geeks, Nerds e Antenados

Com Ilustrações de Jennifer Daniel

Introdução de
STEPHEN HAWKING

Tradução
Mário Molina

Sumário

Introdução 6
Prefácio 8
1. **O Universo** 10
2. **Nosso Planeta** 38
3. **Vida** 70
4. **Civilização** 118
5. **Conhecimento** 166
6. **Invenções** 198
Leitura Adicional 246
Agradecimentos 249
Índice Remissivo 250

Introdução
Professor Stephen Hawking

Existência: De Onde Viemos?

Por que estamos aqui? De onde viemos? Segundo o povo bushongo, da África Central, antes de nós só havia trevas, água e o grande deus Bumba. Um dia, Bumba, sentindo dor de estômago, vomitou o Sol. O Sol fez com que parte da água evaporasse, fazendo surgir a Terra. Ainda sentindo mal-estar, Bumba vomitou a Lua, as estrelas e depois o leopardo, o crocodilo, a tartaruga e, por fim, os seres humanos.

Esse mito da criação, como tantos outros, lida com indagações que todos nós fazemos ainda hoje. Felizmente, como ficará claro, temos atualmente uma ferramenta para dar as respostas a essas indagações: a ciência.

A primeira evidência científica relacionada a esses mistérios da existência foi descoberta nos anos 1920, quando Edwin Hubble começou a fazer observações com um telescópio no Monte Wilson, na Califórnia. Para sua surpresa, Hubble descobriu que quase todas as galáxias estavam se distanciando de nós. Além disso, quanto mais distantes as galáxias, maior a velocidade com que se afastavam. A expansão do Universo foi uma das descobertas mais importantes de todos os tempos.

Essa descoberta transformou o debate sobre a existência de um começo do Universo. Se as galáxias estão se separando neste momento, certamente estiveram mais próximas no passado. Se a velocidade delas foi constante, bilhões de anos atrás elas estavam todas empilhadas. Foi assim que o Universo começou?

Na época, muitos cientistas lamentaram a possibilidade de ter havido "um começo" do Universo, porque isso parecia implicar no fracasso da Física. Teríamos de invocar um agente externo, que por conveniência podemos chamar de Deus, para determinar a forma como o Universo começou. Eles então desenvolveram teorias segundo as quais o Universo estaria se expandindo no momento atual, mas que não teria havido um começo.

A talvez mais conhecida dessas teorias foi formulada em 1948. Foi chamada de Teoria do Estado Estacionário e sugeria que o Universo sempre existira e sempre tivera a mesma aparência. Esta última propriedade possuía a grande virtude de ser uma previsão que podia ser testada, ingrediente fundamental do método científico. E descobriu-se que não era real.

Dados de observações confirmando a ideia de que o Universo teve um começo muito denso surgiram em outubro de 1965, com a descoberta de um fundo sutil de micro-ondas por todo o espaço. A única interpretação razoável para esse "fundo cósmico de micro-ondas" seria tratar-se de restos da radiação de um estado anterior, quente e denso. À medida que o Universo se expandiu, a radiação esfriou até se tornar apenas o resquício que vemos hoje.

A teoria logo deu suporte a essa ideia. Com Roger Penrose, da Universidade de Oxford, mostrei que, se a teoria da relatividade geral de Einstein estiver correta, haveria uma singularidade, um ponto de infinita densidade e curvatura do espaço-tempo, onde o tempo tem um começo.

O Universo começou no Big Bang e se expandiu com rapidez. Isso é chamado "inflação" e foi um fenômeno extremamente rápido: o Universo dobrou muitas vezes de tamanho em uma minúscula fração de segundo.

A inflação tornou o Universo muito grande, muito regular e muito plano. Mas ele não era de todo regular: havia pequenas variações de um lugar para outro. Essas variações acabaram dando origem a galáxias, estrelas e sistemas solares.

Devemos nossa existência a essas variações. Se o Universo primitivo tivesse sido totalmente regular, não haveria estrelas e, portanto, a vida não poderia ter se desenvolvido. Somos produto de flutuações quânticas primordiais.

Como ficará claro, muitos mistérios profundos permanecem sem solução. Ainda assim, estamos cada vez chegando mais perto de responder a perguntas tão antigas quanto a civilização: De onde viemos? E será que somos os únicos seres do Universo capazes de fazer essas perguntas?

Prefácio

Sempre fui fascinado pela origem das coisas. Quando criança, ia sempre para a costa de Yorkshire com minha mãe, meu pai e minha irmã. Tirávamos fósseis dos rochedos, chamados de amonoides, belemnites ou unhas do pé do diabo, e eu me perguntava de onde eles teriam vindo? Como era a Terra quando estavam vivos.

Não era apenas o mundo natural que me fazia perguntar de onde vinham as coisas. Lembro-me de estar vendo televisão – provavelmente ainda no tempo da TV em preto e branco, mas ainda assim uma maravilha tecnológica – e pensar: quem inventou isso? Não conseguia entender como alguém podia ter criado uma caixa com uma tela que projetava imagens vindas de longe. Com os recursos ao meu dispor, pensei, eu jamais poderia ter feito aquilo.

Vinte anos atrás, ao me tornar jornalista especializado em ciência, compreendi a força que histórias sobre a origem das coisas exercem sobre nós. "De onde viemos?" é uma das perguntas mais profundas e fundamentais que fazemos a nós mesmos (as outras perguntas são "como devemos viver?" e "para onde estamos indo?", mas essas ficam para outro dia). Estou convencido de que faz parte da natureza humana observar alguma coisa ou pensar em alguma questão existencial e refletir sobre a origem daquilo.

Todas as sociedades que conhecemos têm histórias sobre a origem do cosmos e seus habitantes. O mais antigo mito da criação registrado é o Enuma Elish, escrito em tabuinhas de argila há 2.700 anos, na Babilônia da Idade do Bronze. Mas as histórias de origem surgiram, sem dúvida, muito antes disso, pelo menos 40 mil anos atrás, quando nossos ancestrais tornaram-se o que conhecemos como humanos de comportamento moderno. Pelo que sabemos, a mente deles era idêntica à nossa. Isso significa que possuíam aptidão para a viagem mental no tempo – capacidade para se projetarem no passado e no futuro, o que permitia que transcendessem o aqui e agora, e mesmo os limites de sua existência, para contemplar o passado mais remoto e o distante futuro. Como nós, eles devem ter se perguntado de onde tudo aquilo vinha.

Talvez a coisa vá ainda mais longe. Talvez até mesmo nossos antepassados mais remotos tivessem um mito de origem, uma história de 1 milhão de anos de idade repetida em protolinguagem por *Homos erectus* em torno de uma fogueira. É, até mesmo as histórias de origem exigem uma história de origem.

Os criadores dessas histórias antigas, é claro, não tinham muito a que recorrer: contavam apenas com suas experiências imediatas e sua imaginação. Na maioria das vezes, recorriam a explicações sobrenaturais. O mito de origem de nossa própria cultura, o Livro do Gênesis, é uma dessas histórias. Que na realidade abre as possibilidades com duas

versões: primeiro o mito familiar dos seis dias de criação e depois uma versão ligeiramente diferente e um tanto contraditória dos mesmos fatos. Talvez isso seja uma admissão tácita de que, quem sabe, nunca se saiba ao certo, mas que temos uma chance de acertar.

No entanto, se acrescentarmos a isso o poder do método científico, a viagem mental no tempo torna-se um instrumento de precisão. Podemos usar telescópios para espreitar o Universo primitivo e empregar a matemática para compreender suas propriedades. Fazer o relógio andar para trás tem, sem dúvida, aberto um caminho muito longo – chegando quase ao princípio do próprio Universo, como Stephen Hawking explica em sua introdução.

Enquanto isso, as ciências históricas – Geologia, Biologia evolutiva e Cosmologia – nos permitem reconstruir eventos que aconteceram muito antes da existência dos seres humanos, bem lá atrás, no que é chamado "tempo profundo": o nascimento do sistema solar, a origem da vida, a evolução de nossa espécie e de muitas outras. A Arqueologia e a História nos ajudam a compreender nosso passado e a origem das coisas pelas quais os humanos são diretamente responsáveis, desde as primeiras inovações, como a capacidade de cozinhar os alimentos, à tecnologia moderna, como a rede mundial de computadores.

A Origem de (Quase) Todas as Coisas é uma compilação das modernas histórias de origem como reveladas pela ciência. A obra reúne o que há de mais importante, interessante e inesperado em 53 capítulos curtos, enriquecidos pelos infográficos vibrantes, muitas vezes engraçados, de Jennifer Daniel.

Quando comecei a compilar minha lista de tópicos, alguns eram evidentes, como o Big Bang, a origem da vida e a evolução dos humanos. O surgimento da civilização humana era outro rico filão. Quinze mil anos atrás, nossos ancestrais eram caçadores-coletores nômades; hoje moramos em casas, fazemos compras em supermercados e nos deslocamos em máquinas. Como chegamos a esse ponto?

Outros tópicos eram menos óbvios, e sou grato aos meus brilhantes colegas da *New Scientist* e a John Murray por terem me sugerido alguns dos temas mais inesperados: o zero, o solo e a higiene pessoal estão entre os meus favoritos. Ao finalizar a obra, tínhamos muito mais material que o necessário para preencher o espaço de um único livro. A lista de tópicos que tivemos de deixar de fora é bem longa e inclui a origem do jogo de críquete e do sorvete Viennetta, para citar apenas duas ideias. Talvez um dia eu escreva *The Origin of (almost) Everything Else* [*A Origem de (Quase) Todas as Outras Coisas*].

Mas chega dessa viagem mental no tempo. Estou muito orgulhoso deste livro. Foi uma jornada de descoberta para mim, e espero que também seja para você. Muitas das histórias aqui contadas se alteraram e desdobraram enquanto estávamos trabalhando no livro, à medida que novas descobertas vinham à tona. É essa a inquieta beleza da ciência.

A única coisa que lamento é que um subtítulo de que eu gostava acabou não saindo na capa (se alguém estiver querendo saber, era *From the Big Bang to belly-button fluff* [*Do Big Bang ao fiapo no umbigo*], que acredito que dava ao leitor uma ideia do alcance da obra). Oficialmente, a ideia do livro surgiu durante um *brainstorm* entre a *New Scientist* e John Murray, mas gosto de pensar que suas verdadeiras origens estão em uma praia de Yorkshire, dentro da cabeça de um garotinho inspirado pelas maravilhas da natureza.

Mas lá vou eu de novo, viajando no tempo para tentar entender onde algo começou. É algo que não conseguimos evitar.

Graham Lawton
Londres, maio de 2016

Capítulo 1

O Universo

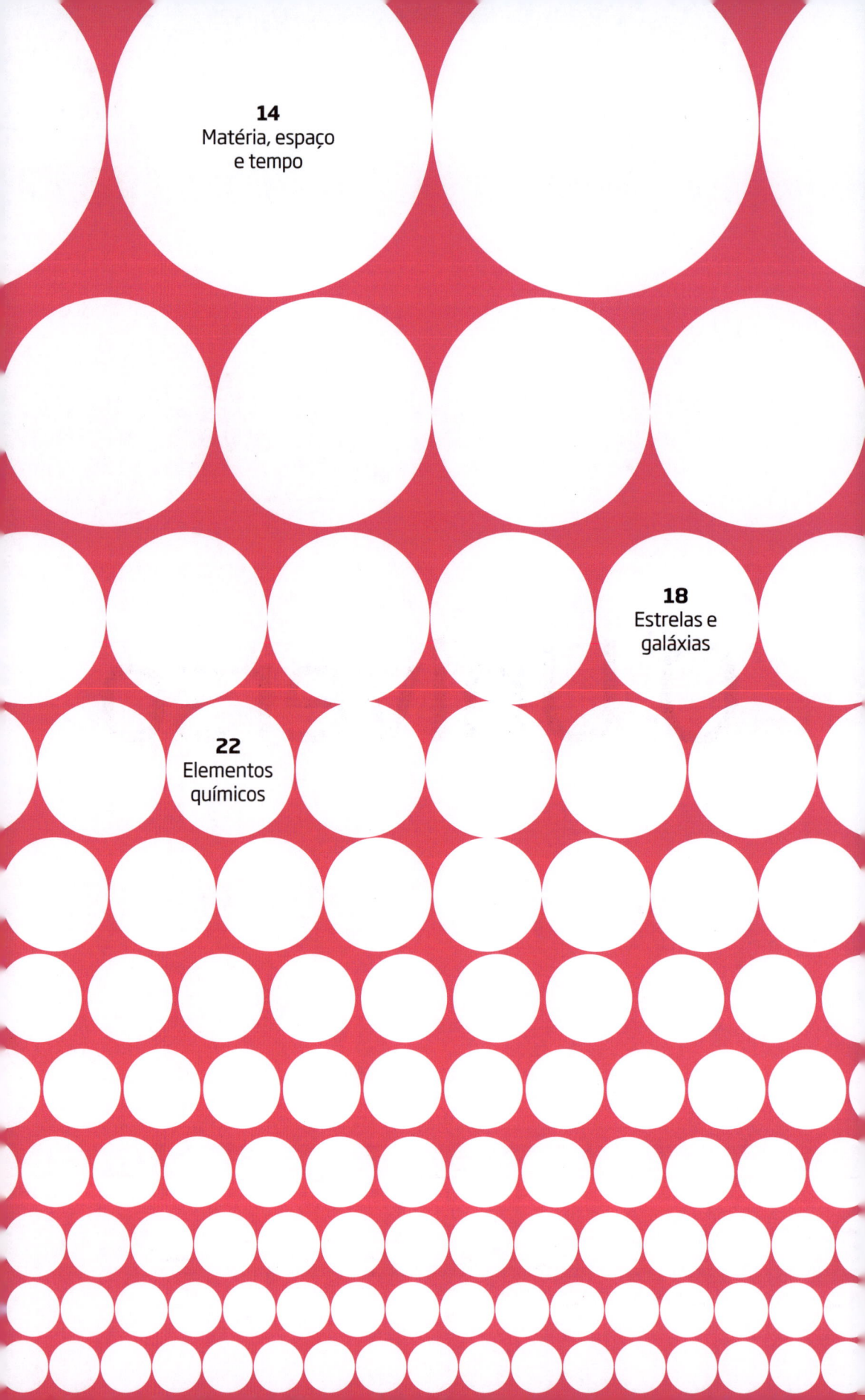

14 Matéria, espaço e tempo

18 Estrelas e galáxias

22 Elementos químicos

30 Matéria escura e energia escura

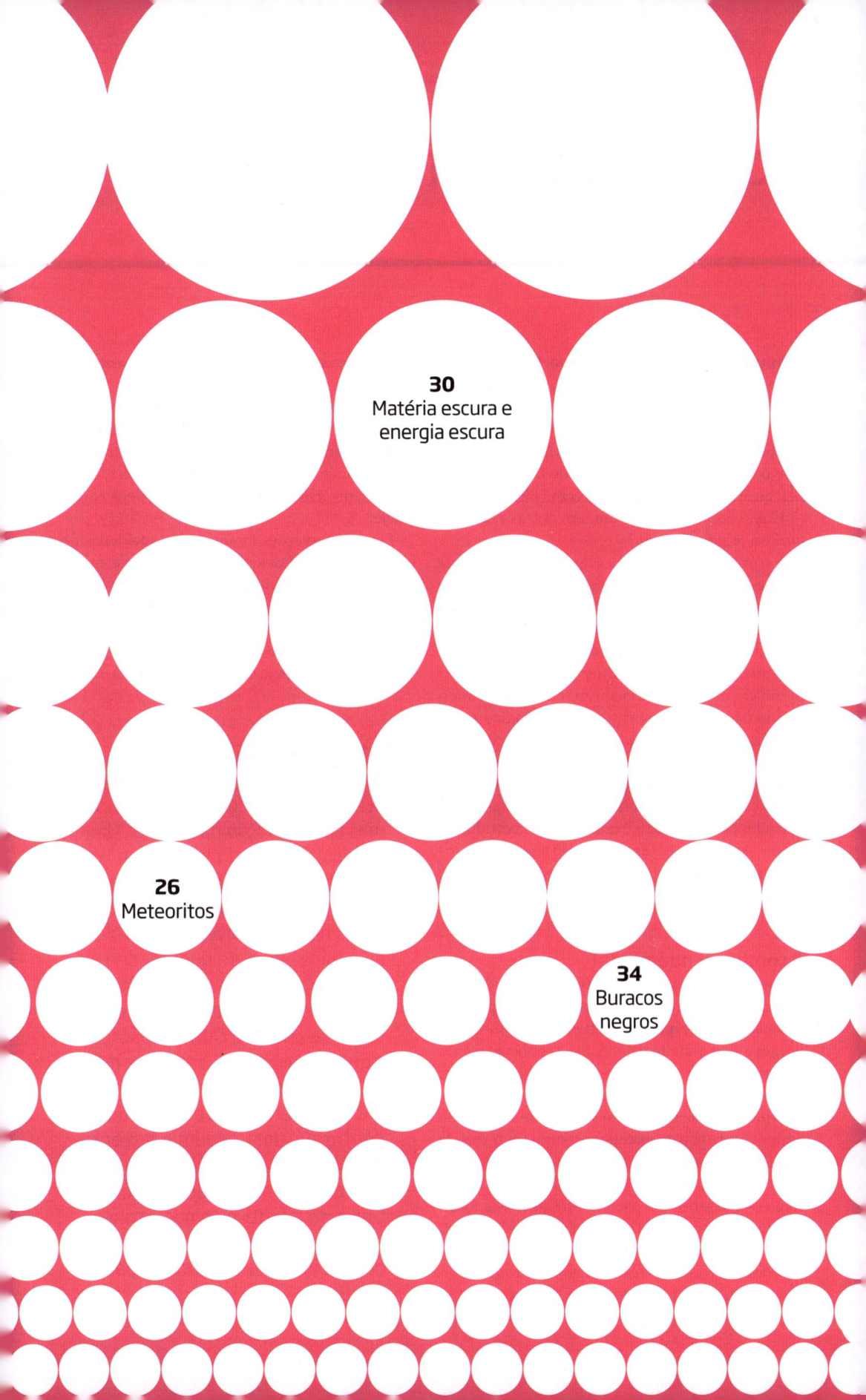

26 Meteoritos

34 Buracos negros

A ORIGEM DE (QUASE) TODAS AS COISAS → O UNIVERSO → COMO TUDO COMEÇOU?

Como tudo começou?

O Universo é grande. Muito grande. E, no entanto, se nossa teoria sobre sua origem estiver correta, o Universo já foi pequeno. Muito, muito pequeno. Na verdade, a certa altura, ele não existiu. Por volta de 13,8 bilhões de anos atrás, a matéria, a energia, o tempo e o espaço brotaram do nada, de forma espontânea, no evento que conhecemos como Big Bang.

Como isso aconteceu? Ou, em outras palavras, qual é a origem de tudo?

É o mistério supremo da origem. Para a maioria das pessoas ao longo da história, a única resposta plausível era "Deus fez". Durante muito tempo, até mesmo a ciência se esquivava da questão. No início do século XX, os físicos, de forma geral, acreditavam que o Universo era infinito e eterno. O primeiro indício de que não era surgiu em 1929, quando Edwin Hubble descobriu que as galáxias estão fugindo umas das outras, como estilhaços após uma explosão.

A conclusão lógica era que o Universo deve estar se expandindo e, portanto, ter sido menor no passado. Ao imaginar a expansão acontecendo para trás, como em um filme rodando ao contrário, os astrônomos chegaram a outra conclusão lógica, mas um tanto estranha: deve ter havido um começo do Universo.

O começo fundamental

A princípio, muitos cientistas ficaram descontentes com a ideia de um começo fundamental e por isso desenvolveram explicações alternativas que eliminavam a necessidade dele. A mais conhecida, a do Universo em estado estacionário, foi proposta em 1948. Segundo essa hipótese, o Universo sempre existira e apresentava a mesma aparência desde sempre. Logo os astrônomos encontraram meios de pôr essa afirmação à prova e chegaram à conclusão de que ela era precária. Alguns objetos celestiais, como os quasares, são encontrados apenas a grandes distâncias de nós, o que sugere que o Universo *não* teve sempre a mesma aparência. Ainda assim, os teóricos do estado estacionário deixaram um legado duradouro ao nos legarem a expressão "big bang", formulada, de início, como sarcasmo para rejeitar que ele tivesse ocorrido.

O golpe fatal veio em 1965, com a descoberta acidental do brilho fraco de radiação permeando todo o espaço. A interpretação para esse fundo cósmico de micro-ondas foi que se tratava da radiância de um Universo muito mais quente e denso do que é hoje.

Essas observações foram logo respaldadas pela teoria. Stephen Hawking e Roger Penrose mostraram que, se a relatividade geral estiver correta, deve ter havido um tempo em que o Universo era infinitamente pequeno e denso – um momento em que o próprio tempo começou.

O Big Bang é hoje ciência estabelecida. Os cos-

O Big Bang não

O Big Bang é a explicação mais aceita para a origem do Universo, mas sua aceitação não é total. Uma teoria alternativa diz que, em vez de uma explosão, houve um salto. Neste cenário, rebobinar nosso Universo nos faz atravessar seu início inimaginavelmente quente, denso, e sair do outro lado, no fim inimaginavelmente quente, denso, de um universo anterior. Outra explicação é que a explosão foi uma entre muitas. Segundo a teoria do multiverso, nosso Universo é apenas uma bolha dentro de uma espuma fervente de Universos. Ambas as ideias, no entanto, acabam sugerindo que o Universo não teve começo, conceito ainda mais difícil de apreender do que imaginá-lo saltando para a existência.

Big Bang ou grande salto: o início de tudo ou o retorno de um Universo anterior?

mólogos acreditam que é possível traçar a evolução do Universo de uma fração de segundo após sua origem até os dias atuais, incluindo um breve período de expansão vertiginosa, chamado inflação, e o nascimento das primeiras estrelas. O verdadeiro momento da criação, no entanto, é ainda objeto de grande especulação. Nesse ponto, nossas teorias sobre a realidade começam a desmoronar. Para progredir, precisamos entender como reconciliar a relatividade geral com a teoria quântica. Mas, apesar de décadas de árduo trabalho intelectual, os físicos continuam estacionados nisso. No entanto, fazemos alguma ideia de como responder à pergunta incômoda que mora no coração do Big Bang:

Como algo surge a partir do nada?

É uma pergunta muito razoável, visto que a Física básica sugere que a existência do Universo é esmagadoramente improvável. A segunda lei da termodinâmica diz que a desordem, ou entropia, tende sempre a aumentar com o passar do tempo. A entropia mede o número de modos como podemos reorganizar os componentes de um sistema sem alterar sua aparência geral. As moléculas de um gás quente, por exemplo, podem ser organizadas de muitas maneiras diferentes para criar a mesma temperatura e a mesma pressão, por isso o gás é um sistema de alta entropia. Ao contrário, não podemos reorganizar as moléculas de algo vivo sem transformá-lo em algo não vivo, o que faz de nós sistemas de baixa entropia.

Pela mesma lógica, o nada é o estado de mais alta entropia disponível; podemos embaralhá-lo com qualquer coisa, e ele sempre continuará sendo nada.

Dada essa lei, é difícil imaginar como o nada poderia ser transformado em algo, muito menos em um Universo. Mas a entropia é só parte da história. A outra parte é uma qualidade que os físicos chamam de simetria – que não é exatamente a mesma coisa que a simetria cotidiana associada à formas. Para os físicos, uma coisa é simétrica se houver algo que você possa fazer com ela de modo que, depois

que tenha terminado de fazê-lo, a coisa pareça a mesma de antes. Por essa definição, o nada é totalmente simétrico: podemos fazer o que quisermos com ele, e ele ainda é será nada.

Como os físicos aprenderam, as simetrias são feitas para serem quebradas e, quando quebram, exercem influência profunda no Universo.

De fato, a teoria quântica nos diz que o que chamamos de vazio não existe. Sua simetria perfeita é perfeita demais para durar, sendo quebrada por um caldo de partículas misturadas que entram e saem da existência.

Isso leva à conclusão insólita de que, apesar da entropia, algo é um estado mais natural que nada. Nesse sentido, tudo em nosso Universo são apenas agitações do vácuo quântico.

Poderia algo semelhante, de fato, explicar a origem do próprio Universo? É uma possibilidade muito plausível. Talvez o Big Bang fosse apenas o nada fazendo o que naturalmente ocorre: uma flutuação quântica que fez um Universo inteiro saltar para a existência.

Fora do espaço e tempo

Isto, é claro, levanta a questão sobre o que houve antes do Big Bang e por quanto tempo esse estado de coisas persistiu. Infelizmente, nesse ponto, os conceitos do senso comum, tal como a ideia de *antes*, perdem todo o sentido.

E aqui também surge uma questão ainda mais espinhosa. Essa compreensão da criação se apoia na validade das leis da Física. Mas isso implica que as leis, de alguma forma, existiam antes do Universo.

Como podem as leis da Física existirem fora do espaço e do tempo e sem causa própria?* Ou, em outras palavras, por que existe algo em vez de nada?

---

* Isto é, sem um contexto que as façam se manifestar. (N.T.)

Podemos diferenciar alguma coisa...

Na verdade, não podemos. Não há diferença entre eles. A teoria quântica nos diz que o nada não pode existir: ele sempre vai dar origem a alguma coisa, possivelmente a um Universo. De fato, isso pode explicar o Big Bang. Se somarmos toda a matéria e energia no Universo – incluindo a gravidade, que tem energia negativa – chegaremos a zero. O Universo inteiro é feito de... nada.

... de nada?

A ORIGEM DE (QUASE) TODAS AS COISAS → O UNIVERSO → POR QUE AS ESTRELAS BRILHAM?

Por que as estrelas brilham?

Olhe para o céu à noite: você estará olhando para trás no tempo. A luz de Sirius A, a estrela mais brilhante, leva cerca de oito anos e meio para viajar pelo espaço interestelar e chegar até a Terra. A estrela mais distante visível a olho nu, Deneb, está a cerca de 2.600 anos-luz. Pelo que sabemos, ambas as estrelas já não existem mais.

Se olharmos além, veremos ainda mais para trás no tempo. Em 2012, o Telescópio Espacial Hubble divulgou uma imagem chamada eXtreme Deep Field [Campo de Extrema Profundidade], criada pela captação da luz fraca de um minúsculo trecho do céu durante 23 dias. Ela estava repleta de galáxias distantes, algumas tão remotas que sua luz fora emitida quando o Universo tinha apenas meio bilhão de anos.

A imagem confirmou o que os astrônomos havia muito suspeitavam: no essencial, o Universo é o mesmo em todas as direções, dominado por estrelas e galáxias semelhantes às nossas. Mas, se o Hubble pudesse espiar ainda mais fundo no passado, veria um Universo bem diferente.

É agora aceito, de forma geral, que o Universo iniciou sua existência como uma bola de fogo inimaginavelmente pequena, densa e quente de matéria e energia. Esse Universo não continha estrelas nem galáxias, e continuaria assim por 500 milhões de anos.

A galáxia mais antiga que conhecemos é a EGSY8p7, que nasceu cerca de 600 milhões de anos após o Big Bang. Meio bilhão de anos depois disso, o Universo estava cheio de galáxias, cada uma delas com centenas de bilhões de estrelas. Como ele passou de um extremo a outro?

Para responder a essa pergunta, temos de voltar muito para trás, para um período apenas 3×10^{-44} segundos após o Big Bang. Foi aí o início da inflação, uma fração de um milissegundo durante a qual o Universo se expandiu de modo exponencial.

Explodido como um balão de festa

A inflação converteu o Universo de um nó turvo e fervente de matéria e energia em algo mais suave e mais homogêneo, um pouco como no encher de um balão de festa enrugado. Isso, contudo, não levou a uma uniformidade completa: havia pequenas variações de um lugar para outro, remanescentes duradouros das flutuações quânticas que haviam causado o Big Bang. Depois que a inflação terminou, o Universo continuou a se expandir em ritmo muito mais lento, levando as variações ainda mais longe. Foram estas as sementes de onde brotaram as estrelas e as galáxias.

Sabemos sobre as galáxias a partir de observações da radiação cósmica de fundo, uma radiância fraca de micro-ondas que permeia todo o espaço e é chamada, muitas vezes, de "brilho" do Big Bang. A princípio, o fundo cósmico de micro-ondas parecia ter a mesma temperatura em todos os pontos: um glacial 2,7 ºC acima do zero absoluto. Mas, em 1992, o satélite Explorador do Fundo Cósmico (COBE, na

---

Criadas por um buraco negro

Considera-se que as galáxias se aglutinam de forma gradual sob a influência da gravidade, mas há uma possibilidade alternativa e muito mais espetacular. Talvez elas sejam lançadas à existência por jatos de matéria com muita energia batendo contra nuvens de gás. Os jatos são liberados de quasares, objetos de extrema luminosidade que se acredita serem alimentados por buracos negros supermassivos. Se isso estiver correto, indica que os buracos negros supermassivos encontrados no centro da maioria das galáxias são os arquitetos de seus arredores, não seus produtos.

Há três tipos básicos de galáxia

Elíptica

Espiral

Espiral barrada

sigla em inglês) da NASA mapeou-o em detalhes e detectou regiões onde era um pouco mais frio que a média e outras onde era um pouco mais quente.

Essas diferenças são mínimas – não mais que algumas partes em 100 mil –, mas foi o bastante.

Os pontos frios correspondem a regiões do Universo inicial que continham mais matéria – em grande parte, hidrogênio e hélio – e eram, portanto, ligeiramente mais densas que a média. A atração gravitacional fez o restante, agrupando aos poucos essa matéria em bolhas maiores e mais densas, que, por fim, ficaram tão grandes e densas que a fusão nuclear se inflamou nos núcleos. Nasceram as estrelas.

A gravidade também é responsável pela formação dos aglomerados de estrelas que chamamos de galáxias e dos aglomerados de galáxias que chamamos de... bem... aglomerados de galáxias. Os diâmetros desses últimos podem chegar a mais de 100 milhões de anos-luz.

Nossa própria galáxia se formou dessa maneira, e o processo continua. A Via Láctea está acrescentando matéria vinda de duas galáxias satélites das proximidades, a Grande e a Pequena Nuvem de Magalhães, e também sugando gases do espaço. Já sendo uma galáxia gigantesca, muito maior e mais brilhante que a maioria delas, a Via Láctea acabará se tornando ainda mais poderosa ao se fundir com outra galáxia próxima, Andrômeda.

A formação de estrelas também continua ocorrendo em densas regiões de poeira interestelar conhecidas como viveiros estelares. O Telescópio Espacial Hubble captou imagens espetaculares de enormes colunas de gás e poeira onde estrelas recém-nascidas estão emergindo das nuvens. Vêm acrescidas de discos protoplanetários que acabarão dando origem a sistemas solares. A Via Láctea gera cerca de dez estrelas por ano.

Apesar de todas as estrelas nascerem da mesma maneira, variam muito. Algumas são brilhantes, outras têm pouco brilho; algumas são azuis, outras brancas, amarelas, alaranjadas ou vermelhas; algumas são enormes, outras minúsculas.

Viva rápido, morra jovem

As diferenças devem-se a variações aleatórias de massa. Cerca de 90% delas são estrelas da sequência principal, e todas estão fazendo a mesma coisa: moem núcleos de hidrogênio nos centros para formar núcleos de hélio, processo chamado fusão. Quanto maior a massa da estrela, mais quente é seu centro, mais rápido seu hidrogênio vai se fundir... e mais brilhante a estrela será. E, quanto mais brilhante a estrela, mais azul ela é.

A massa de uma estrela também determina quanto tempo ela vai durar. Embora estrelas mais massivas tenham mais combustível para queimar, essa queima acontece muito mais rápido, e elas morrem mais cedo. As estrelas com massa maior esgotam o hidrogênio em apenas alguns milhões de anos. Em contraste, o Sol está queimando há 4,6 bilhões de anos e continuará a fazê-lo por outros bilhões.

Todas as estrelas da sequência principal um dia esgotarão o hidrogênio em seus centros. Começarão, então, a queimar hidrogênio fora do centro e se expandirão e resfriarão. Serão gigantes ou supergigantes.

Essas estrelas enormes têm vida breve, mas espetacular. Começam fundindo hélio, carbono, neônio, oxigênio, silício e enxofre, sendo que os dois últimos se fundem em ferro. O ferro, no entanto, não se funde em elementos mais pesados, e, nesse ponto, a estrela está condenada a explodir como supernova. Mais tarde, os restos entram em colapso, formando uma esfera pequena, mas densa. Ela pode ser um buraco negro ou uma estrela de nêutrons.

As gigantes menores não explodem, apenas minguam lentamente, transformando-se em fantasmas quentes e densos, as anãs brancas. Depois de um bom tempo, as anãs brancas se apagarão por completo, tornando-se anãs negras. Mas não por enquanto, pois o Universo ainda não é tão velho.

A ORIGEM DE (QUASE) TODAS AS COISAS → O UNIVERSO → BRILHA, BRILHA...

Brilha, brilha...

Se colocarmos as estrelas visíveis em um gráfico, dispostas de acordo com o brilho e a cor, emergirá um padrão. Em vez de estarem distribuídas de modo aleatório, formarão três aglomerados que nos dizem muita coisa sobre a vida delas e sobre como evoluem.

10^2 — As estrelas são caracterizadas por dois parâmetros visíveis por meio de telescópios: **brilho e cor**. Parecem brancas ou amarelas a olho nu, mas, na verdade, variam do azul ao vermelho-escuro.

10

1

$.1$

10^{-2}

10^{-3}

10^{-4}

10^{-5} **LUMINOSIDADE SOLAR**

Eixo do brilho
Medido em unidades de luminosidade solar ($L_\odot$). Uma unidade é definida como igual ao brilho do Sol.

Eixo da cor
Indicador de temperatura. Quanto mais azul uma estrela, mais quente ela é.

TEMPERATURA CRESCENTE

Beta Centauri
Spica
Bellatrix
Rigel
Archemar
Sirius B

1. Sequência principal
Noventa por cento das estrelas estão nessa categoria. São estrelas jovens fazendo o que as estrelas jovens fazem: fusão de núcleos de hidrogênio em núcleos de hélio em seus centros. As estrelas mais massivas estão no canto superior esquerdo, e as menores, lá embaixo, à direita. Isso porque, quanto maior uma estrela, mais quente e mais brilhante ela é.

3. Anãs Brancas
Estrelas antigas que cumpriram seu tempo como estrelas da sequência principal e estrelas gigantes. São pequenas, densas, quentes e invisíveis a olho nu. Depois de um bom tempo, as anãs brancas se apagarão por completo, tornando-se anãs negras.

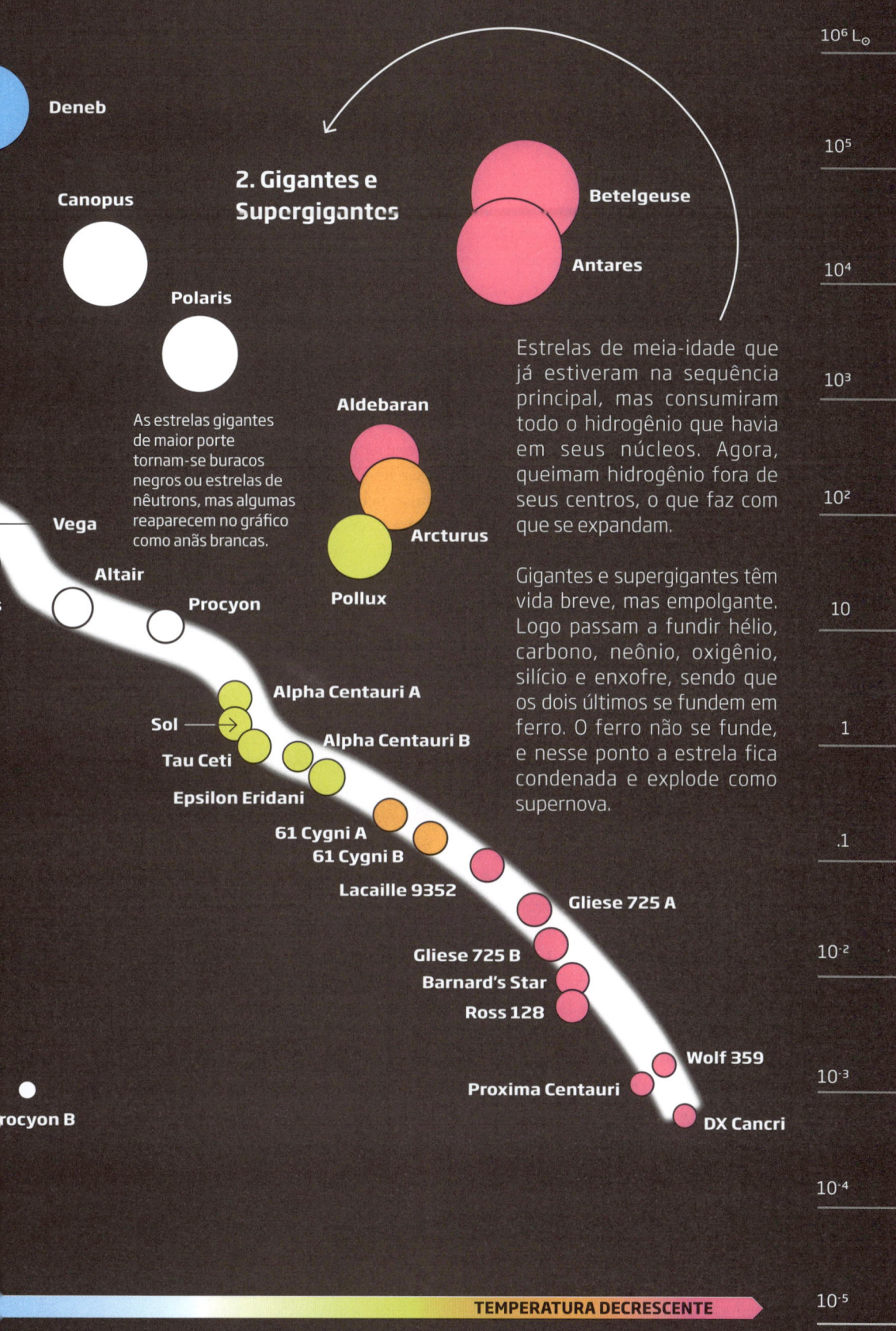

Do que é feita a matéria?

Imagine que em seu primeiro aniversário você receba um presente um tanto estranho: um frasco do gás hidrogênio. No ano seguinte, ganha um pouco de hélio e, no terceiro aniversário, um pedaço de lítio. Quando faz 21 anos, você se torna o orgulhoso proprietário de um pouco de escândio. Na comemoração dos 40, ganha um pedaço de zircônio cristalino. Se chegar a 92, seu presente será urânio. Mas para completar a coleção você terá de viver muito mais que isso.

Cento e dezoito anos, para ser exato. É esse o número de elementos químicos que conhecemos: um bufê variado de sólidos, líquidos, gases, metais e não metais, alguns raros, alguns comuns, alguns úteis, outros não. São os elementos constitutivos da química e da vida. De onde vêm todos eles?

A resposta fácil é o Big Bang. Mas ela não resolve nosso problema, porque a explosão em si produziu apenas os três elementos mais leves: hidrogênio, hélio e um traço de lítio. E o restantes?

A resposta completa requer conhecimento dos elementos constitutivos dos átomos e alguma aritmética básica. O átomo mais simples é o hidrogênio, composto de um próton e um elétron. Os próximos mais simples são o deutério e o trítio, que são hidrogênio mais um ou dois nêutrons. Depois disso vem o hélio, com dois prótons e dois elétrons. Em seguida há o lítio, com três de cada. O senso comum sugere que elementos maiores podem ser criados a partir da fusão de elementos menores. E é exatamente assim que eles são formados.

O grande aperto

Mas não é tão simples assim. Essas reações são difíceis porque os dois núcleos precisam de imensa quantidade de energia para se fundirem. Isso requer temperaturas astronômicas: no mínimo 10 milhões de graus Celsius. Só existem duas situações no Universo que preenchem essas condições: logo após o Big Bang e no interior das estrelas.

A primeira fase de construção dos elementos aconteceu logo após o Big Bang, em um evento chamado nucleossíntese. Em um centésimo de segundo, prótons, nêutrons e elétrons se condensaram fora da bola de fogo. Alguns segundos depois, prótons e nêutrons começaram a unir forças, impelidos pela imensa energia da bola de fogo e mantidos no lugar pela força nuclear. Essas reações de fusão formaram, de início, núcleos do deutério, que reagiu com mais prótons para produzir o núcleo estável do hélio.

Metais muito pesados

Elementos mais pesados que o urânio eram desconhecidos na Terra até o início da década de 1940, quando os químicos criaram plutônio e neptúnio ao bombardear urânio com nêutrons. Desde então, mais 24 elementos transurânicos foram sintetizados em laboratório. O maior ainda é oganesson, elemento 118.

Elementos transurânicos são imaginados com frequência como totalmente artificiais, mas não é bem assim. São criados em explosões de supernova, como ocorre com todos os elementos pesados. No entanto, são instáveis e tendem a se desagregar com rapidez. Os que ocorreram naturalmente se deterioraram por completo desde que o sistema solar se formou, razão pela qual não ocorrem na Terra fora de laboratórios.

Mas parou por aí. No momento em que o hélio surgiu, a temperatura havia caído demais para que novas fusões acontecessem num grau considerável. É provável que um pouco de lítio tenha sido criado, mas nada mais pesado que isso. A nucleossíntese foi encerrada quase no mesmo instante em que começou.

Cerca de 377 mil anos depois, o processo recomeçou. A temperatura caiu para algo em torno de 3 mil graus – frio o bastante para os átomos existirem. Os núcleos de hidrogênio e hélio deram uma arrumada nos elétrons livres para formarem os primeiros átomos completos, os elementos 1 e 2. Embora ainda constituam mais de 99% do Universo visível, não são seus únicos componentes. Contudo, para criar os elementos mais pesados e mais interessantes, precisamos de estrelas.

Uma estrela se forma quando uma grande massa de gás se contrai sob efeito da própria gravidade. A compressão eleva a temperatura no centro até o ponto em que os núcleos podem começar a se fundir. A primeira reação, que ocorre em torno de 10 milhões de graus Celsius, é a fusão de núcleos de hidrogênio para formar o hélio, até que o hidrogênio se esgote.

Continuando a fusão

O que acontece a seguir depende da massa da estrela. Se ela for pequena, a fusão será interrompida, e o núcleo vai transformá-la apenas em uma anã branca. Todavia, se a estrela tiver massa superior a oito sóis, a fusão continuará. Os núcleos de hélio se combinam para formar o berílio (elemento 4), que reage com mais hélio para formar carbono e oxigênio. Nas estrelas mais massivas, o centro fica tão quente que o carbono e o oxigênio se fundem ainda mais, formando elementos pesados como o ferro (elemento 26). As reações param por aí, porque o ferro tem o núcleo mais estável de todos os elemen-

95 amerício, Am
96 cúrio, Cm
97 berquélio, Bk
98 califórnio, Cf
99 einstênio, Es
100 férmio, Fm
101 mendelévio, Md
102 nobélio, No
103 laurêncio, Lr
104 rutherfórdio, Rf
105 dúbnio, Db
106 seabórgio, Sg
107 bóhrio, Bh
108 hássio, Hs
109 meitnério, Mt
110 darmstádtio, Ds
111 roentgênio, Rg
112 copernício, Cn
113 nihônio, Nh*
114 fleróvio, Fl
115 moscóvio, Mc*
116 livermório, Lv
117 tenesso, Ts*
118 oganésson, Og*

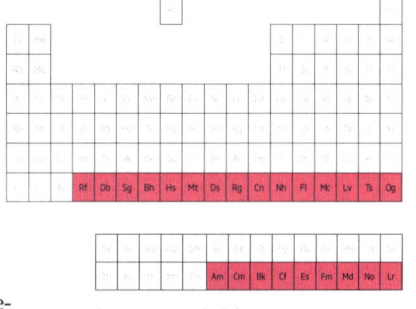

* nome provisório

tos e não pode se fundir nessas condições. Mas, nas camadas externas da estrela, outras reações nucleares que envolvem captura de nêutrons estão, aos poucos, construindo núcleos cada vez maiores, chegando ao bismuto (elemento 83).

Quando o ferro se acumula no núcleo, a estrela já está vivendo seus momentos finais. Não pode mais produzir energia por fusão, mas a gravidade é implacável: continua a comprimir o centro, elevando a temperatura a bilhões de graus centígrados. O centro da estrela entra de repente em colapso; as camadas externas desmoronam, mas se mantêm próximas enquanto descarregam o material da estrela no espaço, numa supernova. A explosão produz uma inundação de nêutrons, que cria ainda mais elementos pesados, chegando até o urânio (elemento 92), o mais pesado elemento de ocorrência natural encontrado na Terra e além. A supernova expele detritos para o espaço, que acabam se incorporando a gerações mais tardias de estrelas e planetas, incluindo o nosso.

Uma exceção da origem estrelada dos elementos é o trio lítio, berílio e boro. Seus núcleos são instáveis e consumidos de imediato por reações nucleares nas estrelas. Esses elementos são raros, mas (exceto pelo lítio do Big Bang) acredita-se que a pequena quantidade deles existente foi feita de raios cósmicos – núcleos mais ou menos grandes viajando pelo espaço em alta velocidade. Possuem tanta energia que, quando colidem com outros átomos, seus núcleos podem se fraturar em fragmentos menores.

Exceto pelos elementos artificiais, todos os átomos da Terra são sobras do Big Bang, fragmentos de estrelas mortas há muito tempo ou de raios cósmicos. Por fim, quando nossa própria estrela morrer, eles poderão ser lançados outra vez no espaço e, eventualmente, tornarem a se condensar em um novo sistema solar.

A ORIGEM DE (QUASE) TODAS AS COISAS → O UNIVERSO → VOCÊ É (QUASE TODO) FEITO DA POEIRA DE ESTRELAS

Você é (quase todo) feito da poeira de estrelas

O corpo humano contém cerca de vinte elementos diferentes, a maioria deles criada dentro de estrelas antigas. Se desconstruíssemos um humano de 80 kg em átomos, teríamos:

Os átomos de hidrogênio do nosso corpo foram formados no Big Bang. Todos os outros foram criados muito tempo atrás, dentro de uma estrela, e lançados no espaço pela explosão de uma supernova. Então, não é exatamente uma verdade que sejamos todos feitos de poeira de estrelas.

Oxigênio: 52 kg
Este elemento constitui mais da metade da massa de nosso corpo, mas só um quarto dos nossos átomos.

Os quatro elementos mais abundantes no corpo humano – hidrogênio, oxigênio, carbono e nitrogênio – representam mais de 99% dos átomos dentro de nós. São encontrados por todo nosso corpo, na maioria das vezes como água, mas também como componentes de biomoléculas como proteínas, gorduras, DNA e carboidratos.

12% dos átomos de nosso corpo são carbono.

Carbono: 14,4 kg
O mais importante elemento estrutural e a razão pela qual somos conhecidos como formas de vida baseadas no carbono.

Cloro 120 g

Cobre 0,08 g
Componente de muitas enzimas. A deficiência causa desordens neurológicas e sanguíneas.

Fósforo 880 g

Manganês 0,0136 g

Flúor 3,0 g
Endurece os dentes, embora não seja considerado essencial à vida.

Sódio 120 g

Estrôncio 0,37 g
Encontrado quase exclusivamente em ossos, onde pode ter efeito benéfico sobre o crescimento e a densidade.

Nitrogênio 2,4 kg

Ferro 4,8 g
Encontrado na heme, a parte da molécula de hemoglobina que transporta oxigênio nos glóbulos vermelhos.

Molibdênio 0,0104 g

Enxofre 200 g

Hidrogênio 8 kg
A maior parte dos aproximadamente 7×10^{27} átomos que existem em nosso corpo são átomos de hidrogênio em moléculas de água.

Cálcio 1,12 kg

Silício 1,6 g
Papel biológico não confirmado, mas encontrado principalmente na aorta, a mais importante artéria que sai do coração.

Magnésio 40 g
Componente fundamental do superóxido dismutase, uma das mais importantes enzimas de desintoxicação.

Iodine 0,0128 g

Zinco 2,6 g
Componente essencial do hormônio tiroxina, da tireoide. O elemento mais pesado requerido pelo corpo humano.

Potássio 200 g

De onde vêm os meteoritos?

No dia 15 de fevereiro de 2013, alguma coisa grande explodiu no céu sobre Chelyabinsk, a leste dos Montes Urais, na Rússia meridional. A maior parte do objeto queimou na atmosfera, mas alguns fragmentos atingiram a Terra. Um deles perfurou a superfície do lago Chebarkul, que estava congelado, deixando um buraco com 7 metros de diâmetro. Em outubro de 2013, o fragmento, que pesava 570 quilos, foi recuperado por um mergulhador. Outros fragmentos, muito menores, foram recolhidos por toda a região.

Os astrônomos concluíram que um asteroide, com diâmetro entre 17 e 20 metros e massa de 10 mil toneladas, havia explodido. A detonação inicial, ocorrida em uma altitude de mais ou menos 30 quilômetros, transmitiu energia equivalente a 500 quilotoneladas de TNT – cerca de 30 bombas de Hiroshima. Foi o maior impacto extraterrestre de que se tem memória ocorrido na Terra.

O meteorito de Chelyabinsk é um entre os mais de 30 mil já descobertos sobre a superfície da Terra. Às vezes, eles são encontrados logo após a queda, mas a maior parte é localizada muito tempo depois de atingir o planeta, e todos têm histórias interessantes para contar.

Sobras rochosas

Os meteoritos geralmente são pedaços de asteroides, eles próprios sobras da formação do sistema solar. Em geral, os asteroides ficam sem fazer nada muito importante em cinturões de detritos entre os planetas interiores e os gigantes exteriores de gás e gelo. Mas, por algum motivo são, às vezes, retirados de órbita ou fraturados e, por acaso, acabam entrando em curso de colisão com a Terra. Essas rochas espaciais em deslocamento são chamadas meteoroides.

Assim que caem ou são encontrados, os meteoritos* tornam-se ativos valiosos para cientistas planetários, ávidos por desvendar os segredos que guardam sobre a história do sistema solar.

A primeira tarefa é determinar qual é o tipo do meteorito, o que revela de onde ele provavelmente veio. A taxonomia dos meteoritos é complexa, mas há, em termos gerais, três grupos: rochoso, metálico e misto.

O meteorito de Chelyabinsk revelou-se um exemplar rochoso bastante comum, chamado condrito, assim denominado porque contém côndrulos – pequenas partículas redondas de silicato.

Ninguém sabe a origem dos côndrulos, mas é provável que tenham surgido como pingos de rocha derretida na nuvem de poeira e gás que deu origem ao sistema solar. Cerca de 86% dos meteoritos são condritos. São compostos principalmente de rochas e vêm do cinturão de asteroides, o que significa que são restos mais ou menos intactos do material que formou o sistema solar.

Planeta orgânico

Uma classe mais incomum de meteoritos rochosos são os condritos carbonáceos, assim chamados porque contêm níveis anormalmente elevados de compostos orgânicos, como os aminoácidos. Também considera-se que esses meteoritos sejam pedaços intactos do material primordial que deu origem ao sistema solar.

Uma terceira classe de meteoritos rochosos são os acondritos, chamados assim porque não contêm côndrulos. Cerca de 8% dos meteoritos entram nessa classe. Em vez de aglomerados de material primordial, os acondritos parecem ser produto dos primeiros estágios de formação dos planetas, quando, sob a influência da gravidade, o material para formar os protoplanetas era acumulado. Quando ficavam maiores e mais quentes, os protoplanetas começavam a derreter. Isso destruía os côndrulos e também fazia com que os elementos pesados, como ferro e níquel, afundassem para o centro, deixando para trás um manto rochoso. Essa camada externa parece ser a fonte da maioria dos acondritos, que são os restos de planetas que não deram certo.

---

* Quando alcançam a superfície da Terra, os meteoroides recebem a denominação de *meteoritos*. (N.T.)

Alguns poucos acondritos têm origem diferenciada: já foram parte da Lua ou de Marte.

Cerca de um em cada vinte meteoritos pertencem ao grupo metálico. São formados, em grande parte, por ferro e níquel, além de remanescentes do período de formação dos planetas – fragmentos de núcleos ricos em metais de protoplanetas que acabaram estilhaçados por colisões. Esses pedaços de metal espaciais nos ajudam a compreender como foi o processo do nosso próprio planeta na formação das diferenciações entre núcleo, manto e crosta.

Meteoritos mistos, que formam o último grande grupo, ficam em um meio de caminho um tanto insatisfatório entre rochosos e metálicos. Essas rochas nada comuns – só 1% deles entram na categoria – também parecem originárias do interior de planetas malsucedidos, próximas da fronteira entre o núcleo de ferro e as camadas rochosas externas.

Encontrar um meteorito não é fácil. É mais provável que sejam descobertos em lugares áridos: a Antártida é um local especialmente fértil, pois a paisagem é branca, e a agitação das geleiras os concentra na base das montanhas.

Cuidado com a cabeça

Se você encontrar um meteorito, é provável que ele tenha vindo de um grande asteroide que se desintegrou há cerca de 470 milhões de anos. O asteroide deu origem a uma chuva de condritos que caiu sobre a Terra durante o período Ordoviciano. A maior parte dos fragmentos ainda está por aí e, mesmo agora, constitui a maioria dos meteoritos que cai na Terra.

Vez ou outra os meteoritos atingem pessoas, mas não há mortes confirmadas. Em novembro de 1954, um meteorito atravessou o telhado de uma casa no Alabama, ricocheteou em uma peça de mobiliário e bateu em Ann Elizabeth Hodges, de 34 anos. Ela se feriu gravemente, mas recuperou-se por completo. Em agosto de 1992, uma chuva de meteoritos caiu em Mbale, Uganda. Um deles atingiu uma árvore e foi na direção da cabeça de um menino, que conseguiu escapar ileso.

Pedaços da Lua e de Marte

Entre 1969 e 1976, missões espaciais estadunidenses e soviéticas trouxeram cerca de 380 kg de rocha lunar para a Terra. Mas essas não são as únicas rochas da Lua que existem no nosso planeta. Vastas quantidades chegaram sob a forma de meteoritos, presumivelmente lançados da superfície lunar por impactos.

Marte também atira rochas na Terra com regularidade. Cerca de 130 meteoritos são de Marte, os únicos pedaços do Planeta Vermelho que podemos segurar nas mãos. O mais famoso é o ALH 84001, encontrado na Antártida. Em 1996, cientistas da NASA fizeram a sensacional declaração de que ele continha restos fossilizados de bactérias marcianas. Infelizmente, o consenso científico é de que os indícios não são suficientes para permitir uma dedução conclusiva em favor dos alienígenas.

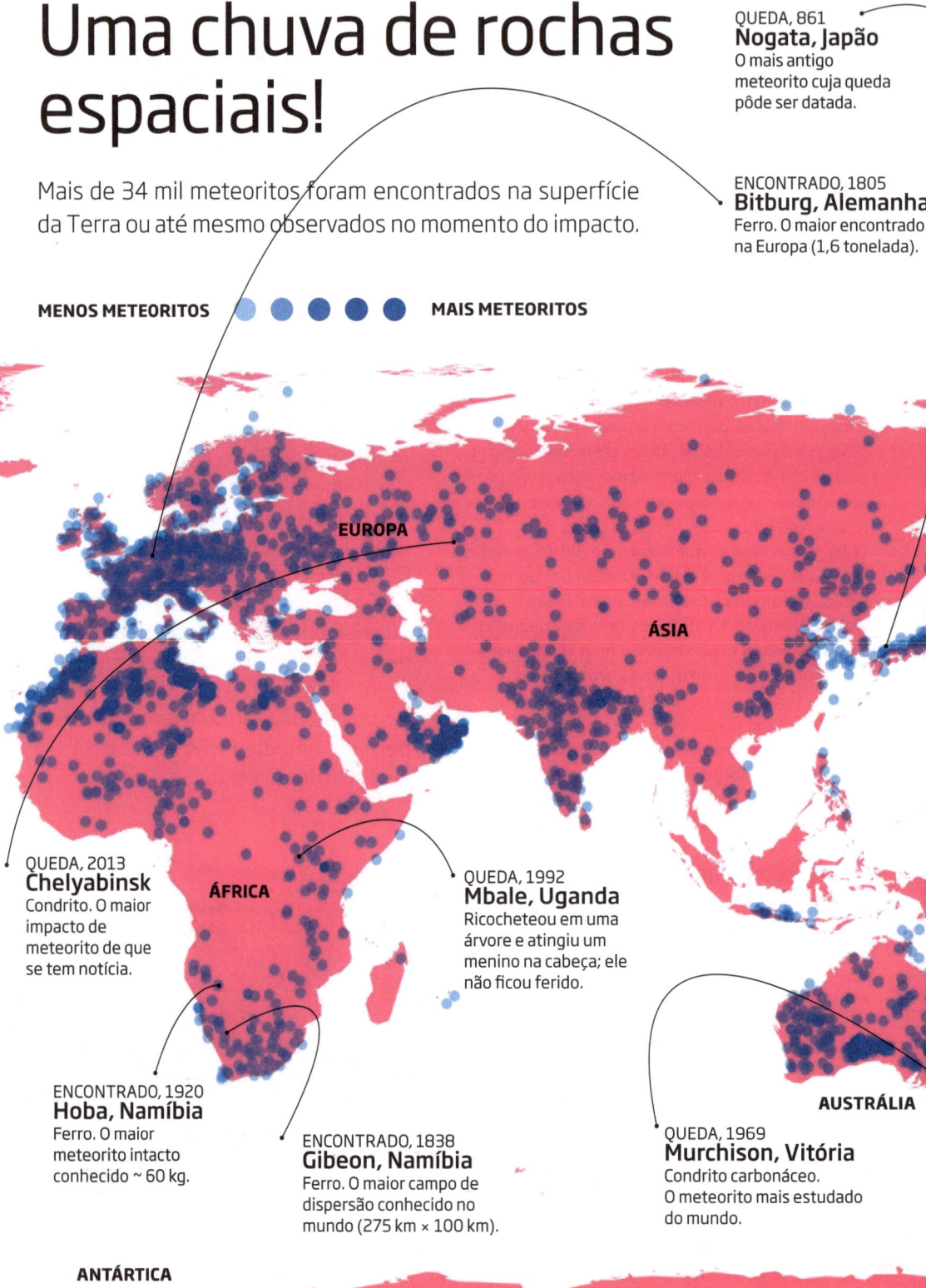

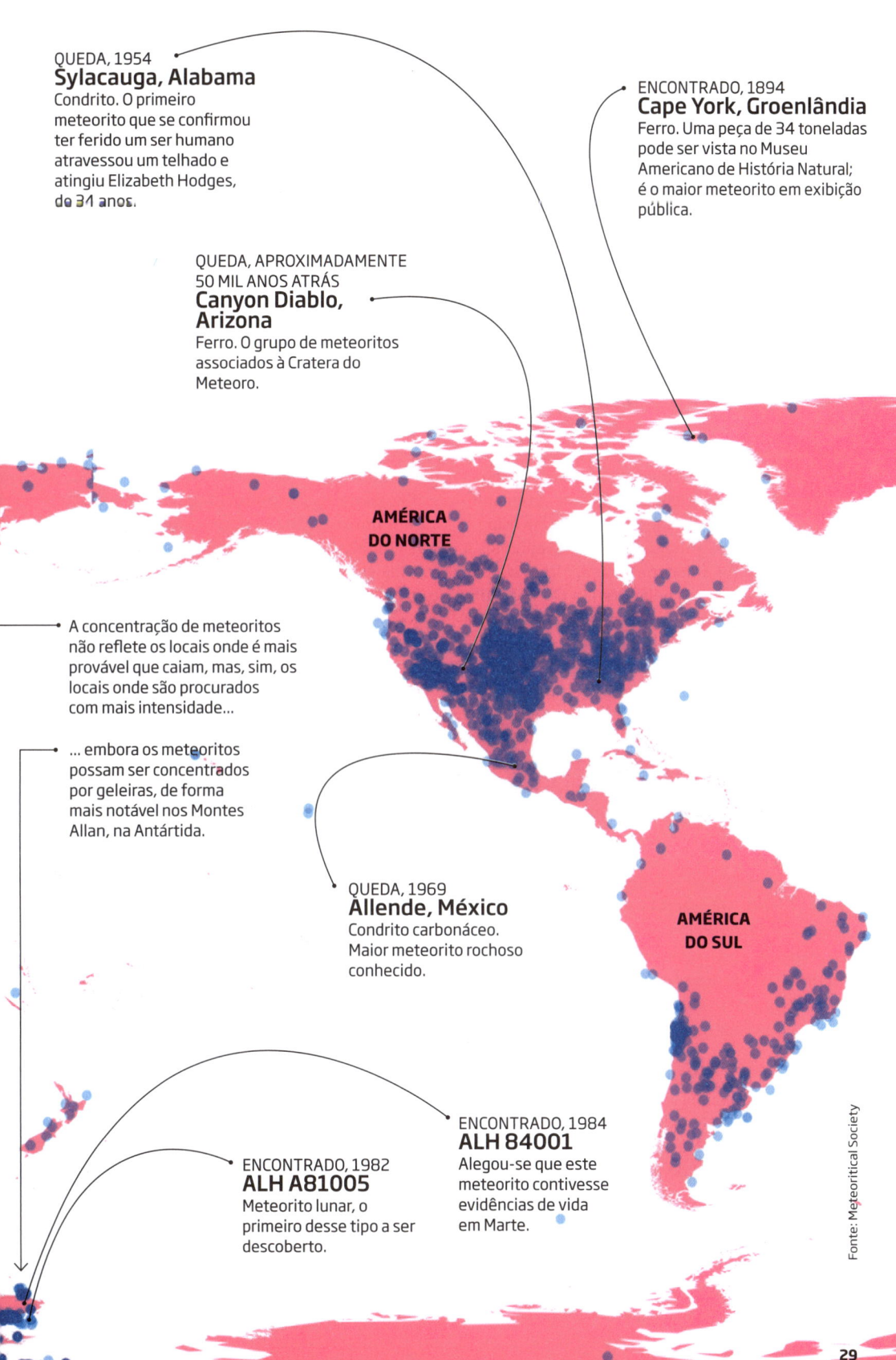

QUEDA, 1954
Sylacauga, Alabama
Condrito. O primeiro meteorito que se confirmou ter ferido um ser humano atravessou um telhado e atingiu Elizabeth Hodges, de 34 anos.

ENCONTRADO, 1894
Cape York, Groenlândia
Ferro. Uma peça de 34 toneladas pode ser vista no Museu Americano de História Natural; é o maior meteorito em exibição pública.

QUEDA, APROXIMADAMENTE 50 MIL ANOS ATRÁS
Canyon Diablo, Arizona
Ferro. O grupo de meteoritos associados à Cratera do Meteoro.

AMÉRICA DO NORTE

A concentração de meteoritos não reflete os locais onde é mais provável que caiam, mas, sim, os locais onde são procurados com mais intensidade...

... embora os meteoritos possam ser concentrados por geleiras, de forma mais notável nos Montes Allan, na Antártida.

QUEDA, 1969
Allende, México
Condrito carbonáceo. Maior meteorito rochoso conhecido.

AMÉRICA DO SUL

ENCONTRADO, 1982
ALH A81005
Meteorito lunar, o primeiro desse tipo a ser descoberto.

ENCONTRADO, 1984
ALH 84001
Alegou-se que este meteorito contivesse evidências de vida em Marte.

Fonte: Meteoritical Society

Do que o Universo é feito?

Há mais no Universo do que nossos olhos são capazes de ver. Muito mais. Na verdade, para a maior parte do Universo, somos estranhos e irrelevantes. O material de que somos feitos e de que é feito tudo com que nos importamos constitui menos de 10% do Universo; o restante é formado por entidades misteriosas chamadas matéria escura e energia escura. Juntas, elas constituem um dos maiores mistérios cosmológicos de nosso tempo. Podemos, no entanto, fazer algumas suposições sobre o que de fato são.

A primeira dessas entidades inconvenientes a entrar em cena foi a matéria escura. No início dos anos 1930, o astrônomo holandês Jan Oort identificou certas anomalias na maneira como as estrelas orbitavam no interior da Via Láctea. O único modo de explicar o comportamento delas era imaginar que alguma matéria escura, invisível, preenchia a maior parte do espaço.

O astrônomo suíço Fritz Zwicky observou, mais tarde, um comportamento anômalo semelhante em um aglomerado de galáxias a 320 milhões de anos-luz de distância. Ele descobriu que as galáxias estavam orbitando uma ao redor da outra muito mais rápido do que a gravidade dizia que deveriam estar, segundo uma análise baseada nas massas combinadas de suas estrelas. Ou as galáxias continham muito mais matéria do que era visível ou a lei da gravidade de Newton estava errada. Zwicky optou pela primeira hipótese e atribuiu o fenômeno a vastas faixas de gás invisível.

Gira-gira

Nos anos 1970, os astrônomos fizeram uma observação similar de galáxias selecionadas que exibiam um giro tão rápido que deveriam estar se rompendo. Procuraram, de início, a explicação a partir da ideia do gás invisível de Zwicky, mas isso não resolveu o problema. Se a matéria invisível fosse matéria normal, feita de prótons, nêutrons e elétrons, nossa compreensão sobre como as estrelas e as galáxias se formam estava errada: eles nunca teriam entrado em colapso com a velocidade necessária para formar as primeiras estrelas e galáxias.

Então os astrônomos começaram a pensar que havia alguma outra coisa ali, uma forma misteriosa de matéria que não absorve nem emite luz ou qualquer outra radiação eletromagnética, razão pela qual não somos capazes de vê-la. Mas ela interage com a gravidade, razão pela qual podemos verificar seus efeitos sobre a matéria comum. Eles a chamaram de matéria escura.

Os cosmólogos agora acreditam que a matéria escura é um ingrediente significativo do Universo, constituindo cerca de 27% dele. Sem a gravidade extra que ela fornece, as galáxias não se formariam com a rapidez necessária, não formariam os aglomerados e superaglomerados que observamos hoje.

A matéria escura está, em grande parte, concentrada em halos esféricos ao redor das galáxias. Na verdade, a maior parte da massa de uma galáxia espiral, como a nossa própria Via Láctea, não está contida em estrelas e planetas, mas na coisa invisível em torno deles.

Agora os WIMPs

A decepcionante verdade, no entanto, é que ainda não sabemos o que ela é. Segundo nossas melhores teorias, é feita de partículas hipotéticas chamadas WIMPs (partículas massivas que interagem fracamente [*weakly interacting massive particles*]). Se isso está correto, então trilhões delas cruzam o planeta a cada segundo. Muitos experimentos tentaram detectar as WIMPs ou produzi-las em laboratório, mas nenhum teve êxito.

E, quanto mais detalhadas tornam-se as observações astronômicas, mais obscuras ficam as coisas. Às vezes, parece haver demasiada matéria escura, como no caso de galáxias anãs que orbitam a Via Láctea. Giram com tanta rapidez que devem estar abarrotadas dela. Mas isso é exatamente o oposto da compreensão que obtivemos com nossa teoria da formação das galáxias, segundo a qual seria esperado que a quantidade de matéria escura nas galáxias fosse mais ou menos proporcional ao tamanho delas.

Outras vezes, há pouquíssima matéria escura. Em todo o Universo, existe entre um décimo e um centésimo do número de galáxias pequenas que nossa teoria da formação galáctica prevê. E, além disso, há galáxias que parecem não conter absolutamente matéria escura, embora aglomerados de estrelas ao seu redor pareçam estar experimentando atração gravitacional extra.

Uma questão de gravidade

O ponto principal é que precisamos muito descobrir do que a matéria escura é constituída. Se ela não existir, nossa compreensão sobre a gravidade está errada. Isso é impensável para a maior parte dos astrônomos, que continuam a depositar suas esperanças na matéria escura e usam observações sobre o modo como as galáxias se movem e giram para identificar suas propriedades.

Se a ignorância a respeito de 27% do Universo parece ruim, que tal não saber absolutamente nada sobre mais 70% dele? Foi essa a posição nada invejável em que se encontraram os cosmólogos em 1998, com a descoberta de um tipo bizarro de antigravidade, hoje conhecido como energia escura.

Tudo começou com um experimento de rotina para medir a taxa de expansão do Universo, que se esperava estar diminuindo à medida que a gravidade ia, aos poucos, freando o Big Bang. Os astrônomos estavam procurando supernovas, estrelas explodindo cuja luz confirmaria a hipótese.

As supernovas, porém, tinham uma história diferente para contar. Estrelas distantes se mostravam muito mais distantes do que se esperaria que estivessem se a expansão do Universo tivesse entrado em contínua desaceleração. Os astrônomos ficaram surpresos com a conclusão inevitável: a velocidade de expansão do Universo não estava diminuindo, mas aumentando. Por quê?

Esta se tornou a questão mais preocupante da Astrofísica, a qual continuamos longe de responder. A maioria dos físicos acha que a resposta se encontra em uma força esquiva, a energia escura, que espreita no vazio do espaço. Essa energia responderia por cerca de 70% da matéria e energia no

Mico brilhante de Einstein

O conceito moderno de energia escura tem menos de vinte anos, mas Albert Einstein inventou algo muito parecido em 1917 como complemento à sua teoria geral da relatividade. Ao perceber que a gravidade faria com que o Universo desmoronasse sobre si mesmo, ele acrescentou um fator de correção – a constante cosmológica, uma misteriosa força antigravidade inerente ao espaço vazio. Mais tarde mudou de ideia, chamando a constante sua "maior mancada". Agora sabemos que ele estava à frente de seu tempo.

cosmos e seria a responsável por fazer com que o espaço se expanda com velocidade cada vez maior.

O que é exatamente essa energia escura? Bem... não sabemos. Mas não faltam suposições. Pode ser uma energia inerente à própria estrutura do espaço. Pode ser um campo exótico, chamado quintessência, que expande o espaço em ritmos variáveis. Pode ser uma forma modificada de gravidade que, sob certas circunstâncias, repele em vez de atrair. Pode ser até mesmo uma ilusão.

A ORIGEM DE (QUASE) TODAS AS COISAS → O UNIVERSO → POR QUE ESTAMOS 95% NO ESCURO

Por que estamos 95% no escuro

Como as jujubas nesta página, o Universo é, na maior parte, escuro: 68% dele consiste em energia escura e 27% em matéria escura, o que significa que cerca de 95% do Universo é feito de coisas que não podemos ver e não entendemos. As jujubas brancas representam a pequena proporção da realidade que de fato compreendemos.

O Fermilab, centro de Física de partículas localizado perto de Chicago, tem um pote de verdade de jujubas para ilustrar como nossa ignorância cósmica é profunda.

De onde vêm os buracos negros?

Na claridade de uma noite estrelada, saia de casa e procure pela constelação de Sagitário. Espreitando de algum lugar lá em cima há um monstro celeste que você vai achar ótimo que esteja bem longe: um supermassivo buraco negro. Você não conseguirá vê-lo: ele está obscurecido por poeira, além de ser extremamente negro e se achar a cerca de 27 mil anos-luz de distância. Mas estamos convictos de que ele está lá, pousado no centro de nossa galáxia.

Como podemos ter tanta certeza? E como ele chegou lá?

Começando pelo princípio. Ninguém jamais viu um buraco negro. Como sabemos, então, da existência deles?

Buracos negros são geralmente considerados uma descoberta do século XX, mas a ideia pode ser rastreada até 1783, quando John Michell, um clérigo de Yorkshire e filósofo amador, enviou um artigo especulativo à Royal Society em Londres.

Michell enfrentava o problema de como medir a distância e a magnitude das estrelas (algo que até hoje dá dor de cabeça aos astrônomos). Seu ponto de partida era a teoria corpuscular da luz, de Isaac Newton, segundo a qual a luz seria constituída de partículas pequenas em nível infinitesimal. Michell argumentava que a luz emitida por uma estrela seria desacelerada pela gravidade dessa estrela. A magnitude dessa desaceleração poderia ser usada para medir a massa da estrela e, a partir daí, a distância dela em relação à Terra.

O extenso artigo de Michell – publicado no periódico da Royal Society, *Philosophical Transactions*, em 1784 – preocupa-se essencialmente com o modo como isso poderia ser medido da Terra com o uso de prismas. Mas também contém um voo de fantasia.

Michell argumentava que, se a estrela fosse maciça o bastante, sua gravidade seria tão forte que nem mesmo a luz conseguiria escapar de suas garras. Ele calculou que a estrela precisaria ter diâmetro cerca de 500 vezes maior que o do Sol para capturar a luz dessa maneira. Se existisse tal objeto, escreveu ele, "talvez sua luz nunca chegasse até nós".

Como essa ideia de radical originalidade era tangencial à preocupação de Michell, ele ficou por aí. "Não cuidarei mais dessas estrelas", escreveu.

Michell foi fiel à sua palavra. Morreu em 1793, ao que parece sem jamais voltar a mencionar o assunto.

Alguns anos depois, o estudioso francês Pierre-Simon Laplace apresentou a mesma ideia ao especular as propriedades de estrelas muito grandes. Sua atração gravitacional seria "tão forte que nem mesmo a luz poderia escapar de sua superfície. Os maiores corpos do Universo podem então ser invisíveis".

Talvez Laplace tenha tentando levar a ideia à frente. Mas, em 1804, ela foi tornada obsoleta por uma nova teoria que caracterizava a luz não como um fluxo de partículas, mas como onda. Se assim fosse, a luz não seria afetada pela gravidade. A ideia foi esquecida.

De volta ao escuro

As coisas mudaram de novo em 1915, com a teoria geral da relatividade de Albert Einstein, que redefinia a gravidade como distorções no espaço-tempo causadas por objetos maciços, como as estrelas.

A teoria fazia uma previsão estranha, embora o próprio Einstein não a tenha identificado. Quem o alertou disso foi astrônomo Karl Schwarzschild,

Espaguetificação

Qualquer coisa que alcance o horizonte de eventos de um buraco negro é sugada para nunca mais ser vista. Esse processo é chamado espaguetificação – a gravidade é tão forte que estica o infeliz objeto (uma espaçonave ou um astronauta, por exemplo) até transformá-lo num fio comprido e fino, antes de devorá-lo como alguém sugando um fio de macarrão.

A história do buraco

Ninguém tem certeza absoluta da origem da expressão "buraco negro". Muitas vezes, ela é atribuída ao físico John Archibald Wheeler, que a mencionou durante uma palestra em 1967. Mas, segundo o *Livro de Citações de Yale*, ela apareceu pela primeira vez em 1964, impressa no relatório de uma reunião da Associação Americana para o Avanço da Ciência. Parece provável que a expressão estivesse circulando entre astrofísicos antes que Wheeler - que tinha bom ouvido para nomes atraentes - a captasse e a tornasse popular.

que a descobriu durante sua licença na frente oriental (em 1914, com 40 anos, ele se apresentara como voluntário ao exército alemão).

Schwarzschild mostrou que, se uma quantidade bastante de massa fosse concentrada em um espaço suficientemente pequeno, a curvatura do espaço-tempo se tornaria infinita. O resultado era uma "singularidade" – um ponto no espaço-tempo onde a gravidade seria tão forte que nem mesmo a luz conseguiria escapar. Einstein ficou impressionado, mas não acreditou que tal objeto pudesse realmente existir. Schwarzschild morreu em 1916 de uma doença que contraíra nas trincheiras, e sua singularidade acabou sendo descartada como entidade puramente teórica. Em 1939, Einstein publicou um artigo que supostamente "provava" essa hipótese, mas o assunto foi posto de lado. Ao menos por algum tempo.

Na década de 1950, os astrônomos começaram a usar ondas de rádio para sondar o espaço cósmico e descobriram objetos muito, muito distantes, como os quasares, que tinham tanta energia que só podiam ser compreendidos com o apoio da relatividade geral. A partir daí surgiu um novo interesse pela física de objetos muito maciços, e os físicos passaram a aceitar que as singularidades podiam existir – e era mesmo provável que existissem. Um avanço importante foi a ideia do "horizonte de eventos". É esta a "superfície" do buraco negro, uma fronteira no espaço-tempo onde a gravidade se torna tão forte que nada pode escapar.

No fim da década de 1960, a maioria dos físicos admitia que os buracos negros eram uma consequência inevitável da teoria de Einstein.

Como se forma um buraco negro?

Qualquer estrela que tenha aproximadamente o dobro ou mais da massa do nosso Sol está destinada a tornar-se buraco negro. Tais estrelas possuem imenso campo gravitacional que cria pressão interna. Durante sua existência, as estrelas neutralizam isso por meio de reações de fusão nuclear em seus núcleos. Mas, quando ficam sem combustível, não oferecem mais resistência e começam a se vergar sobre si mesmas, em um processo chamado colapso gravitacional.

Isso, às vezes, leva diretamente à formação de um buraco negro ou a uma enorme explosão chamada supernova, que joga para longe as camadas externas da estrela, mas deixa o núcleo. Se ele for massivo o suficiente, continuará a colapsar. À medida que o material em colapso ficar cada vez mais denso, seu campo gravitacional se tornará tão forte que vai ultrapassar o ponto de não retorno, no qual nem mesmo a luz conseguirá escapar. Nasce um buraco negro.

O processo, no entanto, não explica a origem de buracos negros supermassivos, que pesam, pelo menos, 100 mil vezes mais que o Sol. Esses podem simplesmente se formar por vastas somas de matéria espiralando para um buraco negro comum no decorrer de estupendas extensões de tempo. Ou talvez se formem pela fusão de vários buracos negros comuns. Ou talvez, ainda, pelo colapso de estrelas de absoluto gigantismo no Universo primitivo.

É curioso, no entanto, que embora tenhamos passado a aceitar a ideia de que, os buracos negros existem, ninguém jamais viu um deles. O mais perto que chegamos disso foi na recente detecção de ondas gravitacionais causadas pela colisão de dois buracos negros.

Estão em desenvolvimento planos para conseguir a formatação visual de um buraco negro, momento em que sua existência, assim como a luz presa dentro dele, será inegável.

A ORIGEM DE (QUASE) TODAS AS COISAS → O UNIVERSO → COMO FAZER UM BURACO NO TEMPO E NO ESPAÇO

Como fazer um buraco no tempo e no espaço

Eles são invisíveis e incompreensíveis, mas sabemos que os buracos negros têm de estar lá...

Estrela gigante
Qualquer estrela com mais que o dobro do tamanho do nosso Sol se tornará um buraco negro.

Estrela
Estrelas menores também entram em colapso, mas falta a gravidade para completarem todo o percurso. Acabam como anãs brancas ou estrelas de nêutrons.

Durante sua existência, as estrelas neutralizam a própria gravidade por meio da fusão nuclear em seus núcleos.

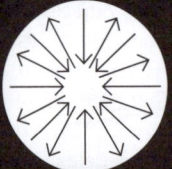

O empurrão da pressão para fora ...

... equilibra a puxada para dentro da gravidade.

Mas, quando ficam sem combustível, não conseguem mais resistir e começam a vergar sobre si mesmas.

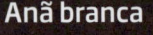

Anã branca

Esse colapso gravitacional pode levar diretamente a um buraco negro ou a uma enorme explosão chamada supernova, que joga para longe as camadas externas da estrela.

Se o que sobra é massivo o bastante, ela continuará a colapsar até que seu campo gravitacional se torne tão forte que nem mesmo a luz consiga escapar.

Buraco negro
Região do espaço-tempo infinitamente pequena, densa e invisível.

Supernova
Estrela que de repente se torna mais brilhante, após uma explosão que ejeta a maior parte de sua massa.

Se a Terra entrasse em colapso transformando-se num buraco negro (o que não vai acontecer), seu horizonte de eventos seria mais ou menos deste tamanho, mas ela teria o mesmo peso.

1,77cm

Capítulo 2

Nosso Planeta

42 O sistema solar

46 A Lua

50 Continentes e oceanos

54 Clima

58 Solo

62 Atmosfera

66 Petróleo

Por que estamos na terceira rocha depois do Sol?

Olhando para os oito planetas do nosso sistema solar, seria difícil achar um traço familiar entre eles. Contudo, a história da origem do sistema solar revela que todos foram criados com a mesma matéria-prima.

Também poderíamos pensar que esses corpos estão espalhados sem nenhuma lógica pelo sistema solar. Mas, se movêssemos hoje qualquer peça desse sistema ou tentássemos adicionar algo a ele, toda a estrutura seria lançada em uma desordem fatal.

Exatamente como, então, essa delicada arquitetura passou a existir? A história começa 4,6 bilhões de anos atrás, quando algo estava fermentando em um ponto remoto da Via Láctea. O material ralo que permeia as áreas de fronteira de todas as galáxias – hidrogênio e gás hélio, com um salpico de poeira – começara a se condensar. Incapaz de resistir à própria gravidade, parte dessa nuvem colapsou sobre si mesma. No calor e na confusão que se seguiram, uma estrela nasceu – nosso Sol.

Nascida de uma estrela moribunda

Não sabemos o que deu o pontapé inicial nesse processo. Talvez tenha sido a onda de choque dos explosivos espasmos da morte de uma estrela próxima. Mas não foi um evento incomum. Já acontecera inúmeras vezes desde que a Via Láctea passou a existir, há cerca de 8 bilhões de anos, e ainda vemos isso acontecer em partes distantes da nossa galáxia.

Ao se formar, o Sol engoliu cerca de 99,8% do material na nuvem. Com a sobra escassa, a gravidade esculpiu um disco achatado em volta da estrela que acabara de nascer. Ao orbitarem o Sol, os grãos de poeira desse disco protoplanetário colidiram e foram aos poucos se coagulando em corpos cada vez maiores, chamados planetesimais.

Quando atingiram cerca de 1 quilômetro de diâmetro, sua força gravitacional já era capaz de começar a puxar o material circundante, incluindo outros planetesimais, em um processo descontrolado que acabou levando à formação dos planetas propriamente ditos.

A forma como esse processo ocorreu dependia da proximidade do Sol. A região interna do disco era muito quente, o que significava que só metais e minerais com pontos de fusão altos se apresentavam na forma sólida. E assim os planetesimais nessa região não puderam ultrapassar determinado tamanho. O resultado foram os quatro pequenos planetas rochosos do sistema solar interior: Mercúrio, Vênus, Terra e Marte.

Gás e gelo

Nenhuma dessas limitações existia mais além, depois da "linha do gelo", onde metano e água também estavam presentes como sólidos. Lá, os planetas podiam se tornar grandes o bastante para começar a coletar moléculas de hidrogênio e outros gases. Foi como os gigantes gasosos, Júpiter e Saturno, passaram a existir, e, mais adiante, em climas ainda mais frios, os gigantes de gelo Urano e Netuno.

Até agora, nenhum problema. Todavia, quando chegamos aos detalhes, o modelo se torna meio vago. Ninguém sabe como pequenas rochas conseguiram se fundir em corpos com milhares de quilômetros de diâmetro. Objetos tão pequenos deveriam ter sido atirados pelo gás circundante na direção do Sol, num movimento em espiral, antes de conseguirem se grudar uns nos outros. Talvez trechos locais de turbulência tenham fornecido vórtices de menor pressão, onde as rochas puderam se agrupar e coagular.

Um problema semelhante atormenta nossa compreensão sobre os gigantes gasosos. O risco de esses planetas serem lançados em direção ao Sol é ilustrado pelos "Júpiteres quentes" vistos em outros sistemas planetários. Estes são aproximadamente do tamanho de nosso Júpiter, mas estão orbitando em torno de suas estrelas à mesma distância da Terra, ou ainda menos. Se algo desse tipo tivesse acontecido no início do sistema solar, a Terra e outros planetas interiores poderiam ter sido catapultados de forma radical.

O sistema solar exterior parece ter sofrido violenta reviravolta algumas centenas de milhões de anos após o nascimento do Sol. Modelos sugerem que os gigantes de gás estavam mais próximos. Então aconteceu alguma coisa que tornou esse arranjo instável, arremessando os planetas para suas posições atuais. Desde então, no entanto, os objetos que constituem nosso sistema solar se acomodaram num equilíbrio tranquilo, ainda que delicado.

O sistema solar não são apenas o Sol e os planetas, é claro. Entre Marte e Júpiter, há uma faixa de destroços chamada cinturão de asteroides, um anel de material protoplanetário que não conseguiu se aglutinar, possivelmente devido à influência gravitacional de Júpiter. O cinturão é essencialmente formado por rochas, mas contém quatro objetos bem grandes – Ceres, Vesta, Palas e Hígia – que, juntos, constituem cerca de metade da massa total do cinturão.

Luas em abundância

O sistema solar também está cheio de luas; mais de 180 foram batizadas até agora. Apenas três delas se encontram no sistema solar interior: a nossa e duas em volta de Marte. O restante orbita os gigantes gasosos e os gigantes de gelo. Acredita-se que a maior parte delas seja remanescente do disco de acreção ou asteroides de passagem capturados pela gravidade do planeta. Os anéis de Saturno e Netuno também podem ser as sobras do material que deu origem ao sistema solar, mas sua origem não é clara.

Além dos gigantes do gelo fica o cinturão de Kuiper, um mar glacial de talvez 100 mil corpos gelados, incluindo o ex-planeta Plutão e seu companheiro Caronte. Esses objetos também são remanescentes da formação do sistema solar. O cinturão é enorme, estendendo-se da órbita de Netuno – a 30 unidades astronômicas (UA), ou 30 vezes a distância do Sol à Terra – e chegando quase ao dobro disso, 50 UA.

Mas ainda não estamos, de modo algum, chegando à borda do sistema solar. Mais adiante vem

O que está comendo Júpiter?

Nós os chamamos de gigantes gasosos, mas a maioria dos astrônomos acredita que Júpiter e Saturno possuem núcleos rochosos.

Eles se formaram do mesmo modo que a Terra, mas assim que alcançaram cerca de dez vezes a massa da Terra sua gravidade atraiu gás para criar uma atmosfera espessa. Curiosamente, alguns estudos têm sugerido que o núcleo de Júpiter pesa menos do que deveria. Isso talvez aconteça porque ele estaria se dissolvendo. O núcleo suporta temperaturas e pressões enormes. Nessas condições, o mineral óxido de magnésio – que se acredita ser um constituinte básico do núcleo – estaria se dissolvendo na atmosfera.

⟵ JÚPITER

→ NÚCLEO DE JÚPITER

TERRA

a Nuvem de Oort, uma esfera de objetos, quase todos gelados, que se estende até cerca de dois anos-luz do centro. Aqui o Sol já não exerce qualquer influência gravitacional. A Nuvem de Oort nunca foi observada diretamente, mas alguns astrônomos suspeitam de que esconda algo que mudaria de forma radical a visão que temos do sistema solar: um gigantesco planeta de gelo que ainda não observamos.

Quem diz que não há nada novo sob o Sol?

A ORIGEM DE (QUASE) TODAS AS COISAS → O UNIVERSO → SISTEMAS SOLARES DE OUTRO MUNDO

Sistemas solares de outro mundo

À medida que descobrimos exoplanetas, vamos percebendo como nosso próprio sistema solar é incomum.

| 0 quilômetros | 150 milhões |

Nosso sistema solar

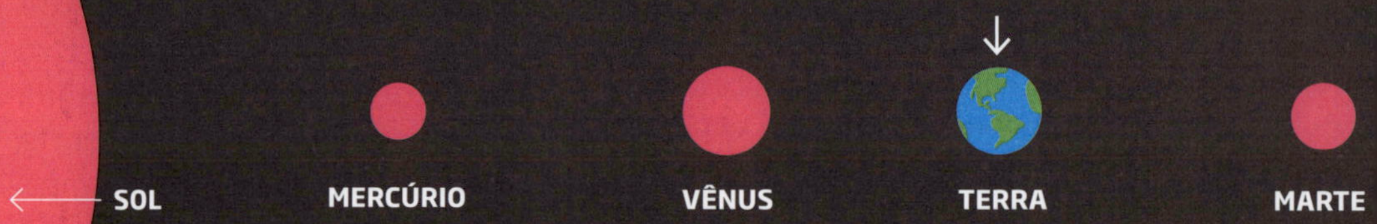

Você está aqui

SOL — MERCÚRIO — VÊNUS — TERRA — MARTE

Gliese 876: o sistema solar vizinho

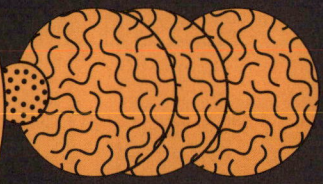

Gliese 876 é uma anã vermelha a apenas quinze anos-luz da Terra, o que a torna a mais próxima estrela conhecida com um sistema multiplanetário.

HD 1080: o maior sistema solar conhecido, excluindo o nosso

Uma estrela parecida com o Sol, a 127 anos-luz da Terra, com pelo menos sete e possivelmente até nove planetas.

Gliese 667 C: um sistema estelar triplo com planetas

Os planetas estão em órbita em torno de uma anã vermelha que está ela própria em órbita em torno de uma estrela binária (não mostrada). O sistema está a 23,6 anos-luz de distância.

Kepler 80: o sistema solar mais compacto encontrado até hoj

Estrela parecida com o Sol, a 1.100 anos-luz de distância, com pelo menos cinco planetas amontoados perto dela.

SUPERTERRA
Maior que a Terra, mas menor que Netuno, que é cerca de 17 vezes mais massivo.

NETUNO QUENTE
Mais ou menos do tamanho de Netuno ou Urano, em órbita perto de sua estrela.

GIGANTE GASOSO
Comparável em tamanho e composição a Júpiter, que tem cerca de 1.300 vezes o volume da Terra.

| 300 milhões | 450 milhões |

CINTURÃO DE ASTEROIDES

Júpiter 300 milhões de quilômetros, nessa direção →

A ORIGEM DE (QUASE) TODAS AS COISAS → NOSSO PLANETA → SERÁ QUE A LUA É REALMENTE UM PLANETA?

Será que a Lua é realmente um planeta?

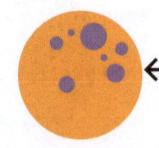

3,78 cm

Existem mais de 180 delas no sistema solar, mas a nossa é única. Nossa lua – *a* Lua – pode não ser a maior lá em cima. Ao contrário de algumas luas geladas do sistema solar exterior, não há esperanças de que ela abrigue vida. Pode ser mais fria, mais pacata e mais monotonamente esférica que algumas das rivais. Todavia, quando falamos de origens, nenhuma outra lua tem uma história tão fascinante nem tão turbulenta para contar.

Apesar de ser apenas a quinta maior lua no sistema solar – superada por Titã, de Saturno, e pelo trio Ganimedes, Calisto e Io, de Júpiter –, a Lua ainda é de espantosa imensidão. Com mais de um quarto do diâmetro da Terra, é de longe a maior Lua do sistema solar em relação ao tamanho do planeta que orbita.

O tamanho anômalo da Lua tem dificultado a explicação de suas origens. Um astro como esse não pode ter sido formado como as outras luas, que são asteroides capturados ou restos do disco de poeira e gás que se transformou no sistema solar.

Em 1879, George Darwin, o filho astrônomo de Charles, propôs uma solução. Sugeriu que a Terra e a Lua tinham sido um único corpo que girava com tanta rapidez que se desintegrou, colocando em órbita um pedaço de si. Esta rocha derretida acabou se condensando em uma bolha, que se solidificou para formar a Lua.

Durante algum tempo essa ideia foi popular – foi sugerido que o Oceano Pacífico seria a cicatriz resultante do evento –, mas caiu em desuso no século XX, quando se verificou que os números não fechavam. Para cuspir uma lua, a jovem Terra teria de estar girando a velocidades impossíveis, completando um movimento de rotação a cada duas horas.

O *Big Splat*

Quando a ideia de Darwin caiu em desuso, outra tomou seu lugar. Conhecida como hipótese do grande impacto (*Big Splat*), a ideia é que, cerca de 50 milhões de anos depois que o sistema solar começou a se for-

mar, um objeto do tamanho de Marte, chamado Theia, colidiu com a Terra. Atingindo nosso planeta num ângulo inclinado, esse corpo se despedaçou no impacto, liberando uma nuvem de detritos que acabaram se aglutinando para formar a Lua.

De início, não parecia haver muita razão para favorecer a hipótese do *Big Splat* perante qualquer outra explicação. Ele fora proposto porque nada mais funcionava. Mas isso mudou quando os astrônomos refinaram a imagem que tinham de como era o sistema solar primitivo. Sabemos agora que gigantescos impactos foram fator importante na formação dos planetas.

O *Big Splat* é agora a explicação mais amplamente aceita, mas tem alguns problemas, que estão levando alguns astrônomos de volta a outra versão da ideia de Darwin. Segundo o *Big Splat*, a maior parte da Lua originou-se de Theia, e a Terra só teria contribuído com pequena quantidade de material. Nesse caso, seria de esperar que as rochas da Lua e as rochas da Terra fossem substancialmente diferentes na composição (a não ser que, por alguma fantástica coincidência, Theia e Terra fossem compostas exatamente do mesmo material). Mas não é isso que mostram as análises das rochas da Lua.

Lua aquosa

Na verdade, a composição de oxigênio, cromo, potássio e silício da Lua é indistinguível da composição da Terra. As rochas da Lua também contêm espantosas quantidades de água. Na sequência infernal de um impacto gigante, o calor gerado deveria ter eliminado a água.

As descobertas sugerem que um dia a Lua foi parte da Terra e que, de alguma maneira, foi atirada no espaço sem ser contaminada por um planeta colidindo com ela. Evitar o problema que assolava a solução de Darwin, no entanto, requer entrada maciça de energia vinda de algum lugar.

Uma ideia espetacular, mas ainda muito especulativa, é que essa energia – equivalente a 40 milhões de bilhões de bombas de Hiroshima – veio de dentro, na forma de gigantesca explosão nuclear.

Isso não é tão estranho quanto parece à primeira vista. Sabemos que um dia a Terra possuiu concentrações de urânio que ocorriam de forma natural e que teriam se comportado como reatores nucleares. Seus restos inativos foram encontrados em inúmeros locais ao redor do mundo, de forma mais notável no Gabão.

Esses reatores estiveram ativos há cerca de 2 bilhões de anos e é provável que tenham queimado por algumas centenas de milhares de anos até esgotarem o suprimento de urânio. Mas não tinham mais que uns 10 metros de diâmetro, sendo pequenos demais para explodir a Terra.

Algo semelhante, no entanto, ainda pode explicar a origem da Lua. A ideia básica é que elementos radioativos como urânio, tório e plutônio estavam concentrados em rochas densas que afundaram profundamente na Terra logo após sua formação. Eles se acumularam na fronteira entre o núcleo externo e o manto, onde forças geológicas os aproximaram para formar um colossal reator nuclear que acabou supercrítico e explodiu com força suficiente para colocar em órbita um globo de rocha do tamanho da Lua.

Uma pancada menor?

Há outras maneiras de contornar os problemas do *Big Splat*. Uma é que um corpo com cerca de metade do tamanho de Theia poderia ter colidido com a Terra e se enterrado profundamente no planeta. Simulações de computador mostram que isso poderia fornecer energia suficiente para atirar uma coluna de material derretido em órbita, criando uma Lua feita de rochas idênticas às da Terra.

Um tipo diferente de *small splat* [pancadinha] imagina dois planetas, cada qual com cerca de metade do tamanho da Terra, colidindo devagar. A concreção que daí resultasse teria dado origem ao nosso planeta e formado a Lua com as sobras.

A boa notícia é que, mesmo que a opção nuclear esteja correta, não há risco de que o espetáculo se repita. Agora, a maior parte dos radioisótopos que alimentaram a explosão já se decompôs. Mas nossa sorte pode mudar caso ocorra outro impacto catastrófico.

Trevas ao meio-dia

Quem já testemunhou um eclipse solar total vivenciou uma das mais surpreendentes coincidências do sistema solar. Ao deslizar sobre a face do Sol, a Lua se ajusta com perfeição, obscurecendo por completo o Sol, mas deixando sua coroa visível como um halo brilhante. Esse espetáculo é possível porque a Lua e o Sol estão quase exatamente do mesmo tamanho no céu (o diâmetro do Sol, na realidade, é 400 vezes maior, mas ele está cerca de 400 vezes mais distante).

Parece que isso deveria ser significativo, mas na verdade é uma coincidência. A Lua já esteve muito mais perto da Terra e faz um movimento furtivo de afastamento de cerca de 3,78 centímetros por ano. Assim, eclipses solares totais do passado mais longínquo e do futuro distante foram e serão muito menos impressionantes que os atuais.

Qual é o tamanho da Lua?

É difícil apreender o tamanho exato da Lua, mas ela é enorme, com área de superfície maior que Rússia, Canadá e China juntos. É de longe a maior lua do sistema solar interior e só um pouco menor que as luas gigantes de Saturno e Júpiter.

NOSSA LUA

Marte →

A segunda maior lua do sistema solar interior é **Fobos**, com área de superfície mais ou menos igual à de uma cidade de tamanho médio, como Milão.

A outra lua de Marte, **Deimos**, tem área de superfície mais de três vezes menor que a de Fobos.

Rússia

Itália

Austrália

Canadá

Estados Unidos

Antártica

China

Lua Aguada
Se todos os oceanos do mundo fossem transportados para a Lua, aumentariam o diâmetro dela em 2%.

Por que o nosso planeta tem terra e oceanos?

A Terra é um dos quatro planetas rochosos do sistema solar, ao lado de Marte, Vênus e Mercúrio. Mas, sob muitos aspectos, é diferente deles – e não apenas porque abriga vida. A Terra tem superfície inquieta, que está em contínua reorganização por meio do processo lento, mas inexorável, das placas tectônicas. De modo ainda mais inabitual, cerca de 70% de sua superfície é coberta por água.

"Como é inapropriado", disse uma vez Arthur C. Clarke, "chamar este planeta de Terra quando ele é bem claramente *Oceano*." Para entender como a Terra adquiriu sua superfície irrequieta e aquosa, precisamos voltar às suas origens mais remotas.

A hora zero do sistema solar é geralmente definida como tendo ocorrido 4,567 bilhões de anos atrás. Nesse momento a Terra não existia propriamente; estava ainda no processo de ser criada a partir de violentas colisões entre planetesimais. Há 4,55 bilhões de anos, cerca de 65% da Terra já havia se aglutinado. Esse planeta embrionário era muito quente, um "mundo de magma" totalmente composto de rocha derretida. Mas provavelmente começou a esfriar e a formar uma crosta rochosa.

Então, cerca de 20 milhões de anos mais tarde, quando essa Terra infante estava se solidificando e se acomodando na órbita em torno do Sol, tudo foi seriamente interrompido. O jovem planeta foi atingido, com um golpe lateral, por um objeto do tamanho de Marte. Restos do impacto foram atirados na órbita da Terra e acabaram formando a Lua. A atmosfera do planeta ficou cheia de rocha convertida em vapor, que se condensou e caiu como chuva de lava, depositando um mar de rocha derretida a uma taxa de talvez 1 metro por dia.

A Terra leva uma surra

A energia da colisão também gerou calor suficiente para derreter mais uma vez a Terra, talvez até o núcleo, recriando o oceano de magma e fazendo desaparecer o registro geológico anterior do nosso planeta.

Então, para tornar tudo pior ainda, cerca de 4,1 bilhões de anos atrás o Bombardeio Pesado Tardio começou. Possivelmente disparados por um novo arranjo orbital dos gigantes gasosos, choveram sobre a Terra meteoritos do cinturão de asteroides, derretendo mais uma vez parte da superfície terrestre. Esses cataclismos, combinados com posteriores movimentos de placas tectônicas e intemperismo, criaram uma gigantesca lacuna em nosso conhecimento sobre os primeiros 500 milhões de anos da Terra, uma era conhecida como Hadeana, por causa das condições infernais que então prevaleceram.

Quando a Terra emergiu do Hadeano, 4 bilhões de anos atrás, tinha solo seco, oceanos, placas tectônicas e, possivelmente, vida. Não era exatamente como o planeta de hoje – a atmosfera, por exemplo, era muito diferente –, mas estava muito longe da bola de rocha derretida que emergiu da colisão da Lua. Como ela ficou assim?

Hoje, a crosta da Terra é composta, de modo quase exclusivo, de rochas que têm no máximo 3,6 bilhões de anos, e, por isso, traços do ambiente Hadeano são extremamente ralos. Das rochas de fato antigas que se conservam – que representam cerca de uma parte a cada milhão de partes da crosta –, a maioria foi derretida e comprimida, depois refundida e de novo comprimida, ficando irreconhecível. Mas graças a minúsculos cristais resilientes chamados zircões existem algumas pistas sobre o que aconteceu.

Os mais antigos da Terra

Encontrados principalmente em Jack Hills [Montes Jack], na Austrália Ocidental, os zircões são os minerais mais antigos da Terra. São compostos de cristais de silicato de zircônio, de excepcional durabilidade, e possuem alta concentração de urânio, o que permite que sejam datados a partir da quantidade de radioatividade remanescente. Muitos zircões têm mais de 4 bilhões de anos, o que indica que se formaram no Hadeano.

Eles não conseguem nos contar com exatidão o que aconteceu quando a Terra agredida tornou a esfriar, mas o fato de conterem oxigênio mostra que se formaram na água, sugerindo que os oceanos da Terra já existiam há mais de 4 bilhões de anos. Isso levanta muitas questões, em especial de onde veio a água e como foi possível que ela não tenha fervido e evaporado completamente. Isso também nos diz que a Terra deve ter adquirido uma crosta durante o Hadeano, pois os oceanos precisam estar sobre uma superfície sólida.

A primeira crosta era de basalto, uma densa rocha vulcânica negra que ainda se forma nas cordilheiras presentes no fundo dos oceanos. O basalto constitui grande parte do fundo do mar e pode acumular-se em volumes tão grandes a ponto de emergir como terra seca em pleno oceano – tanto a Islândia quanto o Havaí são pedaços maciços de basalto que irromperam do leito do mar. Esse processo também ocorreu com a Terra primitiva. Durante mais ou menos o primeiro bilhão de anos, a superfície da Terra consistia de mares interrompidos por cadeias de ilhas vulcânicas.

Coquetel cósmico

Os oceanos surgiram logo no início da história da Terra, mas como exatamente apareceram permanece um mistério. Estando tão próxima do Sol, parece improvável que a Terra tenha sido capaz de reter alguma água do material de construção protoplanetária.

A explicação padrão é que os oceanos chegaram durante o Bombardeio Pesado Tardio carregados por corpos gelados, como cometas e asteroides. A recente missão Rosetta ao cometa 67P Churyumov-Gerasimenko, no entanto, lançou dúvidas sobre essa ideia, pois a água do cometa não tem a mesma composição que a da Terra.

A água em outros cometas e asteroides revela extrema variedade. Aparentemente, a água da Terra é uma mistura de diferentes fontes de água de todo o sistema solar que chegou durante um bombardeio de vida que aconteceu há mais de 4 bilhões de anos. Pense nisso da próxima vez que colocar a chaleira para ferver.

Mundo em movimento

Os primeiros continentes também começaram a se formar por volta dessa época. Eram feitos de outra rocha vulcânica mais leve, chamada granito, que se forma em zonas de subducção – regiões onde placas do leito do oceano deslizam umas sob as outras ou onde as placas se movimentam sob os continentes. O granito é muito menos denso que o basalto e por isso flutuava na rocha mais densa. Foi assim que se formou a primeira verdadeira crosta continental. Alguns pedaços da crosta continental que se formou há 4 bilhões de anos ainda existem hoje.

A presença de granito nos diz que as placas tectônicas também devem ter se movido naquela oportunidade, embora nada comparado à agitação totalmente desenvolvida (embora lenta em termos glaciais) da superfície da Terra hoje.

Há, inclusive, sugestões de que a vida teve início no Hadeano. Os mais antigos fósseis em que podemos confiar têm 3,43 bilhões de anos, mas existem assinaturas químicas em zircônios de 4,1 bilhões de anos de idade que podem ser remanescentes de organismos vivos. Se isso se confirmar, como foram capazes de sobreviver no inferno é um novo mistério a ser desvendado.

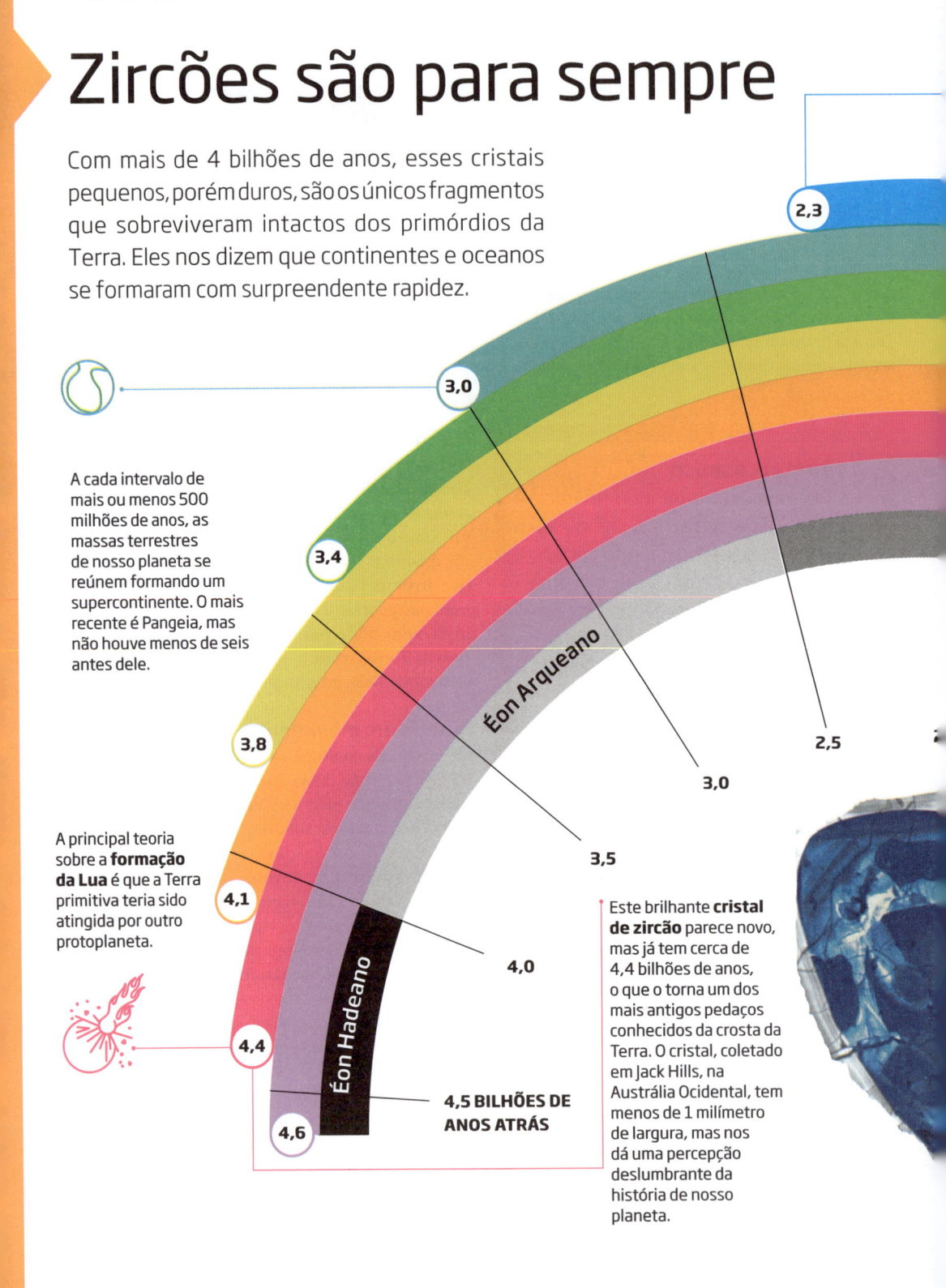

A ORIGEM DE (QUASE) TODAS AS COISAS → NOSSO PLANETA → ZIRCÕES SÃO PARA SEMPRE

Zircões são para sempre

Com mais de 4 bilhões de anos, esses cristais pequenos, porém duros, são os únicos fragmentos que sobreviveram intactos dos primórdios da Terra. Eles nos dizem que continentes e oceanos se formaram com surpreendente rapidez.

A cada intervalo de mais ou menos 500 milhões de anos, as massas terrestres de nosso planeta se reúnem formando um supercontinente. O mais recente é Pangeia, mas não houve menos de seis antes dele.

A principal teoria sobre a **formação da Lua** é que a Terra primitiva teria sido atingida por outro protoplaneta.

Éon Arqueano

Éon Hadeano

4,5 BILHÕES DE ANOS ATRÁS

Este brilhante **cristal de zircão** parece novo, mas já tem cerca de 4,4 bilhões de anos, o que o torna um dos mais antigos pedaços conhecidos da crosta da Terra. O cristal, coletado em Jack Hills, na Austrália Ocidental, tem menos de 1 milímetro de largura, mas nos dá uma percepção deslumbrante da história de nosso planeta.

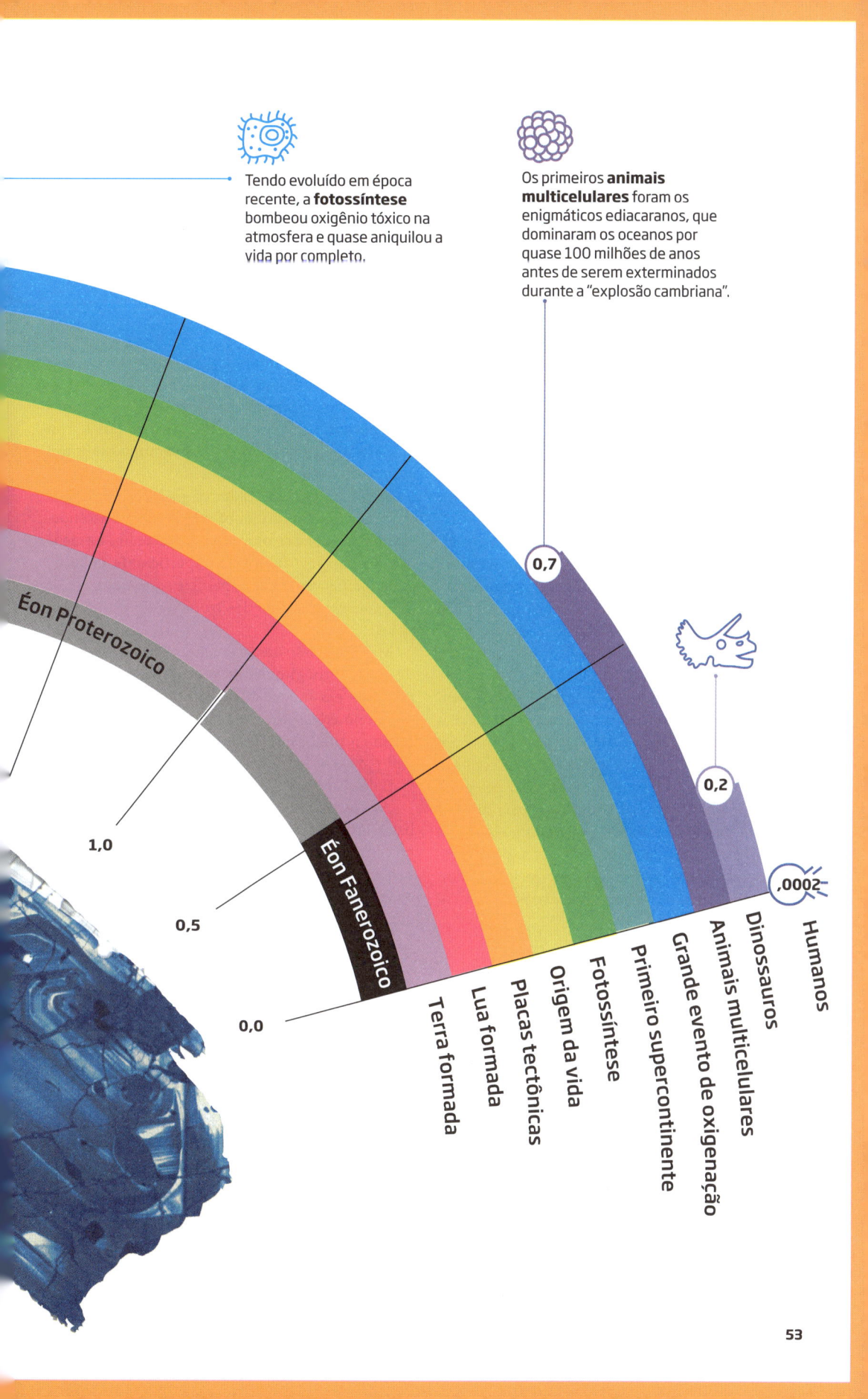

Tendo evoluído em época recente, a **fotossíntese** bombeou oxigênio tóxico na atmosfera e quase aniquilou a vida por completo.

Os primeiros **animais multicelulares** foram os enigmáticos ediacaranos, que dominaram os oceanos por quase 100 milhões de anos antes de serem exterminados durante a "explosão cambriana".

Éon Proterozoico

Éon Fanerozoico

1,0

0,7

0,5

0,2

,0002

0,0

Terra formada
Lua formada
Placas tectônicas
Origem da vida
Fotossíntese
Primeiro supercontinente
Grande evento de oxigenação
Animais multicelulares
Dinossauros
Humanos

A ORIGEM DE (QUASE) TODAS AS COISAS → NOSSO PLANETA → POR QUE O CLIMA ESTÁ SEMPRE MUDANDO?

Por que o clima está sempre mudando?

Se escolhêssemos um local qualquer na superfície da Terra e passássemos um ano lá, experimentaríamos praticamente todo tipo de clima. Se escolhêssemos, por exemplo, a Trafalgar Square, em Londres, poderíamos esperar por dez dias de chuva torrencial, cinquenta manhãs glaciais, cinco dias de neve, cerca de quinze tempestades, um vendaval ou dois, 1.500 horas de sol e muitas, muitas nuvens.

Por que um mesmo local no planeta Terra experimenta um clima tão diverso? A resposta está sobre nossa cabeça, em uma fina camada de gás que envolve a Terra e em uma enorme bola de gás quente a 150 milhões de quilômetros de distância.

O clima vem do Sol

Quer o tempo esteja quente ou frio, a causa é sempre a mesma: a radiação do Sol atingindo um planeta desigualmente esférico, em rotação, com atmosfera gasosa. Por causa dessa simples configuração, a atmosfera é aquecida de modo desigual. No equador, a luz do Sol atinge de forma direta a Terra, na vertical, enquanto nos polos ela chega com ângulo fortemente inclinado. As regiões polares recebem, assim, menos luz solar que o equador. É por isso que os polos são frios, e a região do equador, quente.

A partir dessa diferença, o clima flui. O calor move-se naturalmente das áreas mais quentes para as mais frias, e assim a atmosfera e os oceanos transportam calor do equador para os polos. Um planeta sem diferenças de temperatura seria um planeta sem clima.

Se isso explicasse tudo, os padrões climáticos globais seriam muito simples. O ar quente ascenderia no Equador e se moveria para os polos. Lá ele ia esfriar, baixar e fluir pela superfície de volta ao equador. Os ventos de superfície soprariam, então, de maneira uniforme dos trópicos em direção aos polos.

Mas não é isso que acontece, pela simples razão de que a Terra gira. Numa esfera em rotação, a superfície – e o ar acima dela – se move mais rapidamente no equador e para de se mover nos polos. Assim, a rotação da Terra desvia os ventos norte-sul para o lado. Esse desvio é chamado de efeito Coriolis.

A rotação da Terra cria um efeito Coriolis forte o bastante para interromper o fluxo básico norte-sul e cria seis faixas entrelaçadas de ventos de superfície, três em cada hemisfério: os ventos polares do leste, os ventos do oeste nas latitudes médias e os ventos alísios. Onde os ventos alísios se encontram há uma

Um tédio feliz

As condições meteorológicas extremas ganham manchetes, e o clima instável das Ilhas Britânicas dá a seus habitantes assunto para conversas. Mas você já se perguntou onde existe na Terra o clima menos extremo, menos instável? A revista *Weatherwise* tentou descobrir e elegeu Viña del Mar, cidade costeira perto de Valparaíso, no Chile, como o lugar com o clima menos empolgante. A temperatura diurna oscila entre 15 e 25 graus Celsius durante todo o ano. Quase sempre o tempo está meio nublado e chuvisca bastante. A força do vento raramente fica acima de uma brisa forte. Nunca congela ou neva. O tédio só é quebrado por alguma tempestade ocasional.

faixa de tempo instável chamada Zona de Convergência Intertropical.

As forças de Coriolis também produzem ventos muito acima da superfície da Terra. Essas correntes de ventos velozes de oeste para leste são chamadas *jet streams*. A Terra tem quatro dessas, com duas em cada hemisfério: um jato polar e um jato subtropical.

Esse padrão básico predomina, mas os ventos reais são mais complicados e variáveis. Isso acontece porque a Terra não é uma esfera uniforme, mas tem oceanos, montanhas, florestas e desertos, tudo isso influenciando o movimento do ar.

Grandes nuvens felpudas

Além do vento, o outro ingrediente fundamental do clima é a água, que experimentamos na forma de nuvens e de chuva.

Duas coisas precisam estar presentes para criar nuvens: vapor de água no ar e um mecanismo que leve esse vapor para cima. O vapor de água entra no ar a partir de evaporação da água da superfície e transpiração pelas plantas, que sugam a água do solo e a liberam por meio das folhas. Há três situações que proporcionam esse mecanismo de elevação: a primeira é pela elevação de frações de ar quente conhecidas como termais. A segunda é quando massas de ar de diferentes densidades se encontram e criam frentes que empurram o ar para cima. A terceira é quando o ar é soprado contra cadeias de montanhas e forçado a subir. À medida que sobe, o ar esfria e se expande. Em determinado ponto, fica frio demais para o vapor de água permanecer no estado gasoso. Quando o ar atinge essa temperatura de orvalho, a água começa a se condensar, formando aglomerados de pequenas gotas – isto é, nuvens. Se atingem determinado tamanho, as gotículas caem do céu como chuva, neve ou granizo.

Tudo isso acontece entre os 7 e os 20 quilômetros mais baixos da atmosfera, área conhecida como troposfera – acima dessa altitude, o ar começa a se aquecer de novo em razão da absorção da luz ultravioleta pelo ozônio. Este é o limite inferior da estratosfera. E é isso. Os fatores apresentados são suficientes para explicar todas as mudanças de tempo que experimentamos, de dias amenos, agradáveis, a temporais violentos.

Trovão, clarão, lambada!

Entre os mais violentos, estão as tempestades de raios. Se o calor do Sol for forte o bastante, as termais criam nuvens cúmulus em forma de couve-flor que podem atingir o topo da troposfera. Temperaturas congelantes nas partes mais altas criam cristais de gelo, e as colisões entre eles separam as cargas elétricas. Quando essa separação chega a nível crítico, as cargas se reúnem no relâmpago. A nuvem é agora uma tempestade de raios – embora a causa do trovão ainda não esteja clara.

As chuvas mais torrenciais do mundo são sempre causadas por tempestades. E, quando as condições do vento estão certas (ou erradas, dependendo do ponto de vista), as tempestades também dão origem aos mais violentos vendavais da natureza, os tornados. Durante um tornado em Oklahoma, em maio de 1999, os radares mediram a velocidade do vento em 486 quilômetros – a mais rápida já registrada. Ciclones tropicais – que incluem furacões e tufões – são outra condição meteorológica extrema. Embora menos violentos que tornados, são de um gigantismo absoluto – com diâmetros de até 2 mil quilômetros, capazes de gerar surtos de tempestade de mais de 10 mil mm e despejar mais de 1000 mm de chuva em um dia.

Ciclones tropicais formam-se sobre o oceano, onde a temperatura da superfície do mar excede 27 graus Celsius, produzindo uma grande quantidade de evaporação. Quando este vapor de água se condensa, a liberação do calor latente prepara uma tempestade tropical. Se a tempestade é posta em rotação por uma combinação de vento com as forças de Coriolis, o resultado pode ser o sistema climático mais destrutivo da Terra.

A ORIGEM DE (QUASE) TODAS AS COISAS → NOSSO PLANETA → SOPRANDO NO VENTO

Soprando no vento

O clima é imprevisível, mas seu padrão subjacente é simples: um sistema interconectado de vórtices atmosféricos que transfere calor dos trópicos para os polos.

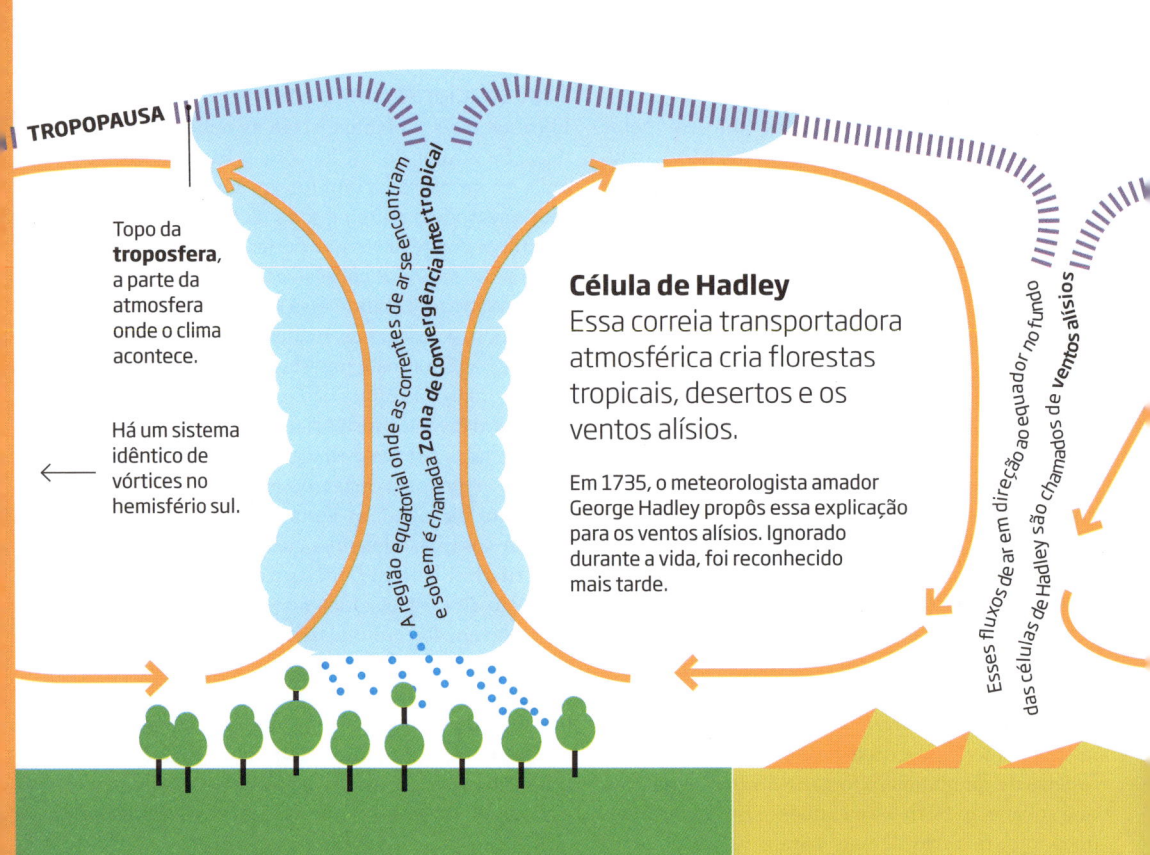

TROPOPAUSA

Topo da **troposfera**, a parte da atmosfera onde o clima acontece.

Há um sistema idêntico de vórtices no hemisfério sul.

A região equatorial onde as correntes de ar se encontram e sobem é chamada **Zona de Convergência Intertropical**

Célula de Hadley
Essa correia transportadora atmosférica cria florestas tropicais, desertos e os ventos alísios.

Em 1735, o meteorologista amador George Hadley propôs essa explicação para os ventos alísios. Ignorado durante a vida, foi reconhecido mais tarde.

Esses fluxos de ar em direção ao equador no fundo das células de Hadley são chamados de **ventos alísios**

NORTE ← **O equador** → SUL

Perto do equador, o ar quente e úmido sobe, esfria e despeja sua umidade na forma de chuva, criando luxuriantes florestas tropicais. Quando atinge a borda da estratosfera, o ar é desviado para os polos. Enquanto isso, na superfície, o ar corre para o equador para substituir o ar que subiu. Esse ar em movimento é desviado pela rotação da Terra e se transforma nos ventos do leste – os ventos alísios.

30°N
O ar aquecido finalmente esfria e desce. É rara a ocorrência de chuvas sob esse ar seco, descendente, o que cria cinturões de desertos pelo mundo afora.

Como o Sol faz ventar na Terra
No equador, a luz solar atinge a Terra na vertical. Perto dos polos, a luz toca o planeta em ângulo rasante.

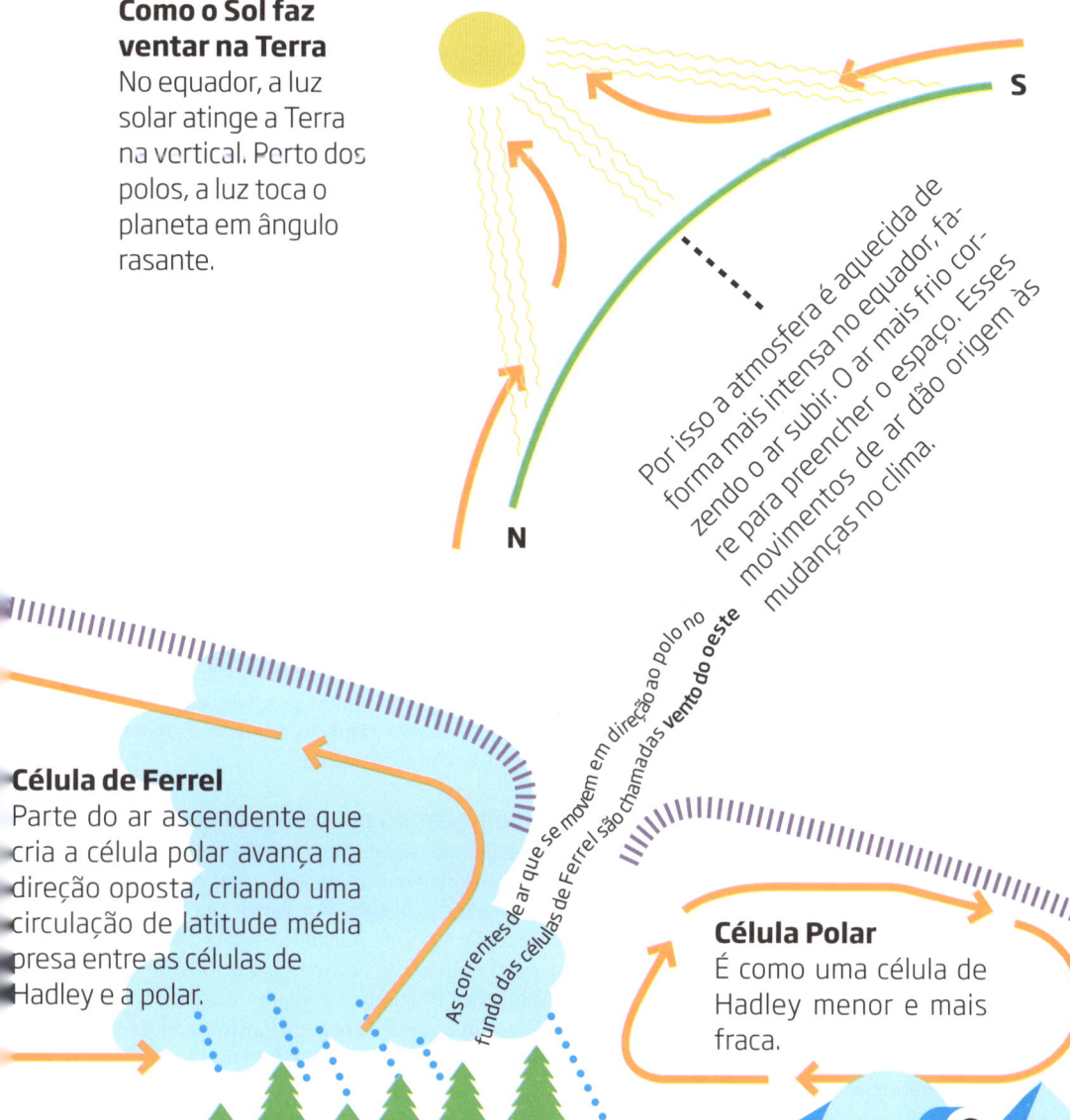

Por isso a atmosfera é aquecida de forma mais intensa no equador, fazendo o ar subir. O ar mais frio corre para preencher o espaço. Esses movimentos de ar dão origem às mudanças no clima.

As correntes de ar que se movem em direção ao polo no fundo das células de Ferrel são chamadas **vento do oeste**

Célula de Ferrel
Parte do ar ascendente que cria a célula polar avança na direção oposta, criando uma circulação de latitude média presa entre as células de Hadley e a polar.

Célula Polar
É como uma célula de Hadley menor e mais fraca.

60° N
A célula de Ferrel gira na direção oposta às células vizinhas, arrastando ar subtropical na superfície em direção aos polos. Ele é desviado pela rotação da Terra, para criar ventos do oeste, que são, em grande parte, responsáveis pelo clima instável nas Ilhas Britânicas e em outros países de latitude média.

Polo Norte
A célula polar é acionada por aquecimento desigual da superfície da Terra. Ar relativamente quente sobe, atinge a tropopausa, move-se para os polos e depois esfria.

De onde vem o solo?

Comum como esterco. Muito barata. Suja. É raro que a terra sob nossos pés leve alguém à poesia. Mas observe-a com atenção e verá que ela é bonita.

O solo cobre grande parte da superfície da Terra. Sem ele, nosso planeta seria um lugar muito diferente – e extremamente hostil.

Há tremenda variação entre os solos, mas, falando de modo geral, eles são uma mistura meio a meio de material sólido e buracos. A parte sólida é constituída, na grande maioria, de pequenos pedaços de rocha acrescidos de matéria orgânica tanto viva quanto morta. Os buracos não são espaços vazios: estão cheios de água e gás em proporções variáveis. Essa lista simples de ingredientes, no entanto, não forma o solo. Para obter o produto final, tudo precisa ser cozinhado com uma receita complexa e muito demorada.

O ponto de partida da maioria dos solos é o leito rochoso, que sofre a erosão do tempo, gerando fragmentos cada vez menores que se acumulam na superfície. "Intemperismo" é uma palavra adequada para o que ocorre quando a rocha é agredida pelo vento, pela chuva e pelo granizo, por ciclos de congelamento e descongelamento, o que a enfraquece e estilhaça. Expansão e contração térmicas, quando a temperatura aumenta e diminui, têm efeito similar.

As rochas também são desgastadas por substâncias químicas presentes na água da chuva, que dissolvem certos minerais. Há, por fim, o intemperismo biológico. A rocha nua é inicialmente colonizada por bactérias e outros micróbios, que excretam ácidos corrosivos. Liquens e algas vêm a seguir, pois o vínculo físico desses seres vivos com a rocha é um poderoso agente de erosão. Experimentos em terras áridas no Havaí sugerem que os liquens aceleram o intemperismo em pelo menos 100 vezes.

Em solos maduros, o intemperismo biológico é ainda maior. A respiração de invertebrados, fungos e bactérias bombeia dióxido de carbono, que se acumula entre partículas do solo. Água da chuva penetrando o solo dissolve o CO_2 para formar ácido carbônico. Outros ácidos são produzidos por organismos do solo. O solo também age como esponja, prolongando o tempo em que a rocha subjacente permanece molhada após a chuva, o que significa que o intemperismo químico pode se prolongar por mais tempo. Dessa maneira, o solo funciona como catalisador da própria produção.

Os colonizadores microbianos iniciais também têm papel fundamental no processo de inserção de matéria orgânica no solo. O material que deixam para trás é explorado por liquens e algas, que aos poucos cobrem a rocha com matéria orgânica viva e depois morta. Quando isso atinge certo patamar, entram em ação organismos maiores, como minhocas e artrópodes. A escavação realizada por esses organismos mistura a matéria orgânica com resíduos minerais e cria espaços porosos. Muco produzido por minhocas também aglutina a matéria e a estabiliza. Um solo nasceu.

Envelhecendo com elegância

À medida que se aprofunda e amadurece, o solo pode diferenciar-se em camadas, com solo arável no topo e vários subsolos por baixo. Um solo maduro está repleto de vida. Um único grama dele pode conter 100 milhões de bactérias e arqueias, 10 milhões de vírus e 1.000 fungos, para não mencionar os organismos maiores e as raízes de plantas. Só as bactérias podem ser de 1 milhão de espécies diferentes.

É claro que tudo isso leva tempo. O intemperismo é um processo trabalhoso. Liquens crescem com penosa lentidão. Pesquisa de fluxos recentes de lava no Havaí sugere que a criação de um solo, mesmo que rudimentar, leva pelo menos um século e pode durar até dez milênios. Fluxos de lava que se formaram há cem anos continuam quase totalmente estéreis, e mesmo aqueles com 10 mil anos de idade não desenvolveram nada que lembre um solo propriamente dito. Isso sugere que os ricos solos que cobrem grande parte da Terra levaram milhares de anos para se formar. Alguns solos na África e na Austrália foram datados em 144 milhões de anos, com origens no período Cretáceo.

Os mais antigos paleossolos – solos fósseis – conhecidos datam de mais de 2 bilhões de anos, mui-

20 mil tons de marrom

Há atualmente uma incrível diversidade de tipos de solos. O leito de rocha, o clima, o terreno, o ecossistema local e a idade do solo, tudo isso influencia na composição. Essa diversidade é classificada por um sistema tão sofisticado quanto o que usamos para classificar formas de vida. O Departamento de Agricultura dos EUA, por exemplo, a decompõe em ordens, subordens, grandes grupos, subgrupos, famílias e finalmente séries – o equivalente de espécies. Só nos EUA, foram catalogados mais de 20 mil solos.

to antes de as plantas surgirem, muito menos de colonizarem a Terra. Longe de serem primitivos, esses solos são espessos e bem desenvolvidos. Alguns chegam a conter 50% de minerais argilosos por volume, sendo os produtos finais de extenso intemperismo do leito de rocha. Isso é característico de solos que têm se mantido estáveis há pelo menos algumas centenas de milhares de anos.

Pico do solo

Não há razão para acreditar que os paleossolos tenham se formado por um processo radicalmente diferente do dos solos modernos, embora não houvesse, então, organismos multicelulares – plantas, vermes e artrópodes – para fazer a mágica. É provável que também não houvesse liquens, embora seu registro fóssil seja escasso demais para termos certeza. O cenário mais plausível é o de que o solo tenha se formado por meio da ação de bactérias resistentes que colonizaram a superfície da Terra bilhões de anos atrás.

A analogia mais próxima que temos desse mundo perdido é encontrada no Parque Nacional Canyonlands, no grande deserto de Utah. Sob sol rude e ventos revigorantes, bactérias, líquens e musgos levam à frente uma existência precária na superfície das rochas. Juntos, formam nessa superfície o que é conhecido como crosta criptogâmica. Misturada a essa crosta, há uma fina camada de detritos minerais e orgânicos – em outras palavras, solo. Pede-se que os visitantes protejam o solo frágil restringindo-se a trilhas marcadas; mesmo um único passo pode quebrar a crosta e expor à erosão o solo embaixo. Uma vez iniciada, a erosão pode se espalhar de modo catastrófico.

E proteção é algo que precisamos fazer em escala global. Segundo as Nações Unidas, mais de um terço do solo do mundo está ameaçado pela agricultura e pela construção civil. Estamos perdendo solos férteis e aráveis à razão de 30 campos de futebol por minuto. Considerando que o solo produz 95% da nossa comida, possui três vezes a soma de carbono que a totalidade da atmosfera e leva milhares de anos para ser substituído, precisamos realmente agir.

Salve nossos solos!

A ORIGEM DE (QUASE) TODAS AS COISAS → NOSSO PLANETA → CAVANDO A TERRA

Cavando a terra

Um terço do solo do mundo está ameaçado

O solo não revela muita coisa a olho nu, mas aumente o zoom e prepare-se para um safári.

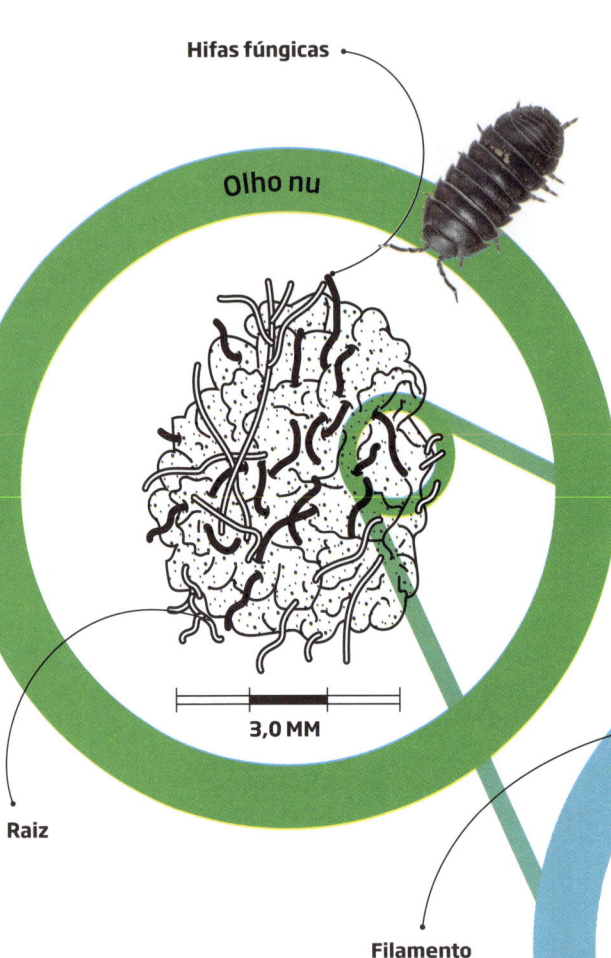

Hifas fúngicas

Olho nu

Os maiores torrões de solo são chamados **macroagregados**, aglomerados de matéria mineral e orgânica unidos por água e muco de organismos que habitam o solo. Raízes, filamentos de fungos e vermes nematoides também são visíveis.

3,0 MM

Raiz

Esporo

Zoom 10x

Filamento fúngico

0,3 MM

Raiz

O nível seguinte é o **microagregado**. Esporos de fungos e pelos radiculares tornam-se visíveis. Os pelos podem estar revestidos com nódulos cheios de rizobactérias, que formam uma relação simbiótica com plantas e lhes fornecem nitrogênio do ar.

Zoom 100x

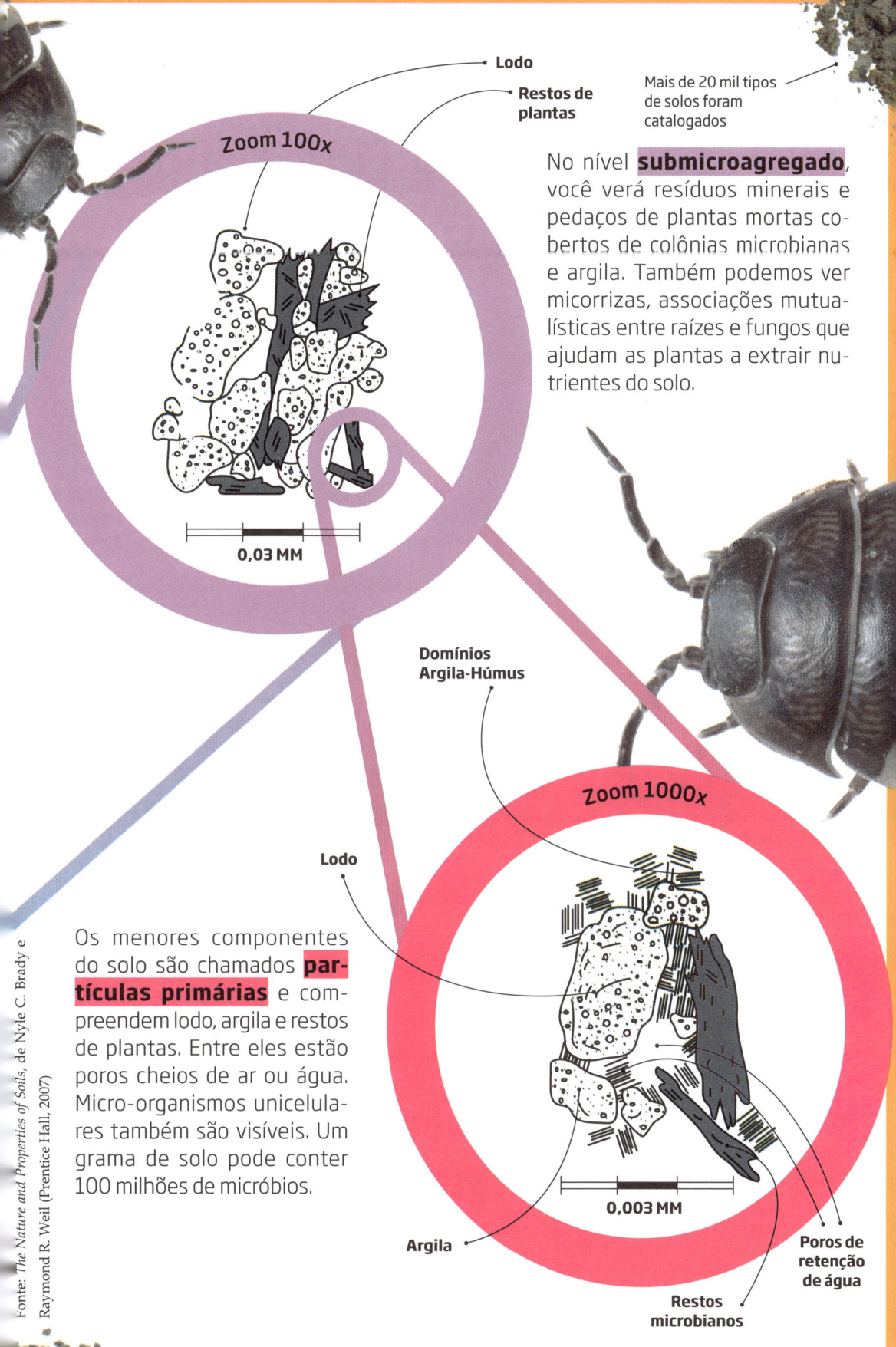

- Lodo
- Restos de plantas
- 0,03 MM

Mais de 20 mil tipos de solos foram catalogados

No nível **submicroagregado**, você verá resíduos minerais e pedaços de plantas mortas cobertos de colônias microbianas e argila. Também podemos ver micorrizas, associações mutualísticas entre raízes e fungos que ajudam as plantas a extrair nutrientes do solo.

- Domínios Argila-Húmus

Zoom 1000x

- Lodo

Os menores componentes do solo são chamados **partículas primárias** e compreendem lodo, argila e restos de plantas. Entre eles estão poros cheios de ar ou água. Micro-organismos unicelulares também são visíveis. Um grama de solo pode conter 100 milhões de micróbios.

- Argila
- 0,003 MM
- Poros de retenção de água
- Restos microbianos

Fonte: *The Nature and Properties of Soils*, de Nyle C. Brady e Raymond R. Weil (Prentice Hall, 2007)

Por que a Terra tem uma atmosfera tão grande?

Respire fundo. Você acabou de inalar por volta de 26 sextilhões de moléculas de gás, principalmente nitrogênio e oxigênio. Mas se tivesse respirado na superfície da Terra primitiva teria sugado um conjunto muito diferente de 26 sextilhões de moléculas, sobretudo dióxido de carbono e dióxido de enxofre (depois disso, aliás, você não respiraria muitas vezes mais). Não vemos nosso ar e podemos não dar muita atenção a ele, mas o fato de ele existir é um dos milagres que diferenciam a Terra de todos os outros planetas que conhecemos.

A atmosfera da Terra é constituída hoje de cerca de 78% de nitrogênio por volume, 21% de oxigênio, 1% de argônio e quantidades variáveis de vapor de água. Há também traços de dióxido de carbono, dióxido de enxofre, monóxido de carbono, metano, hélio, neônio e criptônio, e uma quantidade ainda menor de ozônio, hidrogênio, xenônio, radônio, óxidos de nitrogênio e poluentes industriais produzidos pelo ser humano, como os clorofluorcarbonetos.

A composição mudou de modo radical desde que a atmosfera se formou. Bem no início, é provável que a Terra estivesse cercada de uma tênue atmosfera de gás – sobretudo hidrogênio – que sobrara do período de formação do planeta. Mas essa "primeira atmosfera" não durou muito tempo, sendo varrida para o espaço por rajadas de vento solar. Podemos, então, descartar a ideia de que sejam essas as origens do ar de hoje.

A Terra não demorou a adquirir uma segunda atmosfera, vinda de uma fonte improvável: as próprias entranhas. Vulcões expeliam gases pesados que, sob a atração da gravidade terrestre, não conseguiam escapar para o espaço. Impactos de cometas e asteroides também podem ter adicionado alguns gases à atmosfera. Nossa atmosfera atual, então, evoluiu de uma mistura de peidos da Terra e arrotos espaciais.

Essa segunda atmosfera teria sido densa e sufocante, composta, sobretudo, de vapor, dióxido de carbono e dióxido de enxofre. Sabemos disso porque são esses os principais gases emitidos hoje pelos vulcões. O vulcanismo era extremamente ativo, e é provável que a pressão atmosférica fosse dez vezes maior que a atual – o que explica por que os primeiros oceanos não aqueceram até se evaporarem no espaço.

Aos poucos, o oxigênio também começou a se acumular nesse período, enquanto a luz solar quebrava moléculas como as do dióxido de carbono e da água. Mas até muito mais tarde o oxigênio manteve-se como componente insignificante da atmosfera.

Como, então, a mistura de dióxidos de carbono e enxofre, jorros e assobios de vulcões durante bilhões de anos evoluiu para uma atmosfera que é, sobretudo, nitrogênio e oxigênio? Há duas respostas. A primeira diz que grandes quantidades de dióxido de carbono se dissolveram nos oceanos, sendo, por fim, assentadas como calcário. A segunda explica que a vida emergiu e alterou de modo radical a composição da atmosfera.

Smog primordial

A princípio, a contribuição mais importante da vida para a atmosfera foi o metano, resíduo dos primitivos organismos unicelulares liberando energia de hidrogênio e dióxido de carbono. Cerca de 3,7 bilhões de anos atrás, uma "crise do metano" por pouco não extinguiu a vida da face da Terra quase no mesmo instante em que ela começara. Micróbios expelindo metano encheram a atmosfera com uma fumaça que quase bloqueou o Sol.

A próxima mudança importante foi o Grande Evento de Oxigenação, ocorrido por volta de 2,3 bilhões de anos atrás. As sementes desse cataclismo foram plantadas cerca de 1 bilhão de anos antes, quando alguns micróbios desenvolveram uma nova forma de liberar energia da luz solar, chamada fotossíntese. Um de seus produtos residuais era um gás extremamente tóxico e violentamente reativo, que até então fora pouco visto na Terra – o oxigênio.

Os primeiros fotossintetizadores não despejaram seus resíduos venenosos diretamente no ar, mas os deixaram trancados com segurança em compostos de ferro. O resultado foi a produção de camadas de óxido de ferro conhecidas como formações ferríferas bandadas, encontradas ao redor do mundo em rochas com idades que variam entre 3 bilhões e 1,5 bilhão de anos.

Mas então se desenvolveram novos organismos fotossintéticos capazes de tolerar oxigênio livre. Lançavam seus resíduos tóxicos diretamente no ar, economizando o esforço exigido para isolá-los e, como bônus, eliminando muitos concorrentes. O oxigênio começou a se acumular na atmosfera, com sua concentração elevando-se de cerca de 1% para 10% ou mais.

O Grande Evento de Oxigenação também é chamado de Catástrofe do Oxigênio, porque quase liquidou a vida por envenenamento. Mas a evolução resolveu o problema inventando uma nova maneira de utilizar o oxigênio, chamada respiração.

O evento de oxigenação precipitou outra catástrofe. A fotossíntese sugou a estufa do gás CO_2 para fora da atmosfera e acabou por isolá-lo em rochas sedimentares. Enquanto isso, o oxigênio reagia com metano, gás de efeito estufa ainda mais potente. Juntos, eles jogaram o mundo em uma idade do gelo global, a chamada Terra Bola de Neve, que durou cerca de 400 milhões de anos, até que um enorme surto de vulcanismo reabasteceu a atmosfera com gases de estufa. A bola de neve também parece ter arrastado o oxigênio de volta a níveis muito baixos, talvez porque a fotossíntese quase cessou. Contudo, quando o gelo derreteu e a vida se recuperou, o Evento de Oxigenação tornou a acontecer por toda parte.

Sopro de vida

Mas nem todas as notícias foram ruins. A oxigenação acabou ajudando a manter o planeta habitável ao formar, há cerca de 1 bilhão de anos, a camada protetora de ozônio. Enquanto o drama se desenrolava, o nitrogênio inerte continuou vazando dos vulcões. E, como não tinha nada para fazer e nenhum lugar para onde ir, foi aos poucos se acumulando, até se tornar o gás mais abundante da atmosfera. Em torno de 600 milhões de anos atrás, a composição da atmosfera já era mais ou menos aquela com a qual estamos hoje familiarizados.

A composição e a densidade dela variaram com o tempo, impelidas por uma complexa interação de processos biológicos, geológicos e químicos. Há cerca de 300 milhões de anos, por exemplo, o oxigênio atingiu um pico em torno de 30%, permitindo o desenvolvimento de insetos voadores com 1 metro de comprimento. No entanto, no último meio bilhão de anos, o ar tem sido essencialmente o mesmo que respiramos nesse momento.

Ar alienígena
Se você quer um planeta rochoso com atmosfera, a Terra é o melhor que se pode conseguir. Marte quase não tem atmosfera – só um traço de dióxido de carbono, com pressão menor que 1% da pressão da Terra. Isso se deve, em grande parte, ao fato de Marte ser menor que a Terra, de modo que sua atração gravitacional não é forte o bastante para reter uma camada de gás. Mercúrio é ainda menor e ainda mais carente de atmosfera. Vênus, contudo, entrou em outro caminho: está envolto em nuvens quentes, densas, de gases vulcânicos e ácido sulfúrico a uma pressão quase 100 vezes maior que a da Terra. Mas, 70 km acima da superfície, a atmosfera é francamente agradável – muito sol e água, pressões e temperaturas como as da Terra – e pode estar na medida certa para a vida.

A ORIGEM DE (QUASE) TODAS AS COISAS → NOSSO PLANETA → CADA VEZ QUE VOCÊ RESPIRA

Cada vez que você respira

Uma única inalação contém cerca de 26 sextilhões de moléculas de gás. A maioria delas já foi inalada e exalada bilhões de vezes antes.

Isso é quase tanto quanto o número de copos d'água que há nos oceanos

✦ = **10 QUINTILHÕES DE MOLÉCULAS**

20 sextilhões
de moléculas de nitrogênio* vazadas para a atmosfera por vulcões em algum momento nos últimos 4 bilhões de anos

*É provável que uma delas estivesse no último suspiro de Júlio César quando expirou nos degraus do Senado em Roma, em 44 d.C. Ou pelo menos no último suspiro de alguém.

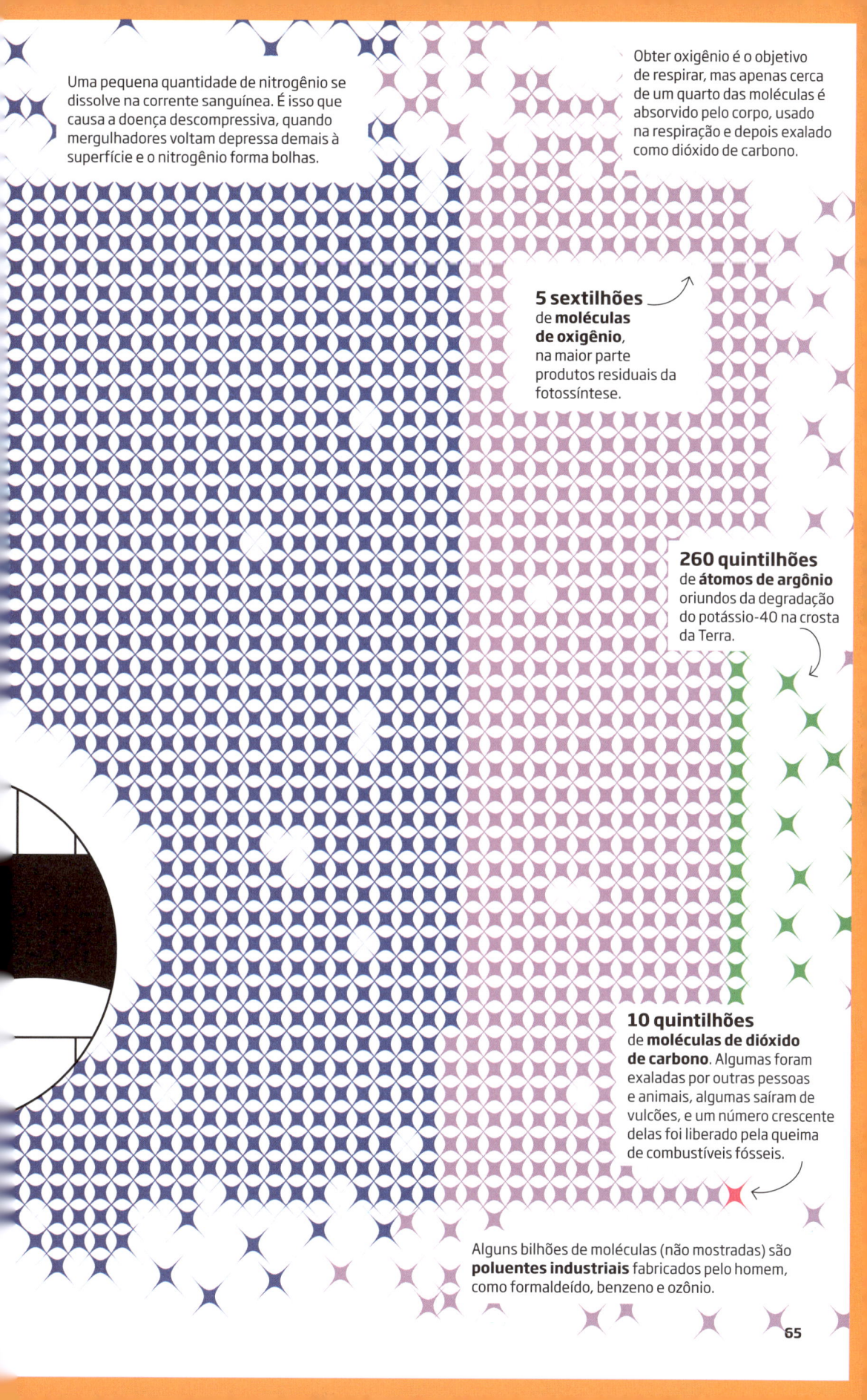

Uma pequena quantidade de nitrogênio se dissolve na corrente sanguínea. É isso que causa a doença descompressiva, quando mergulhadores voltam depressa demais à superfície e o nitrogênio forma bolhas.

Obter oxigênio é o objetivo de respirar, mas apenas cerca de um quarto das moléculas é absorvido pelo corpo, usado na respiração e depois exalado como dióxido de carbono.

5 sextilhões de **moléculas de oxigênio**, na maior parte produtos residuais da fotossíntese.

260 quintilhões de **átomos de argônio** oriundos da degradação do potássio-40 na crosta da Terra.

10 quintilhões de **moléculas de dióxido de carbono**. Algumas foram exaladas por outras pessoas e animais, algumas saíram de vulcões, e um número crescente delas foi liberado pela queima de combustíveis fósseis.

Alguns bilhões de moléculas (não mostradas) são **poluentes industriais** fabricados pelo homem, como formaldeído, benzeno e ozônio.

Como nosso planeta se encheu de gasolina?

Da próxima vez que você viajar de carro, ônibus ou trem, pense nisso: a substância que está abastecendo sua jornada é luz solar fossilizada que não vê a luz do dia há dezenas (ou mesmo centenas) de milhões de anos.

O petróleo é a força vital da civilização moderna. Tornou-se crucial para nossa prosperidade e segurança. Guerras foram travadas por causa dele, e não temos qualquer plano coerente para saber como vamos viver sem petróleo quando ele acabar. Todo dia usamos quase 90 milhões de barris – o suficiente para encher cinco vezes a O2 Arena, em Londres.

Força do plâncton

Tudo isso é muito grandioso, considerando que a imensa maioria do petróleo do mundo começou a vida como plâncton, flutuando em um oceano antigo que, tranquilamente, por meio da fotossíntese, ia convertendo luz solar em moléculas orgânicas. Quando elas morriam, seus corpos desciam para o leito do oceano, onde o oxigênio era escasso demais para que a decomposição ocorresse. Os restos ricos em energia se acumularam num espesso resíduo orgânico, misturado com lodo, areia e outras matérias inorgânicas, e foram desaparecendo sob camadas de sedimentos.

O resíduo foi sendo enterrado de forma cada vez mais profunda ao longo de milhões de anos, à medida que mais sedimentos se acumulavam no topo. Quando alcançou profundidade de 3 quilômetros, o calor vindo de baixo e a pressão de cima começaram a cozinhar as moléculas orgânicas, separando-as em cadeias mais simples de hidrocarbonetos. O primeiro produto foi uma coisa sólida e cerosa chamada querogênio. Ele foi, em seguida, decomposto ou "quebrado" para formar uma mistura de hidrocarbonetos líquidos chamados petróleo e metano (ou gás natural). Às vezes, a temperatura era alta demais, e toda matéria orgânica, decomposta em metano. Esse "excesso de cozimento" costuma acontecer se o depósito tem mais de 5 quilômetros de profundidade.

Quando, no entanto, as condições são adequadas, o petróleo se forma. A composição do produto acabado depende do material de partida e da combinação de calor e pressão a que ele foi submetido. Petróleos de temperatura baixa são grossos e pretos, como alcatrão; os de alta temperatura são finos e claros, como a gasolina. A cor pode variar do preto ao marrom, verde ou até mesmo amarelo. E a proporção dos compostos realmente valiosos – as parafinas processadas em combustível – pode variar de pífios 15% a valiosos 60%.

Esse não é o fim da história. O petróleo raramente se acumula em reservatórios subterrâneos; está incorporado à rocha – muitas vezes, com água – e tem de ser separado dela. Além do mais, só forma reservas exploráveis sob certas circunstâncias. A rocha em que se formou tem de ser porosa, para que o líquido e o gás possam se mover através dela, subindo para a superfície. Tem ainda de haver um alçapão – talvez uma camada de rocha densa, não porosa, ou uma falha geológica – sobre a rocha que contém óleo para impedir que ele escorra para a superfície. A camada rochosa precisa ter a forma correta para permitir que petróleo e gás se acumulem sob ela. Só então petróleo e gás formarão os grandes depósitos que chamamos campos de petróleo.

Bem, os poços

Felizmente – ou infelizmente, dependendo do ponto de vista – o petróleo é abundante, e a Terra é muito grande. Assim, os pré-requisitos geológicos necessários ocorrem com frequência suficiente para que depósitos exploráveis de petróleo e gás sejam bastante comuns. Existe algo como 65 mil campos conhecidos de petróleo e gás, e os geólogos continuam a descobrir novos campos. O material que sai desses poços é chamado de óleo cru e é o ponto de partida para uma gama de produtos, incluindo a gasolina com que abastecemos nossos veículos e grande parte dos plásticos tão presentes no mundo moderno.

Determinar a origem precisa do petróleo é muito difícil, pois ele costuma migrar grandes distâncias no subsolo e não pode ser datado pelas rochas onde ou sob as quais é encontrado. Mas saber quando se formou pode ajudar os geólogos que fazem a prospecção a entender o que está sob seus pés e, portanto, onde devem concentrar os esforços de exploração.

O petróleo é, em geral, datado com a utilização de biomarcadores, compostos orgânicos característicos de diferentes eras. Um composto chamado oleanano, por exemplo, só é produzido por plantas com flores, e os óleos que ele contém devem datar do período Cretáceo ou posterior (o pólen dá uma contribuição pequena, mas não insignificante, à matéria orgânica que acabará por se transformar em petróleo).

A análise de biomarcadores tem mostrado que alguns óleos são, de fato, muito antigos, datando de antes que a vida complexa se desenvolvesse, há 540 milhões de anos. Outros são bem recentes, podendo não ultrapassar os 5 milhões de anos. Em geral, acredita-se que o petróleo requer vários milhões de anos para se formar, embora tenham sido encontrados alguns depósitos muito novos, o que sugere que esse nem sempre é o caso. Óleo maduro, com apenas 5 mil anos, foi encontrado no Golfo da Califórnia, e geólogos russos afirmam ter encontrado petróleo em Kamchatka com apenas 50 anos.

Pode ser que algum óleo tenha origem não biológica, sendo proveniente do carbono que existia quando a Terra se formou, ou pode ter sido trazido por cometas, mas, mesmo que exista, esse petróleo constituiria parcela insignificante de nossos depósitos.

Sob um oceano desaparecido

Se houve uma idade do ouro da formação de petróleo, foi provavelmente o período Jurássico, entre 200 e 145 milhões de anos atrás. Imensas quantidades de petróleo se formaram no fundo do Oceano Tethys, que um dia separou os paleocontinentes Gondwana e Laurásia. O oceano acabou se fechando em razão da deriva continental, embora ainda existam remanescentes – o Mediterrâneo, o Mar Negro, o Mar Cáspio e o Mar de Aral são fragmentos do Oceano Tethys. Mas seu mais importante legado são as vastas reservas de energia agora encontradas sob a meia dúzia de estados do Oriente Médio que fornecem dois terços do petróleo do mundo.

O petróleo do Mar do Norte também se formou durante o período Jurássico. É bastante provável, então, que a energia que move seu carro tenha sido extraída da luz solar por um plâncton que morreu há 200 milhões de anos.

Do lodo ao ouro negro

O primeiro poço de petróleo do mundo foi perfurado perto de Titusville, Pensilvânia, em 1859, em uma área conhecida como Oil Creek [Córrego do Óleo], por causa da substância betuminosa que borbulhava do chão. Os moradores a usavam como medicamento, mas a Pensilvânia Rock Oil Company tinha ideias melhores: queria desenvolver uma nova indústria.

O produto deles era a luz. A companhia percebeu que o "óleo da rocha" continha querosene, excelente fonte de luz para lampiões a óleo. Logo o querosene se tornou um grande negócio.

Naquela época, a gasolina era um subproduto quase inútil, que, muitas vezes, acabava sendo jogado fora. Contudo, na virada do século, justo quando a lâmpada elétrica de Thomas Edison liquidava o mercado de querosene, os homens do petróleo deram a grande tacada. Henry Ford transformou o motor de combustão interna em um elemento essencial da vida moderna, e, de repente, a gasolina encontrou um grande mercado em expansão.

A ORIGEM DE (QUASE) TODAS AS COISAS → NOSSO PLANETA → FORÇA VITAL DE CIVILIZAÇÃO

Força vital de civilização

Os combustíveis fósseis nos permitem consumir cem vezes mais energia que um caçador-coletor. Em outras palavras, ter acesso a eles é equivalente a possuir cem escravos.

Consumo diário de energia de um caçador-coletor

1.900 kcals de alimentos colhidos e caçados

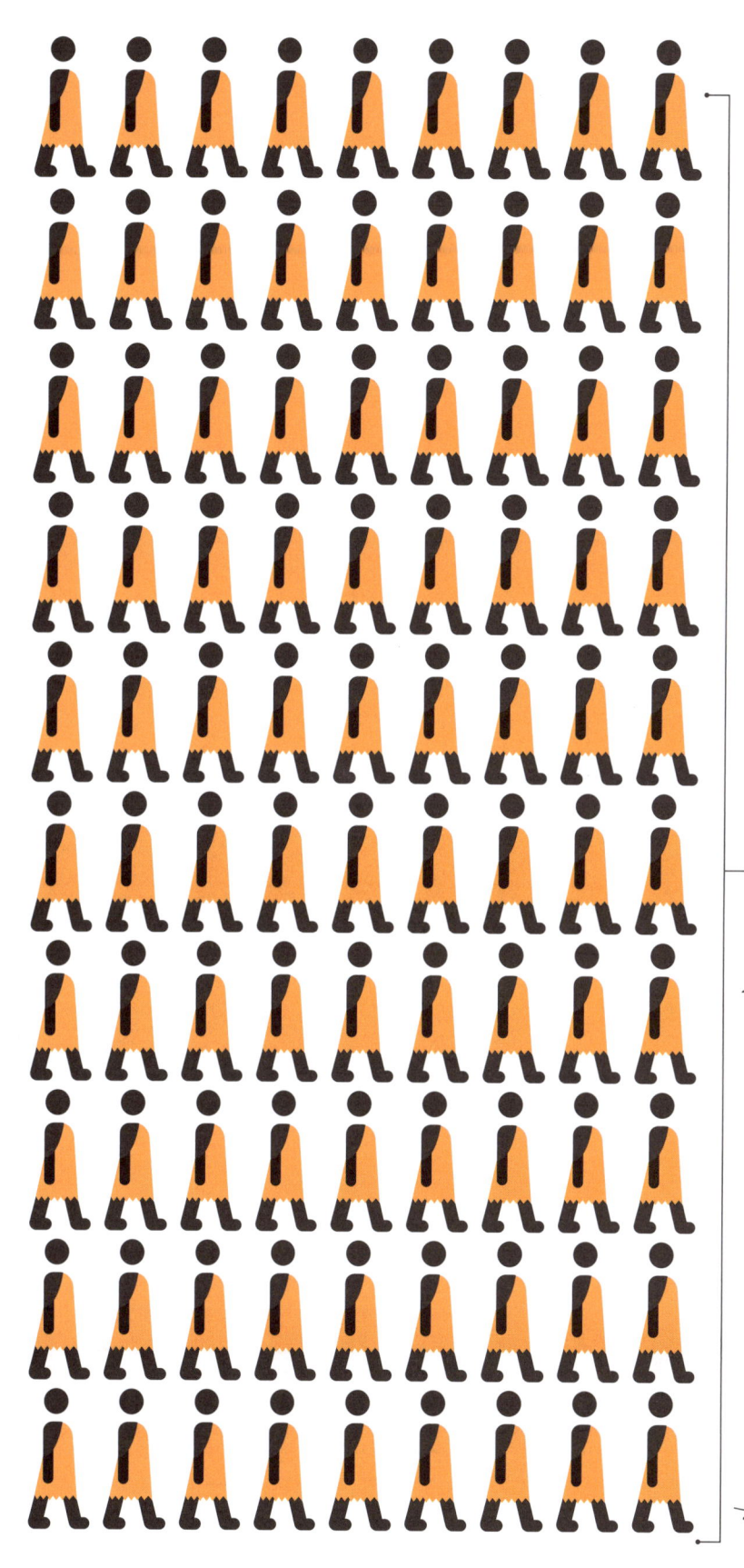

Consumo diário de energia de um ocidental

196 mil kcals, em especial de carvão, petróleo e gás

Para que usamos a energia:

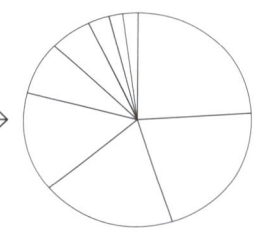

- **24%** para fabricar os bens de consumo que compramos
- **21%** em transporte pessoal
- **19%** para aquecer e refrigerar nossas casas e locais de trabalho
- **15%** para voar
- **8%** para produzir e cozinhar o alimento que comemos
- **6%** para o transporte de mercadorias, incluindo gasodutos e oleodutos
- **3%** para alimentar nossas TVs, computadores, telefones etc.
- **2%** em iluminação elétrica
- **2%** em defesa

Capítulo 3

Vida

Vida → **74**

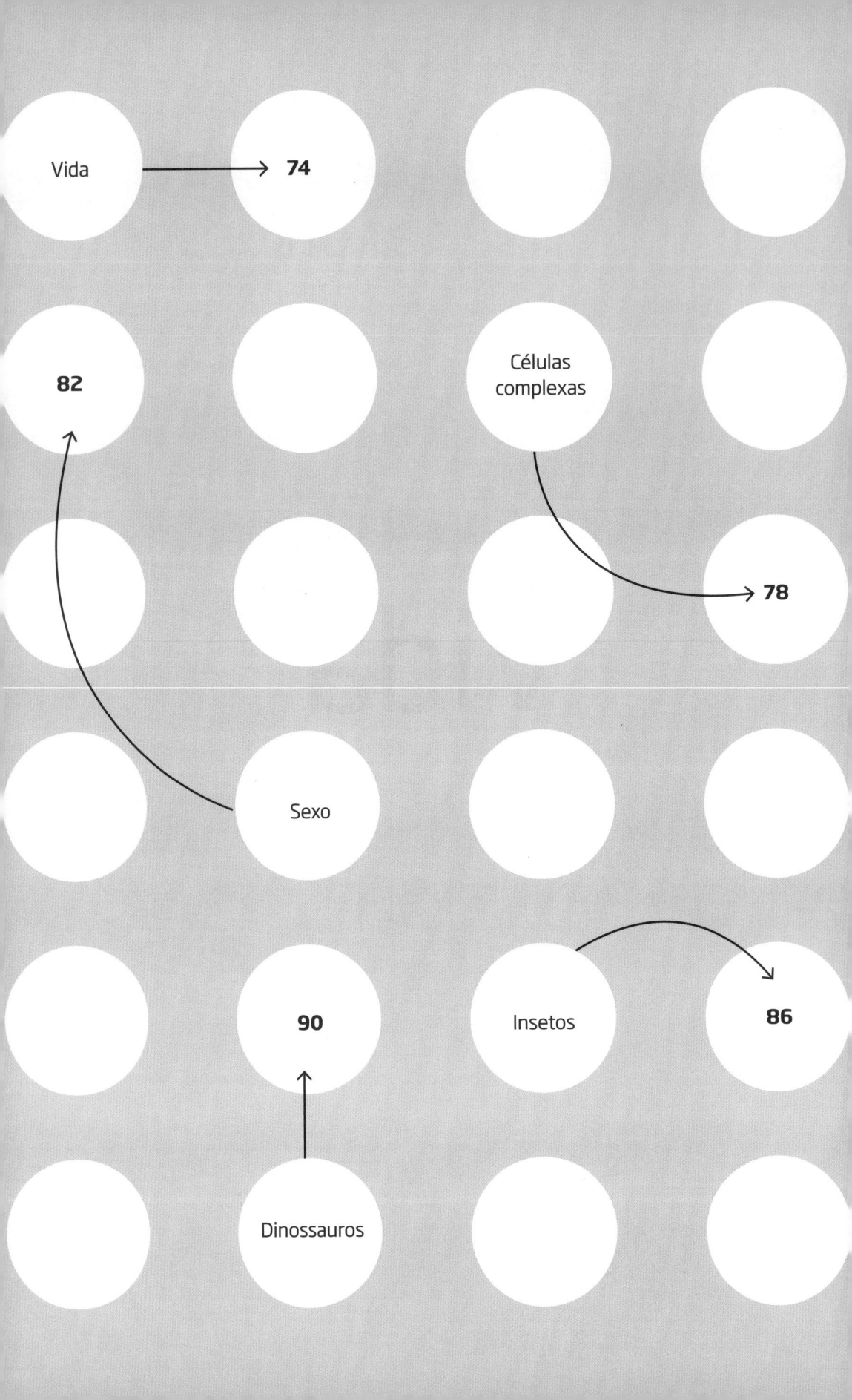

82

Células complexas → **78**

Sexo

Insetos → **86**

90

Dinossauros

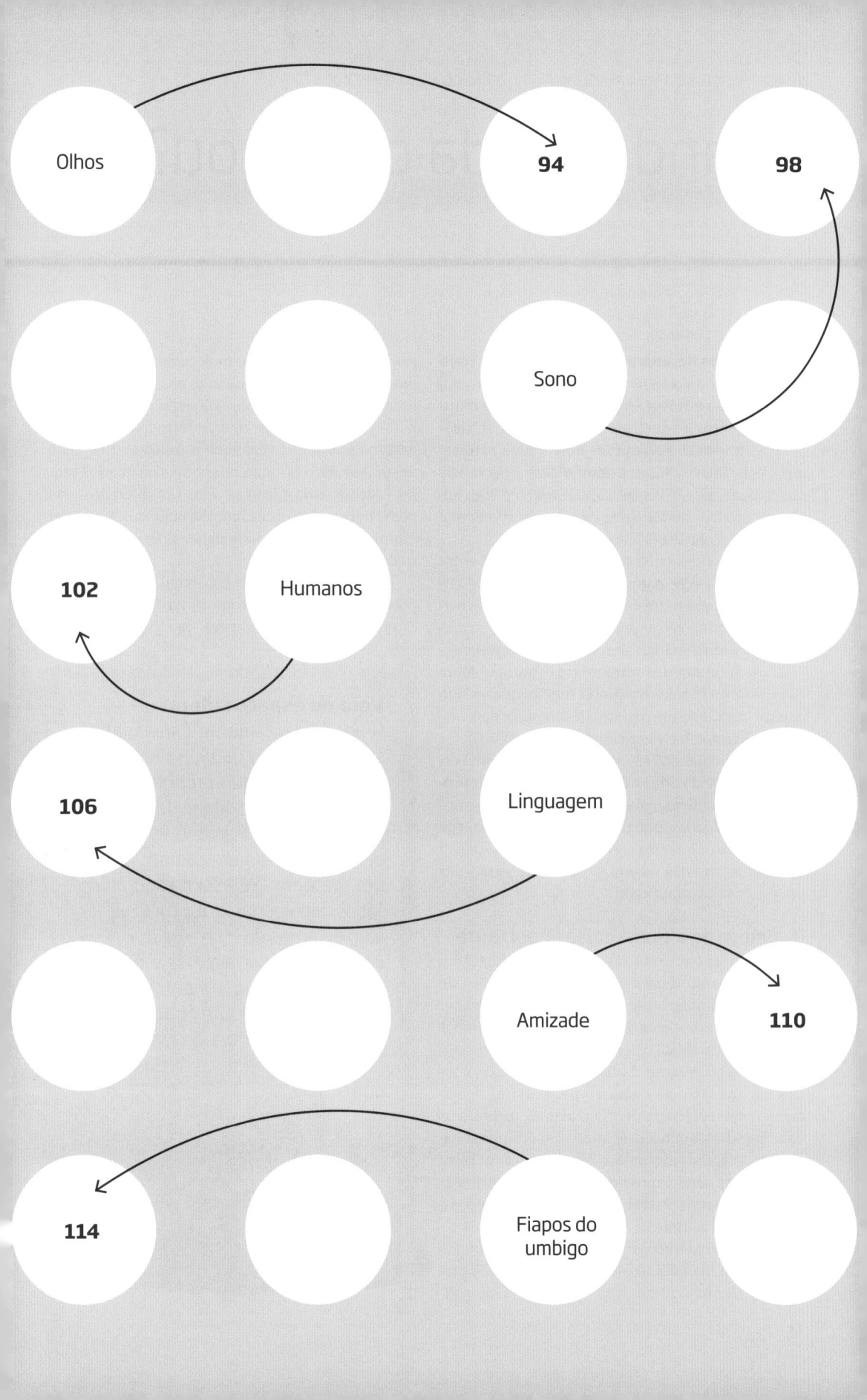

- Olhos
- **94**
- **98**
- Sono
- **102**
- Humanos
- **106**
- Linguagem
- Amizade
- **110**
- **114**
- Fiapos do umbigo

Quando a vida começou?

Quatro bilhões de anos atrás: a superfície da Terra está começando a esfriar. É um lugar violento, bombardeado por meteoritos, devastado por erupções vulcânicas e envolto por uma atmosfera tóxica. Mas, apesar das condições hostis, algo extraordinário acontece. Surge uma molécula, ou talvez um conjunto de moléculas, capaz de se replicar. Foi o mais incrível de todos os eventos incríveis que nosso jovem planeta já testemunhou.

Depois que esses replicadores aparecem, entra em campo a seleção natural, favorecendo os descendentes que apresentam variações que os tornam melhores conforme vão se reproduzindo. Logo aparecem as primeiras células simples. A vida começou.

Darwin foi um dos primeiros a especular sobre como isso aconteceu. Imaginou um "pequeno lago quente, com todo tipo de sais de amônia e sais fosfóricos, luzes, calor, eletricidade etc. presentes".

Lagos quentes não são mais vistos como um berço viável da vida. Mas outros berços têm sido propostos, incluindo mar aberto, respiradouros a grandes profundidades, praias radioativas e pedaços de argila. O fato é que não sabemos onde nem como a vida começou. Mas sabemos o bastante para fazer uma suposição qualificada.

O começo de alguma coisa importante

As primeiras bactérias fósseis reconhecidas sem questionamento datam de cerca de 3 bilhões de anos, mas é amplamente aceito que a vida deve ter começado muito antes, há pelo menos 3,5 bilhões de anos. É bem difícil dizer exatamente quando isso aconteceu, no entanto. Muitas rochas antigas contêm estruturas físicas e assinaturas químicas defendidas como evidência de vida; as mais primitivas datariam de 4,1 bilhões de anos, embora possa haver um exagero nisso, pois, nessa época, a Terra ainda estava sendo agredida pelo Bombardeamento Pesado Tardio. Talvez o melhor palpite seja 3,8 bilhões de anos atrás.

Se é difícil identificar o "quando", o "como" é ainda pior. Qualquer teoria da origem da vida precisa explicar três coisas: como os elementos constituintes se agruparam em moléculas complexas; como elas foram mantidas no espaço confinado de uma célula; e de onde veio a energia para impulsionar o processo. Talvez o mais perto que chegamos de uma teoria que responda a todos os três itens esteja no fundo do mar, em pontos chamados fontes hidrotermais alcalinas. Elas são diferentes das bem conhecidas fontes hidrotermais vulcânicas ou "fumarolas negras", onde água superaquecida jorra de fendas vulcânicas.

Fontes alcalinas, ainda encontradas atualmente e presume-se terem sido comuns na Terra primitiva, são muito menos turbulentas. São fissuras no leito

Veio do espaço sideral

Uma ideia altamente especulativa sobre a origem da vida na Terra é a panspermia, que propõe que ela surgiu em outro lugar da galáxia, possivelmente Marte, e foi trazida para a Terra em um cometa ou em um meteoro. Se assim for, somos todos alienígenas, e a vida deve ter surgido antes dos cerca de 4 bilhões de anos em que ela existe na Terra. A panspermia, no entanto, não responde à questão fundamental de como e quando a vida se pôs em movimento; apenas a desloca para outro lugar.

marinho, de onde fluidos alcalinos mornos escorrem lentamente.

Essas aberturas são formadas quando a água do mar penetra no leito marinho e reage com um mineral chamado olivina. A reação enriquece a água em hidrogênio e gera calor, o que impele o fluido de volta ao piso do oceano. Quando o fluido quente atinge a água fria do mar, os minerais se depositam no fundo, formando, aos poucos, delicadas chaminés rochosas de até 60 metros de altura. Essas estruturas forneciam tudo que era preciso para incubar a vida.

Elementos constitutivos

Primeiro, substâncias químicas. As paredes da chaminé teriam sido ricas em minerais que catalisam a formação de compostos orgânicos complexos a partir de CO_2 e hidrogênio, abundantes nos fluidos da fonte. Isso teria resultado na formação espontânea das moléculas que são os elementos constitutivos da vida, o que inclui os aminoácidos, os açúcares e, fundamentalmente, o RNA.

O RNA, primo de primeiro grau do DNA, é absolutamente central para nossas ideias sobre a origem da vida. Os biólogos ficaram desconcertados quando começaram a refletir sobre a questão. Todos os organismos vivos dependem de proteínas para cumprir sua árdua tarefa. Como podem assumir ampla diversidade de formas, as proteínas podem fazer praticamente qualquer coisa, incluindo catalisar as reações químicas da vida. Contudo, a informação necessária para criar proteínas está armazenada no DNA. Não é possível criar novas proteínas sem DNA e não é possível criar novo DNA sem proteínas. O que então veio primeiro?

A descoberta de que o RNA podia atuar como proteína até certo ponto e também catalisar reações resolveu esse problema do ovo e da galinha. Cerca de 25 anos atrás, levou à ideia de que a primeira forma de vida teria consistido de moléculas de RNA que catalisaram a própria produção. Fontes alcalinas parecem ser um lugar ideal para esse mundo de RNA evoluir.

Depois, foi preciso um trabalho de contenção para impedir que as moléculas se dispersassem. A própria fonte poderia ter resolvido esse problema. Havia, dentro de sua estrutura porosa, minúsculos espaços interconectados, semelhantes a células, cercados por frágeis paredes minerais. Eles poderiam ter contido e concentrado o RNA e outras moléculas complexas que se formassem em suas superfícies.

O mundo do RNA também precisava de energia, que poderia ter sido fornecida novamente pelas fontes hidrotermais na forma de uma "bateria" natural, onde o fluido encontra a água do mar. A água do mar é ácida (rica em prótons), e o fluido da fonte, alcalino (pobre em prótons), por isso onde os dois se encontram há uma violenta diferença na concentração de prótons. Como os prótons têm carga positiva, esse gradiente cria potencial elétrico em toda a interface.

Essa energia teria impulsionado ainda mais as reações entre CO_2 e hidrogênio, acelerando a formação de moléculas complexas e de fitas mais compridas de RNA. Em algum momento, as protocélulas desenvolveram um modo de explorar o gradiente. Uma das melhores provas desse passo crucial na evolução é que as células vivas ainda são alimentadas por gradientes de prótons, por meio das membranas celulares.

Receita simples

Muitas etapas do processo ainda precisam ser explicadas. Mas fontes hidrotermais alcalinas eram um cenário perfeito para o mundo do RNA. Essa não é a única possibilidade considerada, mas as fontes hidrotermais são nosso melhor palpite sobre o berço da vida.

Várias outras questões permanecem. Como a vida se libertou das fontes? Como fez a transição do RNA ao DNA e às proteínas?

Talvez nunca venhamos a saber. Todavia, se a teoria hidrotermal se sustentar, ela nos dirá algo bastante profundo. Longe de ser um mistério insondável, o surgimento da vida seria uma consequência quase inevitável de um sistema planetário com três ingredientes básicos: rochas, água do mar e dióxido de carbono.

Os três ingredientes da vida

Temos a impressão de que a origem da vida é algo complicado, mas é provável que o processo só tenha exigido três ingredientes simples, reunidos em algum fundo do mar antigo, em um lugar chamado fonte hidrotermal alcalina.

nada

co
algu

Rocha

Tipo específico de **rocha vulcânica** chamado olivina, que reage com a água do mar, enriquecendo-a com hidrogênio e gerando calor. A olivina é comum no fundo do mar.

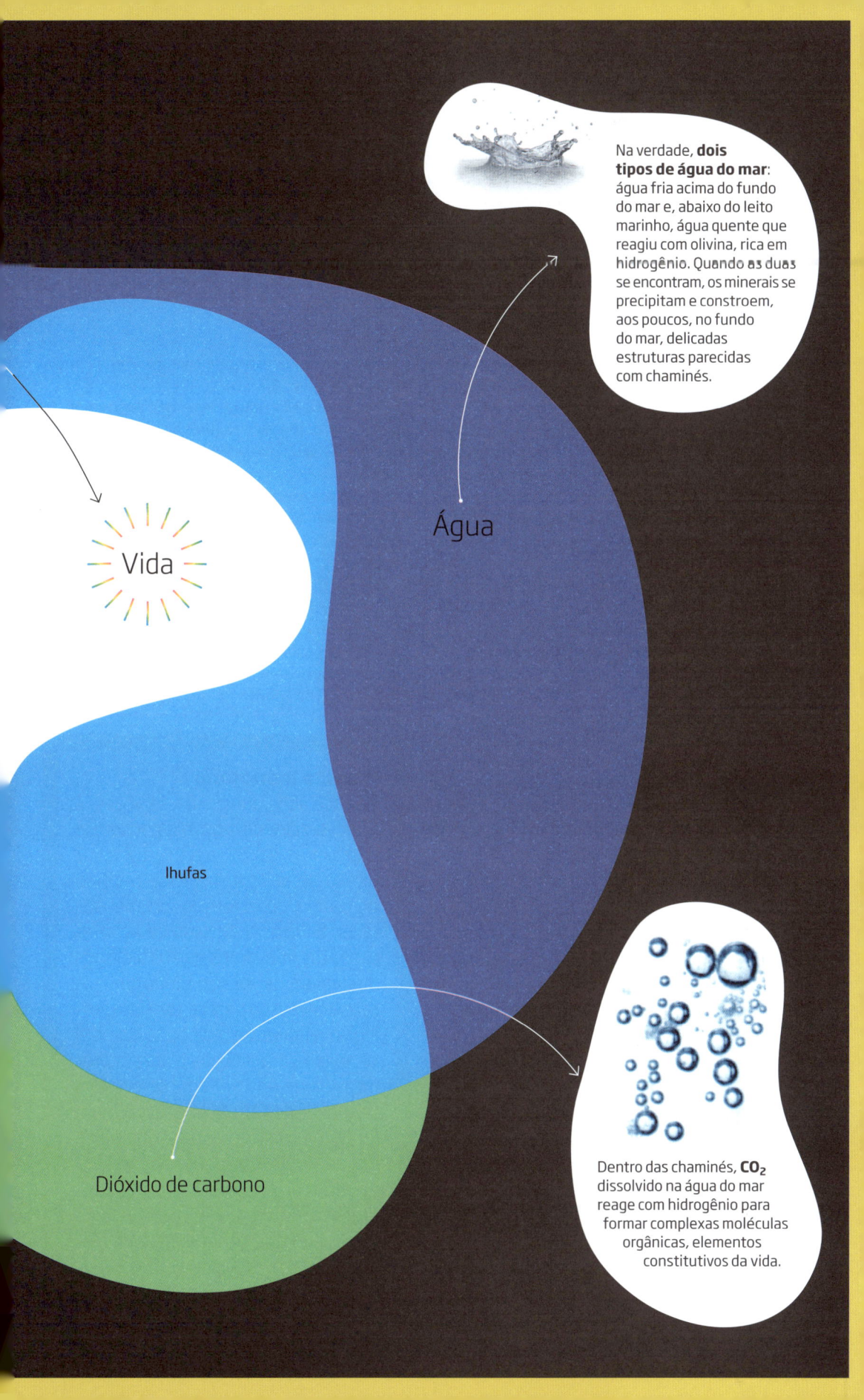

Na verdade, **dois tipos de água do mar**: água fria acima do fundo do mar e, abaixo do leito marinho, água quente que reagiu com olivina, rica em hidrogênio. Quando as duas se encontram, os minerais se precipitam e constroem, aos poucos, no fundo do mar, delicadas estruturas parecidas com chaminés.

Vida

Água

lhufas

Dióxido de carbono

Dentro das chaminés, **CO_2** dissolvido na água do mar reage com hidrogênio para formar complexas moléculas orgânicas, elementos constitutivos da vida.

Como a vida complexa evoluiu?

Nosso planeta, como Darwin escreveu em *A Origem das Espécies*, é um lugar de "inesgotáveis formas de extrema beleza". Mas voltemos 2 bilhões de anos, e as coisas seriam muito diferentes. Apesar do fato de que a Terra já continha vida na maior parte dos outros 2 bilhões de anos, a vida permanecia incrivelmente rudimentar – só havia bactérias e um domínio irmão, as arqueas, seres vivos superficialmente semelhantes às bactérias, mas, na verdade, muito diferentes delas. Os seres vivos mais complexos eram colônias de micróbios, como estromatólitos e tapetes microbianos. Nada de plantas, nenhum animal, só uma paisagem estéril com rochas, rios e oceanos.

O surgimento das inesgotáveis formas de extrema beleza talvez tenha sido o evento mais importante que ocorreu na Terra desde que a vida começou. Com certeza foi um dos mais improváveis.

Durante muitos anos, os biólogos presumiram que o surgimento da vida complexa era inevitável em termos evolutivos. Depois de emergir, a vida simples evoluiria de modo gradual para formas mais complexas, dando, por fim, origem a animais e plantas. Mas aparentemente não foi isso que aconteceu. Depois que as células simples apareceram, houve um hiato extraordinariamente longo – de quase metade do tempo de existência do planeta – antes que células complexas se desenvolvessem. Na verdade, há indícios de que células simples deram origem a células complexas apenas uma vez em 4 bilhões de anos de evolução, o que não sugere nada além de um acidente bizarro.

Elos perdidos

Se células simples tivessem evoluído devagar para células mais complexas no decorrer de bilhões de anos, teriam existido vários tipos de células intermediárias, e algumas delas ainda existiriam. Mas não há nenhuma. Na realidade, há um vasto abismo. De um lado estão as minúsculas bactérias e arqueas, conhecidas coletivamente como procariotos. De outro estão os enormes e desajeitados eucariotos, o terceiro grande domínio da vida. Um típico eucarioto unicelular, como uma ameba, é cerca de 15 mil vezes maior que uma bactéria, com genoma condizente a ele.

Procariotos são pouco mais que saquinhos de substâncias químicas – saquinhos complexos, com certeza, mas nada que se possa comparar com células eucarióticas, que possuem órgãos em miniatura chamados organelas, membranas internas, esqueletos e sistemas de transporte. Essas células estão para os procariotos como um ser humano está para uma ameba.

E, enquanto as bactérias nunca formam nada mais complexo que cadeias ou colônias de células idênticas, as células eucarióticas agregam-se e cooperam para produzir tudo, de algas a sequoias, de tamanduás africanos a zebras. Todas as complexas formas de vida multicelulares – ou seja, pratica-

Planeta monótono

Se você acha que a vida, às vezes, é tediosa, pare um pouco e pense nos habitantes da Terra entre 1,7 e 0,7 bilhão de anos atrás. Esse período de tempo, de extensão incomensurável, foi tão desprovido de acontecimentos relevantes que os biólogos o chamam de "bilhão monótono". A causa para isso parece ter sido geológica, em vez de biológica. A crosta se solidificara, mas as placas tectônicas ainda não tinham começado a se mover de fato, o que levou a um longo período de estase geológica desprovida de rachaduras, vulcanismo, formação de montanhas, deriva continental e outros tipos de convulsão que conduzem, com frequência, à mudança evolutiva.

mente todos os seres vivos que podemos ver ao nosso redor – são eucariotos.

Todos os eucariotos evoluíram a partir do mesmo ancestral. Sem esse evento pontual, a vida ainda estaria presa à rotina microbiana. Células de bactérias e arqueas não possuem o que é necessário para evoluir para formas mais complexas. O que aconteceu, então? O evento crítico parece ter ocorrido cerca de 2 bilhões de anos atrás, quando uma célula simples acabou, de alguma forma, dentro de outra célula simples. A identidade da célula hospedeira não está clara, mas sabemos que ela engoliu uma bactéria, que começou a viver e se dividir dentro dela, como uma invasora. As duas encontraram uma maneira de viver juntas, como amigas, e por fim criaram uma relação simbiótica chamada endossimbiose.

Por meio da coevolução ao longo de incontáveis gerações, os endossimbiontes acabaram se tornando uma organela chamada mitocôndria. Esses vestígios desapegados de antigos egos bacterianos evoluíram para ter uma função-chave: suprir a célula de energia. Foi esse o passo crítico que permitiu que a vida se livrasse das algemas microbianas e evoluísse para as inesgotáveis formas de extrema beleza.

Turbocompressor

Com as mitocôndrias, as células são capazes de superar uma barreira fundamental que impede as bactérias e as arqueas de se tornarem maiores. Em poucas palavras, há um limite para a quantidade de energia que os micróbios são capazes de produzir. A moeda universal de energia da célula, ATP, é fabricada na membrana celular. Mas, à medida que as células aumentam, a razão entre área de superfície e volume diminui, e elas têm relativamente menos membrana para usar. Como crescem, suas demandas de energia não demoram a ultrapassar o suprimento. Uma célula com mitocôndrias (que possuem membranas próprias para fabricação de ATP) pode superar isso pela simples adição de novas mitocôndrias – algo fácil de fazer, pois as mitocôndrias conservam em si mesmas a capacidade de clonagem dos ancestrais bacterianos.

Apinhados de esquadrões de mitocôndrias produzindo energia, os primeiros eucariotos estavam livres para crescer e acumular genomas maiores e mais complexos. E esses genomas expandidos forneceram a matéria-prima genética que permitiu a evolução de vida cada vez mais complexa.

Alimentado pelo Sol

A história não termina aí. Acredita-se que outra investida de endossimbiose tenha criado o cloroplasto, a organela que permite que plantas e algas convertam a luz solar em açúcar no processo chamado fotossíntese. O endossimbionte, neste caso, foi uma bactéria fotossintética, que apareceu pela primeira vez na Terra há cerca de 2,8 bilhões de anos. O núcleo celular, onde os eucariotos armazenam a maior parte do seu DNA, foi outra invenção crucial. Ele pode ter sido criado por outra endossimbiose, possivelmente de um vírus. As células eucarióticas também adquiriram outras organelas, como o retículo endoplasmático, onde as proteínas são produzidas, e o complexo golgiense, que as envia ao destino, possivelmente embrulhando-as com suas membranas celulares.

Tudo isso criou o cenário para o surgimento de formas de vida complexas, multicelulares. É verdade que demorou um pouco. Os primeiros grandes organismos multicelulares foram os ediacaranos, formas de vida que habitavam o oceano e apareceram cerca de 700 milhões de anos atrás. Eles desapareceram mais ou menos na época da chamada Explosão Cambriana, há 540 milhões de anos, quando se desenvolveu a maior parte das formas de animais que nos são familiares.

As origens dos ediacaranos, no entanto, podem remontar à época da evolução das mitocôndrias. E isso parece ter constituído um evento único e casual – a aquisição de uma célula simples por outra. A conclusão é que, embora a vida simples pareça ser quase um desenvolvimento inevitável, a evolução da vida complexa – incluindo você e sua vida – é algo fantasticamente improvável. Está aí o verdadeiro milagre da vida sobre a Terra.

A ORIGEM DE (QUASE) TODAS AS COISAS → VIDA → A ASCENSÃO DA VIDA

A ascensão da vida

O surgimento de células complexas permitiu que a vida evoluísse de algas microscópicas em águas paradas para a assombrosa variedade que vemos hoje.

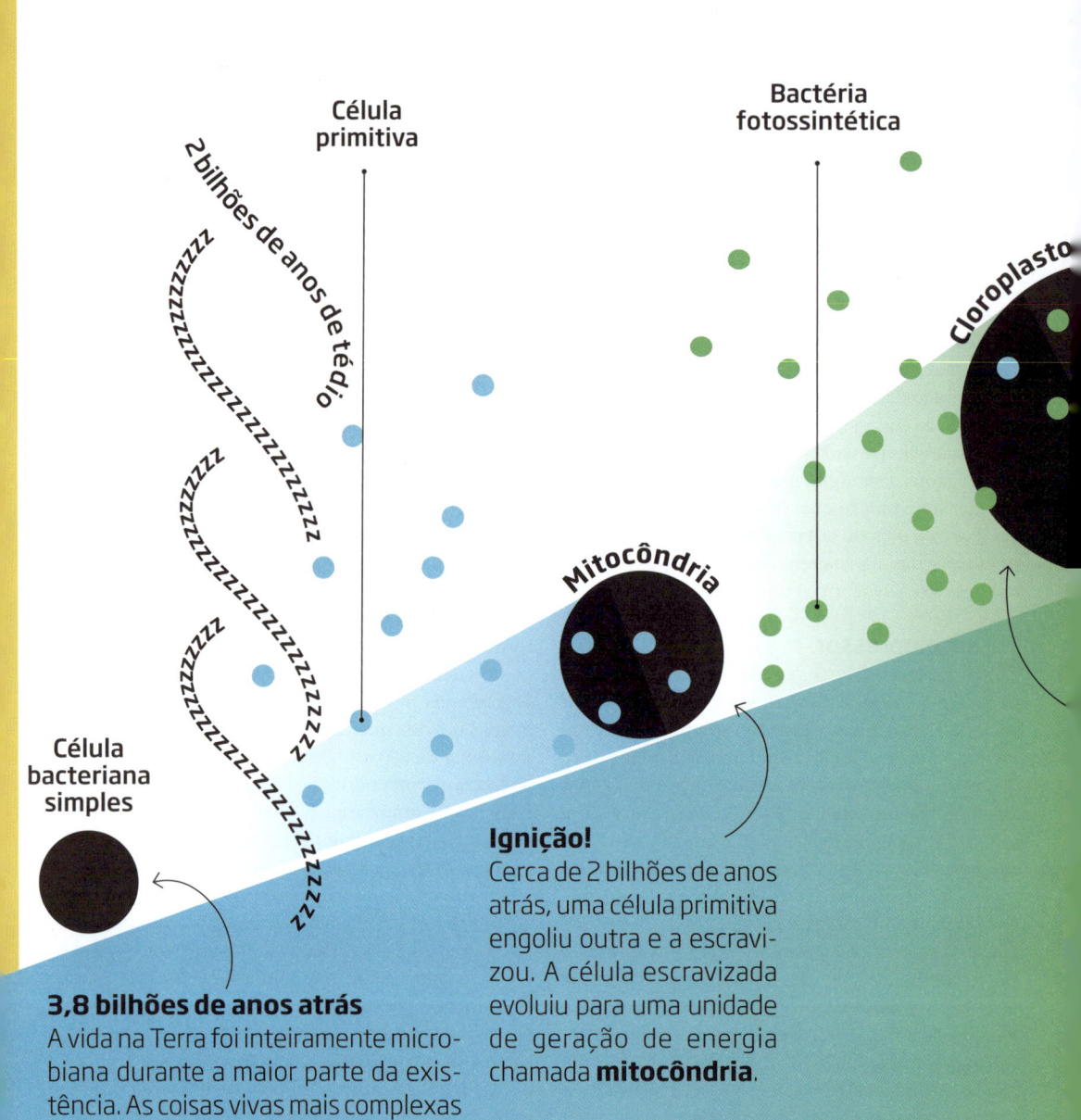

Célula primitiva

2 bilhões de anos de tédio zzzzzz...

Bactéria fotossintética

Cloroplasto

Mitocôndria

Célula bacteriana simples

3,8 bilhões de anos atrás
A vida na Terra foi inteiramente microbiana durante a maior parte da existência. As coisas vivas mais complexas eram colônias de bactérias.

Ignição!
Cerca de 2 bilhões de anos atrás, uma célula primitiva engoliu outra e a escravizou. A célula escravizada evoluiu para uma unidade de geração de energia chamada **mitocôndria**.

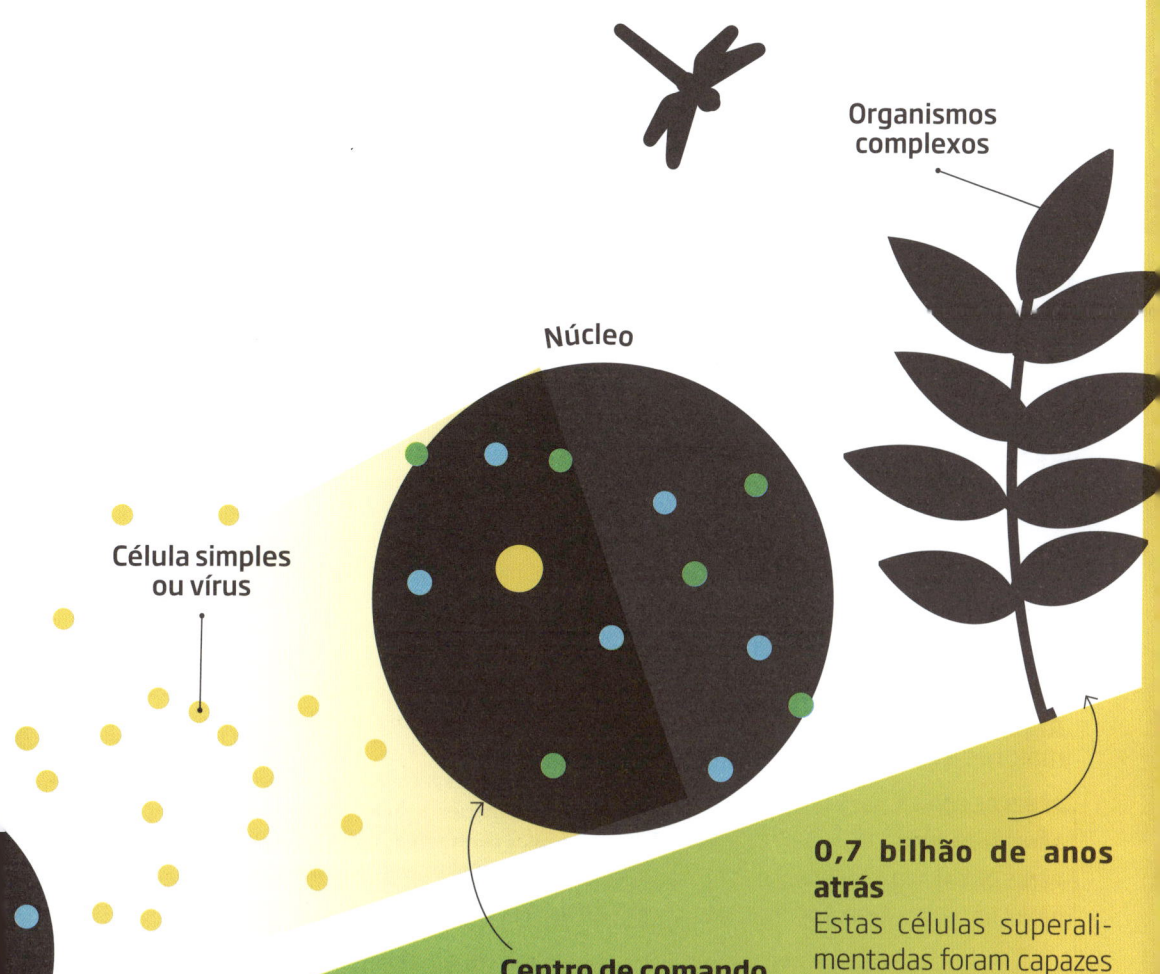

Organismos complexos

Núcleo

Célula simples ou vírus

0,7 bilhão de anos atrás
Estas células superalimentadas foram capazes de unir-se para formar organismos multicelulares complexos, como plantas, animais e fungos.

Centro de comando
O **núcleo da célula** também pode ter surgido da escravização de uma célula ou de um vírus.

Energia solar
Uma linhagem de células também tragou uma bactéria fotossintética, que evoluiu para um **cloroplasto**, coletor de luz solar que captura energia da luz do Sol.

Por que fazemos sexo (além da razão óbvia)?

Os pássaros e as abelhas e, é claro, as pulgas fazem. Também as plantas, os fungos e as amebas. Às vezes, parece que o sexo está por toda parte. Mas, em termos biológicos, é uma ocupação menor. Nos primeiros 2 bilhões de anos de vida na Terra, ele não existiu. Mesmo hoje, os organismos que dominam o planeta – bactérias e arqueas – não se ocupam dele.

Alguns garotos são maiores que outros

PÊNIS DE GORILA	3,8 cm
PÊNIS HUMANO	13 cm
PÊNIS DE CAVALO	45 cm
PÊNIS DE RINOCERONTE	61 cm

A origem do sexo, então, é um tanto misteriosa. E, se as origens são difíceis de entender, sua função é ainda mais.

À primeira vista, isso parece tolice. O sexo tem função evidente: gera variação, matéria-prima da evolução. A reorganização e a recombinação de informações genéticas auxilia na adaptação da espécie. Também ajuda a espalhar genes benéficos por toda uma população e eliminar os prejudiciais.

Mas há grandes problemas com esse argumento do senso comum. O primeiro é que o sexo é de uma ineficiência flagrante. Faz muito mais sentido clonarmos a nós mesmos. A clonagem produz muito mais prole que o sexo, o que significa que espécies assexuadas devem levar rapidamente as sexuadas à extinção, por produzirem muito mais descendentes competindo pelos mesmos recursos.

Além disso, os clones têm combinação de genes cuja adequação ao objetivo já foi demonstrada. O sexo, ao contrário, cria combinações novas, não testadas e possivelmente inferiores. De fato, a recombinação sexual interrompe combinações genéticas favoráveis com mais frequência que as gera.

A longo prazo, é claro, no decorrer de milhares e milhões de anos, o sexo deve ser mais vantajoso. Espécies assexuadas acabam acumulando mutações de que não conseguem se livrar e que as conduz à extinção. Mas a evolução não funciona assim. Não planeja com antecedência. Só se interessa pelo aqui e agora.

E os desafios e as tribulações não param por aí. As espécies sexuadas têm de encontrar parceiros, lutar contra rivais e se arriscar a pegar doenças sexualmente transmissíveis.

Por fim, se o sexo é tão benéfico, por que bactérias e arqueas nunca o desenvolveram apesar de trocarem, de tempos em tempos, pedaços de DNA? Em sentido inverso, se a reprodução assexuada é tão genial, por que quase todos os eucariotos se reproduzem sexualmente pelo menos parte do tempo? Tudo isso torna o sexo um dos maiores quebra-cabeças da Biologia.

Durante muitos anos, a melhor resposta foi a hipótese da Rainha Vermelha, variante sutil da explicação de que "sexo significa variedade". Ela imagina uma corrida armamentista entre parasitas e seus hospedeiros. O tempo de geração dos parasitas é tão curto que eles podem superar a evolução dos hospedeiros. Criando novas misturas de genes a cada geração, o sexo capacita pelo menos alguns indivíduos a sobreviver. A hipótese recebe o nome de Rainha Vermelha porque, como Alice em *Alice Através do Espelho*, precisamos correr muito para ficarmos no mesmo lugar.

Infelizmente, isso não resolve o problema. Os parasitas só dão ao sexo uma vantagem decisiva quando a transmissão dos parasitas é muito alta e seus efeitos são muito sérios. Em circunstâncias normais, os clones ainda vencem.

Há poucos anos, uma nova explicação começou a ganhar terreno, baseada na descoberta de que todos os eucariotos são, ou pelo menos foram, se-

Triângulo amoroso bizarro

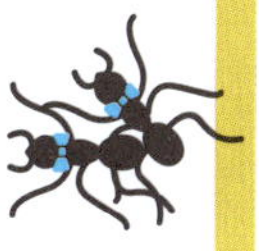

De uma perspectiva humana, a reprodução sexual é um assunto resolvido cara a cara: há homens e há mulheres, e é preciso um de cada para fazer um bebê. O mesmo acontece com muitos outros animais e plantas, mas esse sistema não é, de forma alguma, universal. Algumas espécies de minhocas, esponjas, moluscos e plantas são hermafroditas, o que significa que qualquer indivíduo pode se acasalar com qualquer outro ou com ele próprio. E foi encontrada uma espécie de formiga que tem três sexos – uma rainha e dois tipos de machos. A rainha tem de acasalar com um tipo para gerar trabalhadores e com outro para gerar rainhas. Assim, a colônia é produto de um triângulo amoroso.

---

res sexuais (existem muitas espécies que se multiplicam por clonagem, mas só muito recentemente estas desenvolveram o celibato). A conclusão lógica é que o sexo se desenvolveu muito cedo na linhagem eucariota por meio de um ancestral comum de todos os eucariotos vivos, há cerca de 2 bilhões de anos.

Além do sexo, o outro elemento que une todos os eucariotos é o fato de possuírem mitocôndrias, a fonte de alimentação da célula. A nova explicação afirma que isso não é coincidência: as mitocôndrias tornaram inevitável a evolução do sexo. Como assim? O ponto-chave é que as mitocôndrias têm os próprios genomas.

Eles são remanescentes do genoma completo da bactéria de vida livre engolida no alvorecer da evolução dos eucariotos. Sabemos que, como os dois coevoluíram, a maioria dos genes foi transferida para o genoma do hospedeiro. O simbionte também bombardeou o hospedeiro com genes saltadores parasitas.

O amor supera tudo

Em outras palavras, a aquisição de mitocôndrias desencadeou um surto de ruptura genética turbulenta. Sob tamanha pressão para a mutação, a balança pendeu para um dos lados, e o sexo tornou-se mais vantajoso que a reprodução assexuada. Um eucarioto primitivo que desenvolveu o sexo teria se saído melhor que os rivais assexuados, que estavam sucumbindo a níveis irresistíveis de mutação.

As mitocôndrias também explicam por que o sexo continua sendo vantajoso hoje. O genoma mitocondrial codifica genes vitais, mas não pode fazer nada sozinho. Depende do genoma nuclear para produzir proteínas e replicar seu DNA, por exemplo. Uma íntima cooperação entre os dois genomas das células é, portanto, vital para o funcionamento da célula, em especial na tarefa crucial de geração de energia.

É essa cooperação que o sexo garante. Como o genoma mitocondrial acumula mutações a uma taxa mais alta que o genoma nuclear – cerca de dez vezes mais rápido em mamíferos –, o acordo entre os dois genomas vai, aos poucos, se rompendo. Nós e nossas mitocôndrias estamos nos distanciando, e, embora a culpa seja das mitocôndrias, somos nós que sofremos. O sexo resolve essa desarmonia descartando novas combinações de genes nucleares mais compatíveis com as necessidades das mitocôndrias.

Esse é o porquê do sexo. O "como", no entanto, continua muito vago. Os eucariotos mais simples – amebas – fazem sexo partindo seus genomas ao meio e depois se fendendo eles próprios em dois, com meio genoma em cada porção; essas semiamebas se fundem, então, com outras, para criar novos indivíduos. Pode ter sido assim que o primeiro sexo foi feito.

E, em termos muito gerais, ainda é feito assim. O sexo não significa mais que rasgar um genoma ao meio e uni-lo com outro meio genoma de outra pessoa para criar um genoma inteiramente novo. Os humanos e a maioria dos outros animais conseguem isso tendo dois sexos, um dos quais despeja seus meio genomas no outro por meio da cópula.

Quem falou que o romantismo tinha acabado?

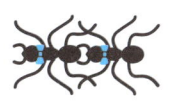

Continuação dos comprimentos de pênis no verso ▶

83

A ORIGEM DE (QUASE) TODAS AS COISAS → VIDA → ESPERMA, APRESENTO A VOCÊ O ÓVULO

Esperma, apresento a você o óvulo

A vida encontrou várias formas estranhas e maravilhosas de alcançar o objetivo essencial do sexo, a reunião de gametas para criar um novo indivíduo.

Polinização
Como as plantas não podem se mover, usam abelhas, morcegos, outros polinizadores ou o vento para transferir seus gametas.

◀ CONTINUAÇÃO DA PÁGINA ANTERIOR
PÊNIS DE CAVALO 45 cm
PÊNIS DE RINOCERONTE 61 cm

Espermatóforo
Pacote de esperma que o macho oferece à fêmea colocando-o perto dela, em geral no decorrer de um elaborado ritual de namoro. Ela pode aceitá-lo ou não. Usado principalmente por salamandras e tritões; insetos e aranhas também utilizam muito esse método.

Entrega especial!
Cefalópodes – polvos, lulas, chocos e náutilos – também usam espermatóforos, mas os machos tomam a iniciativa de inseri-los no trato reprodutivo da fêmea usando um braço especializado, chamado hectocótilo. Em algumas espécies, o braço se rompe dentro da fêmea, mas, em outras, não se perde e pode ser usado mais de uma vez.

Cópula
Inserção de um órgão especializado do macho – pênis em mamíferos e alguns pássaros, vários outros "órgãos intromitentes" em peixes, répteis, insetos – na abertura de uma fêmea, como vagina ou cloaca. A maioria dos mamíferos, incluindo os primatas (mas não os humanos), têm um osso chamado báculo que endurece permanentemente o pênis. Eles estão, de modo literal, o tempo todo com tesão.

Canibalismo sexual
Em algumas espécies de insetos e aranhas, a fêmea devora o macho durante ou após a cópula. Visto com frequência em certas espécies de louva-a-deus.

Fertilização externa
Os detalhes variam, mas basicamente as fêmeas depositam ovos na água ou no fundo do mar e os machos aparecem depois e descarregam esperma sobre eles. Muitos peixes e anfíbios utilizam esse método. A desova em massa é uma forma de fertilização externa adotada por corais, onde os machos e as fêmeas liberam ao mesmo tempo na água toneladas de esperma e ovos.

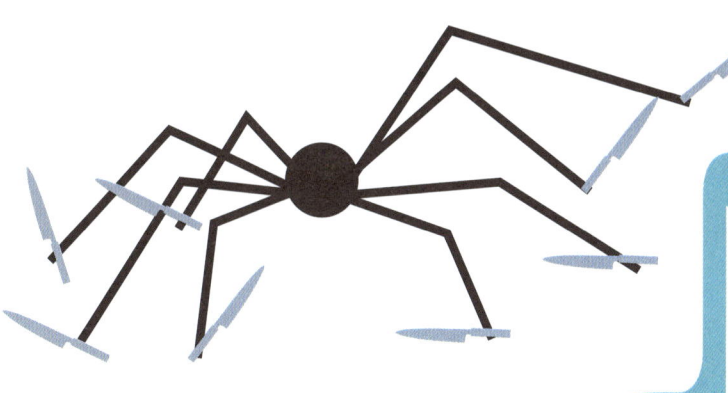

Inseminação traumática
Entre alguns insetos, vermes e lesmas-do-mar, o macho esfaqueia a fêmea com o órgão sexual e deposita o esperma diretamente no abdômen dela. Um expoente particularmente implacável dessa técnica é uma aranha chamada *Harpactea sadistica*, que apunhala oito vezes a fêmea usando um órgão especializado em forma de agulha.

Beijo cloacal
A maioria dos vertebrados que carece de um pênis usa essa técnica, batizada com uma expressão torpe, mas que significa apenas juntar os orifícios de eliminação de dejetos para transferir esperma. A cloaca também é usada para expelir urina e fezes. "Cloaca" é a palavra latina para "esgoto".

A ORIGEM DE (QUASE) TODAS AS COISAS → VIDA → POR QUE EXISTEM TANTOS TIPOS DE INSETOS RASTEJANTES?

Por que existem tantos tipos de insetos rastejantes?

Se você quiser deixar sua marca no mundo descobrindo uma nova espécie de animal, há apenas um lugar para começar a busca: debaixo do sofá ou talvez no parapeito empoeirado de uma janela. Se olhar com atenção, você pode descobrir uma espécie de inseto ainda desconhecida.

A cada ano, cerca de 20 mil novas espécies são descritas por cientistas, na maioria invertebrados. E a maior parte desses invertebrados (cerca de 10 mil) são insetos.

Ame-os ou deteste-os, os insetos são a principal história de sucesso do reino animal. Três quartos das espécies animais conhecidas são de tipos de insetos, quantidade impressionante de 1 milhão de espécies – e estima-se que entre 4 e 5 milhões delas ainda serão descobertas. Por outro lado, há menos de 70 mil espécies de vertebrados. Pode haver até 10 quintilhões de insetos vivos – isso dá mais de 1 bilhão deles para cada pessoa do planeta. Os insetos foram os primeiros animais a conquistar a Terra, espalharam-se por todos os continentes, incluindo a Antártida, e parecem ser quase à prova de extinção. São, em suma, os animais mais bem-sucedidos que já andaram ou voaram sobre a Terra.

Minifloresta petrificada

Os mais antigos fósseis de insetos já descobertos têm 410 milhões de anos, época em que a vida fazia as primeiras incursões em terra firme.

Os fósseis foram encontrados em um extraordinário depósito enterrado em um campo perto da aldeia de Rhynie, na Escócia. O sítio de Rhynie é um *Lagerstätte*, ou depósito fóssil de preservação excepcional. Os fósseis ali presentes se formaram quando uma água quente e rica em minerais transbordou de uma erupção vulcânica e petrificou de forma instantânea tudo que havia no caminho.

O sítio está repleto de vida fossilizada, principalmente plantas minúsculas. Também contém um zoológico dos primeiros artrópodes – animais com exoesqueletos duros –, incluindo crustáceos, aracnídeos, ácaros e colêmbolos. Acreditou-se, a princípio, que não havia insetos, mas em 2004 os paleontólogos identificaram sob o microscópio peças bucais muito bem preservadas que só poderiam ter vindo de algum inseto.

E não de qualquer inseto; as peças bucais tinham surpreendente aparência contemporânea, o que significa que os insetos já estavam bem avançados quando o sítio de Rhynie foi formado. Isso tornava a origem deles ainda mais remota.

Aqui estão os monstros

Cerca de 300 milhões de anos atrás, os insetos aumentaram de tamanho de repente. Para citar um exemplo, o predador Meganeura, semelhante à libélula, tinha envergadura de até 70 centímetros. O gatilho foi o oxigênio. As árvores haviam evoluído recentemente e, sem organismos para decompor a madeira, não estavam apodrecendo. Em consequência disso, os níveis de oxigênio atingiram 31%, 50% superior ao registrado hoje. Os insetos respiram por meio de pequenos tubos que transportam oxigênio para seus tecidos, o que limita o tamanho que podem alcançar. Com mais oxigênio, o limite é muito maior.

Os insetos permaneceram enormes até cerca de 150 milhões de anos atrás, quando, subitamente, a envergadura de suas asas diminuiu pela metade. É provável que a causa tenha sido a evolução de um novo tipo de comedor de insetos voador, os pássaros.

35 cm

Quanto a saber a partir do que eles evoluíram, a princípio suspeitava-se dos miriápodes, o grupo que inclui milípedes e centopeias. Agora, no entanto, as apostas mais confiáveis são nos remípedes, crustáceos aquáticos cegos que hoje vivem exclusivamente em cavernas costeiras. Semelhanças no cérebro, no sistema nervoso e em muitas de suas proteínas apontam um antigo ancestral comum. Isso sugere que os insetos evoluíram nas margens alagadas entre o mar e a terra.

Rastejando para a terra

A ideia é suportada por amplo estudo genético de insetos e outros artrópodes que coloca os insetos próximos aos crustáceos e situa sua origem cerca de 480 milhões de anos atrás. Isso os põe entre os primeiros seres a caminhar sobre a Terra.

Colonizar a terra era um desafio formidável, que incluía lidar, no dia a dia, com a desidratação, os efeitos da gravidade, ter de respirar o ar com os extremos da temperatura e da luz solar. Um exoesqueleto resistente teria ajudado, mas foi preciso que milhões de anos se passassem para que se desenvolvessem insetos verdadeiramente terrestres. Algumas das espécies mais primitivas presentes hoje, como as traças saltadoras, ainda precisam de solo úmido para viver.

Mas a terra oferecia grandes oportunidades. Havia muita coisa para comer e menos predadores que no mar. A evolução dos insetos realmente decolou há cerca de 440 milhões de anos, com o surgimento de grande quantidade de novas espécies.

Depois veio um desenvolvimento que os levaria a outro nível: o voo. A mais antiga asa de inseto fossilizada tem 324 milhões de anos, mas, como as peças bucais na rocha de sílex de Rhynie são quase certamente de um inseto voador, sabemos que o voo se desenvolveu muito cedo.

Os insetos dominaram os céus durante 200 milhões de anos, até surgirem os pterossauros. As asas lhes deram enorme vantagem, ajudando-os a encontrar comida e parceiros, colonizar novos *habitats*, evitar predadores e regular a temperatura do corpo.

Os insetos passaram por mais uma transformação radical na crisálida – talvez a mais importante de todas. Entre os restos fossilizados das florestas pantanosas que cobriam a Terra há cerca de 300 milhões de anos estão os primeiros insetos conhecidos a passar por completa metamorfose – o processo pelo qual lagartas modernas se transformam em mariposas e borboletas, ou as larvas em moscas.

Os insetos têm, como limitação fundamental, exoesqueleto inflexível. Até esse ponto, tinham crescido por meio de uma série de estágios, cada qual seguido de uma renovação, permitindo que formas em miniatura semelhantes às do adulto ficassem cada vez maiores. A metamorfose completa capacitou os insetos a dividirem seu ciclo de vida em estágios distintos, com a larva dedicada à alimentação, e o adulto, a se reproduzir. Essa inovação foi tão bem-sucedida que mais de oito em cada dez espécies de insetos a utilizam hoje, incluindo grupos de enorme sucesso, como besouros, pulgas, vespas, abelhas e formigas.

Durões

A metamorfose é também o que parece deixar os insetos à prova de extinção. Como tudo mais, os insetos foram duramente atingidos pela extinção em massa do Permiano, que exterminou 90% de todas as espécies conhecidas. Por volta de metade das famílias de insetos desapareceram – mas a maior parte deles não passava pela metamorfose. Os que se metamorfoseavam mal foram afetados. O que fez diferença foi, provavelmente, a fase de transição entre a larva e o adulto, quando os insetos se recolhem na pupa. As pupas podem tolerar vários ataques do meio ambiente, como congelamento e dessecação, tornando-se muito duras em períodos de pressão ambiental.

Quando o impacto de um asteroide pôs fim aos dinossauros, há 65 milhões de anos, os insetos se saíram muito bem da situação. É provável que, mesmo quando nós, humanos espertalhões, desaparecermos da face da Terra, insetos espertos, que voam de dia e voam de noite, consigam resistir ao que tiver acabado conosco e continuar seu reinado como o grupo de animais mais bem-sucedido do mundo.

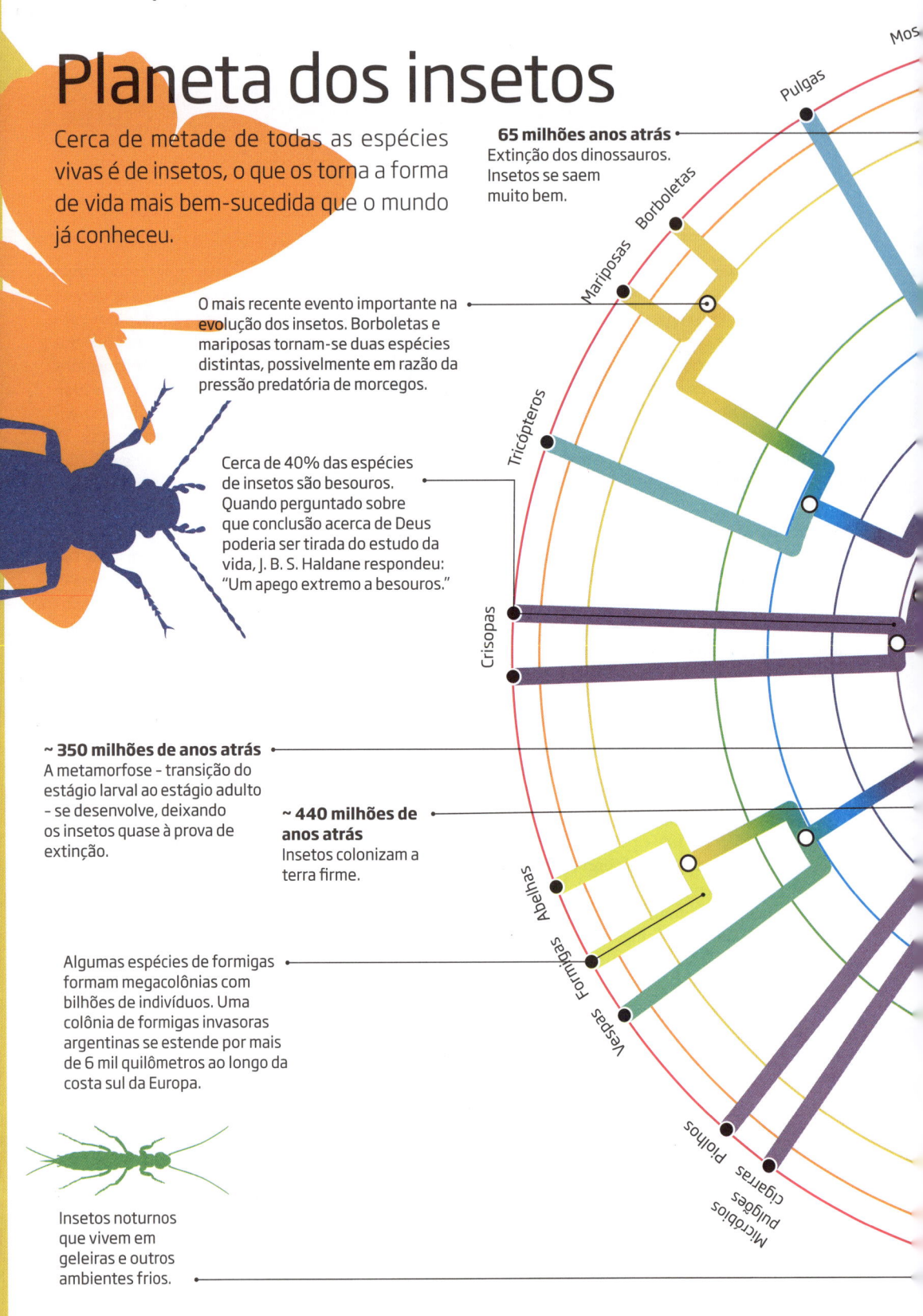

A ORIGEM DE (QUASE) TODAS AS COISAS → VIDA → PLANETA DOS INSETOS

Planeta dos insetos

Cerca de metade de todas as espécies vivas é de insetos, o que os torna a forma de vida mais bem-sucedida que o mundo já conheceu.

65 milhões anos atrás
Extinção dos dinossauros. Insetos se saem muito bem.

O mais recente evento importante na evolução dos insetos. Borboletas e mariposas tornam-se duas espécies distintas, possivelmente em razão da pressão predatória de morcegos.

Cerca de 40% das espécies de insetos são besouros. Quando perguntado sobre que conclusão acerca de Deus poderia ser tirada do estudo da vida, J. B. S. Haldane respondeu: "Um apego extremo a besouros."

~ 350 milhões de anos atrás
A metamorfose - transição do estágio larval ao estágio adulto - se desenvolve, deixando os insetos quase à prova de extinção.

~ 440 milhões de anos atrás
Insetos colonizam a terra firme.

Algumas espécies de formigas formam megacolônias com bilhões de indivíduos. Uma colônia de formigas invasoras argentinas se estende por mais de 6 mil quilômetros ao longo da costa sul da Europa.

Insetos noturnos que vivem em geleiras e outros ambientes frios.

Outros hexápodes

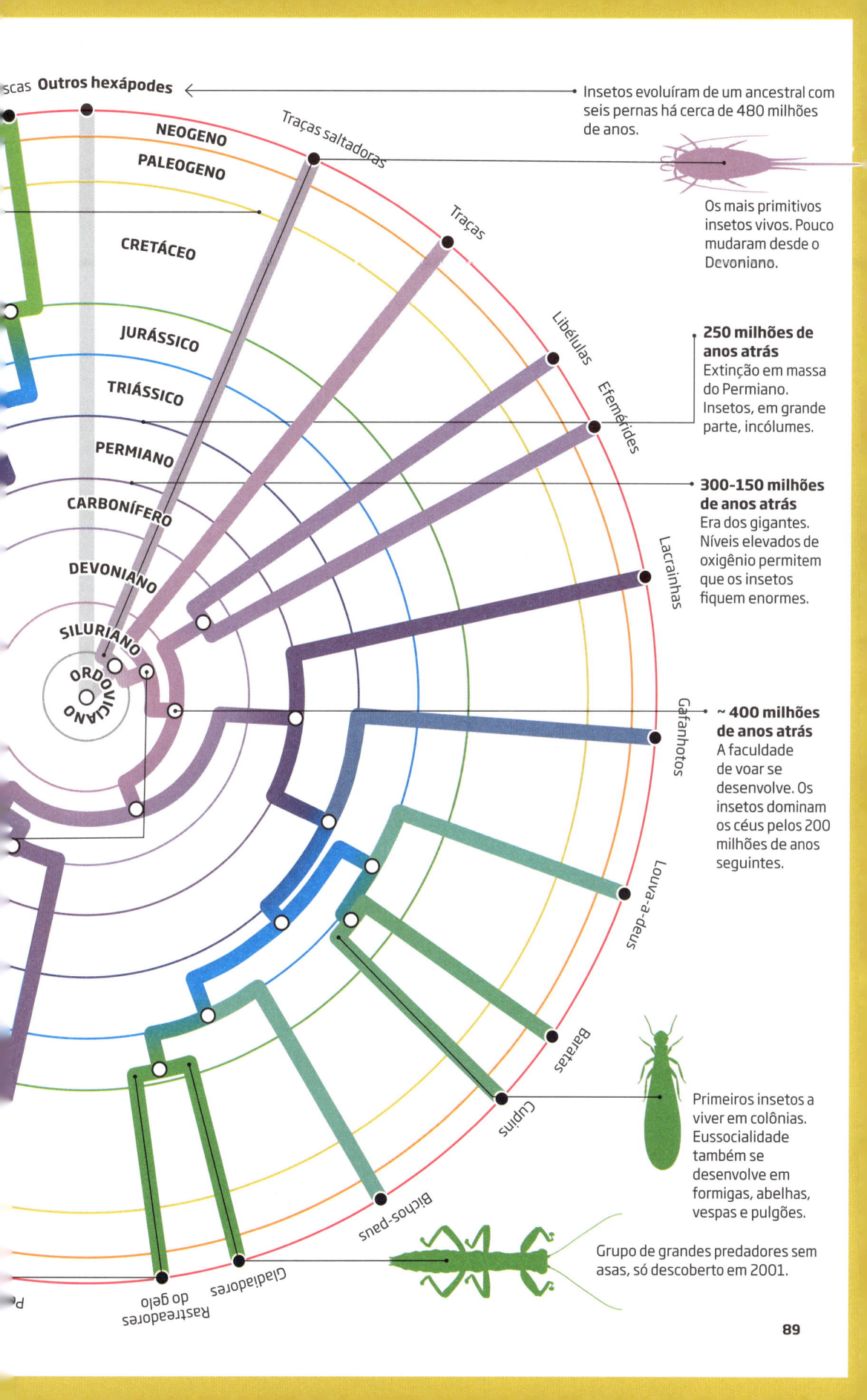

NEOGENO
PALEOGENO
CRETÁCEO
JURÁSSICO
TRIÁSSICO
PERMIANO
CARBONÍFERO
DEVONIANO
SILURIANO
ORDOVICIANO

Traças saltadoras
Traças
Libélulas
Efemérides
Lacrainhas
Gafanhotos
Louva-a-deus
Baratas
Cupins
Bichos-paus
Gladiadores
Rastreadores do gelo

Insetos evoluíram de um ancestral com seis pernas há cerca de 480 milhões de anos.

Os mais primitivos insetos vivos. Pouco mudaram desde o Devoniano.

250 milhões de anos atrás
Extinção em massa do Permiano. Insetos, em grande parte, incólumes.

300-150 milhões de anos atrás
Era dos gigantes. Níveis elevados de oxigênio permitem que os insetos fiquem enormes.

~ 400 milhões de anos atrás
A faculdade de voar se desenvolve. Os insetos dominam os céus pelos 200 milhões de anos seguintes.

Primeiros insetos a viver em colônias. Eussocialidade também se desenvolve em formigas, abelhas, vespas e pulgões.

Grupo de grandes predadores sem asas, só descoberto em 2001.

89

A ORIGEM DE (QUASE) TODAS AS COISAS → VIDA → QUANDO COMEÇOU A ERA DOS DINOSSAUROS?

Quando começou a era dos dinossauros?

O fim, quando veio, foi repentino. Um asteroide ou um cometa com 10 quilômetros de diâmetro atingiu o Golfo do México, cavando uma cratera de 180 quilômetros e desencadeando incêndios, erupções vulcânicas e gigantescos tsunâmis por todo o globo. Os detritos bloquearam o Sol durante anos. Os dinossauros – e os outros 75% dos seres vivos que tombaram com eles – não tiveram a menor chance.

A história do desaparecimento dos dinossauros, há 65 milhões de anos, é bem conhecida. Mas não a história de sua origem. Os dinossauros foram os animais dominantes em terra firme durante pelo menos 135 milhões de anos, o mais longo reinado de qualquer grupo. Se o impacto não tivesse acontecido, talvez ainda estivessem no controle. De onde vieram esses estupendos animais?

Durante anos, os paleontólogos acreditaram que a proeminência alcançada rapidamente pelos dinossauros, 200 milhões de anos atrás, foi em virtude de serem superiores aos concorrentes em termos evolutivos. O período Triássico, quando apareceram, foi visto como pouco mais que um ensaio geral para a verdadeira era dos dinossauros, o Jurássico.

Hoje sabemos que não foi assim que aconteceu. O segredo do sucesso dos dinossauros foi a sorte: estavam no lugar certo na hora certa. E, como ocorreu com seu desaparecimento, suas origens e seu apogeu foram provocados por enormes e catastróficas extinções em massa.

No fim do período Permiano, 251 milhões de anos atrás, mais de 90% de toda a vida desapareceu de repente. Há debates apaixonados em torno da causa (ou das causas) do aniquilamento, mas não há dúvida sobre o fato de que seu impacto foi devastador. A vida em si quase foi extinta, deixando paisagens desoladas, vazias, sobre o vasto continente único de Pangeia. Algumas plantas e grandes animais terrestres, por alguma razão, se conservaram e, durante os 50 milhões de anos seguintes, foram aos poucos tornando a encher de vida o planeta desabitado.

Os primeiros a tirar proveito da situação foram um grupo de répteis parecidos com mamíferos, chamados sinapsidas. Eles dominaram a primeira fase do Triássico e deram origem aos mamíferos. Em meados do período Triássico, um segundo grupo de sobreviventes permianos da classe dos répteis, chamados diapsidas, estavam começando a assumir o controle. Foi então que as coisas começaram a ficar monstruosas.

Répteis dominantes

Alguns desses animais foram para a água e evoluíram para ictiossauros, plesiossauros e outros répteis marinhos familiares dos livros de dinossauros

Saídos das sombras

A ascensão dos dinossauros no final do período Triássico foi semelhante à ascensão dos mamíferos no final do período Cretáceo. Após milhões de anos vivendo nas sombras, os dinossauros, de repente, descobrem que tinham a maior parte do mundo para si e tiram proveito disso. Os fósseis mostram que, embora fossem poucos e estivessem dispersos no final do Triássico, os dinossauros dominaram o Jurássico primitivo. As maiores pegadas de dinossauros saltaram de 25 para 35 centímetros no espaço de apenas 30 mil anos. Isso significa que o que quer que tenha deixado esses rastros dobrou de tamanho durante esse período. Foi esse o verdadeiro alvorecer da era dos dinossauros.

para crianças (embora não fossem dinossauros). Outro lote evoluiu para cobras e lagartos. Mas o processo evolutivo mais interessante estava ocorrendo com um grupo de animais terrestres chamado arcossauros – os "répteis dominantes".

A visão clássica é a de que os arcossauros se desenvolveram no Triássico Médio e não demoraram a dar origem a crocodilos, dinossauros e pterossauros voadores. Também produziram alguns "outros" variados, mas que não tiveram grande importância. Quase assim que se desenvolveram, os dinossauros começaram a exercer considerável influência ao redor. Graças a adaptações evolutivas superiores, rapidamente se tornaram os animais terrestres dominantes, transformando o Triássico na aurora dos dinossauros.

Foi assim mesmo? Bem, é verdade que os primeiros dinossauros foram encontrados em rochas do Triássico Médio. Os mais velhos vieram de uma formação de 230 milhões de anos no sopé dos Andes, na Argentina.

Os primeiros pássaros

O primeiro a ser identificado foi o *herrerassauro*, que se alimentava de carne e tinha duas pernas, muito primitivo. Descoberto em 1959, constatou-se que pertencia a um grupo chamado terópodes, que acabou dando origem ao *T. rex*, ao *velociraptor* e aos pássaros modernos.

Alguns anos depois surgiu o *eoraptor*, membro da linhagem que acabou evoluindo para os gigantescos herbívoros saurópodes, que tinham pescoços muito compridos, como o *diplodoco* e o *apatossauro*.

A descoberta do *pisanossauro* completou o cenário. Ele foi um precursor dos dinossauros com bico de pato, confirmando que, mesmo nessa fase inicial, os dinossauros já haviam se dividido em duas grandes famílias: os saurísquios, com a "pelve de lagarto", incluindo os terópodes e os saurópodes, e os ornitísquios, "com a pelve de pássaro", como os dinossauros de bico de pato e os *estegossauros*.

Descobertas mais recentes, no entanto, têm desafiado a ideia de que os dinossauros já dominavam nesse momento. Longe de serem apenas atores coadjuvantes, os variados "outros" eram, na verdade, as estrelas do *show*, e os dinossauros dificilmente teriam sua grande oportunidade antes que outra extinção ocorresse no final do Triássico. Por alguma razão, essa catástrofe atingiu mais os outros. Vários tipos de répteis grandes, bizarros, desapareceram para sempre. E, assim como a morte dos dinossauros abriu caminho para a ascensão dos mamíferos, o fim dos répteis do Triássico anunciou a era dos dinossauros. O Triássico tardio foi o apogeu dos *arcossauros*.

A ilusão da predominância dos dinossauros teve origem no fato de que os fósseis dos animais terrestres do Triássico são raros e, em geral, incompletos. Quando os cientistas encontraram fósseis triássicos que pareciam ter vindo de dinossauros, presumiram, de modo lógico, que eram de fato dinossauros.

Isso incluía os *rauisuchias*, predadores de pernas longas parecidos com ursos ou leões. O maior chegava a 7 metros. Alguns eram bizarros, como o *arizonassauro*, com as costas em formato de vela de navio. Outro grupo dominante de predadores eram os *fitossauros*, répteis de corpo comprido com mandíbulas estreitas de crocodilo, um pouco parecidos com os modernos crocodilos-da-Índia.

Os herbívoros mais comuns eram os *aetossauros*, animais baixos, com até 5 metros de comprimento, cabeça pequena e corpo encouraçado, com a compleição dos *anquilossauros* da era dos dinossauros.

Durante os 10 milhões de anos seguintes, o mundo pertenceu a esses animais pouco conhecidos, com os dinossauros ficando em segundo plano. Veio então a extinção em massa triássico-jurássica de 200 milhões de anos atrás, uma das cinco mais devastadoras dos últimos 500 milhões de anos. Apesar disso, esse evento tem atraído pouca atenção, em parte porque não houve causa evidente, em parte porque não houve menção de vítimas carismáticas.

Mas elas existiram: os arcossauros. Por alguma razão desconhecida, foram golpeados de forma radical, permitindo que os dinossauros herdassem a Terra.

Dinossauro ou...

A era dos dinossauros não pertenceu apenas aos dinossauros. Havia muitos grupos de répteis vagando pela terra, pelo mar e nos céus, incluindo os que possuíam penas, que revelam como os dinossauros evoluíram para pássaros.

DINOSSAUROS QUE NÃO SE PARECEM COM DINOSSAUROS.
NÃO DINOSSAUROS QUE SE PARECEM COM DINOSSAUROS.

Postosuchus
Membro dos *rauisuchias*, predadores gigantes que viviam ao lado dos dinossauros no Triássico.

Scansoriopteryx

Desmatosuchus
Aetossauro herbívoro do triássico.

Microraptor
Dinossauro voador com quatro asas.

Pterodactyl

Liopleurodon
Não um dinossauro, mas um plesiossauro.

Poposaurus
Outro não dinossauro predador do Triássico.

Tapejara

Pterossauros, não dinossauros.

Eudimorphodon

Sarchosucus
Crocodilo cretáceo de 12 metros de comprimento

Ornithosuchus
Mais um não dinossauro predador do triássico

Anchiornis

Sinornitossauro

Gigantoraptor
Maior dos dinossauros assemelhados a pássaros.

Mosassauro
Réptil marinho dominante do Cretáceo.

rchaeopteryx
itas vezes
ssificado como
ssaro, mas pássaros
dem ser dinossauros.

ial
A ORIGEM DE (QUASE) TODAS AS COISAS → VIDA → COMO OS OLHOS EVOLUÍRAM?

Como os olhos evoluíram?

Eles apareceram em uma piscadela evolutiva e mudaram para sempre as regras da vida. Antes dos olhos, a vida era mais mansa e mais monótona, dominada por criaturas de corpo lento e mole refestelando-se no mar. A invenção do olho marcou o início de um mundo mais brutal e mais competitivo. A visão possibilitou aos animais se tornarem caçadores ativos e inflamou uma corrida armamentista evolutiva que transformou o planeta.

Os primeiros olhos apareceram cerca de 541 milhões de anos atrás – bem no início do período Cambriano, quando a vida multicelular complexa realmente decolou – em um grupo de animais, agora extintos, chamados trilobitas, vagamente parecidos com grandes piolhos marinhos. Seus olhos eram compostos, semelhantes aos dos insetos modernos. E a aparição desses olhos no registro fóssil é incrivelmente repentina. Ancestrais trilobitas de 544 milhões de anos atrás não têm olhos.

O que aconteceu, então, nesses mágicos 3 milhões de anos? Não seriam os olhos, com sua montagem interconectada de retina, lente, pupila e nervo óptico, complexos demais para surgir de forma repentina?

Projetado pela natureza

A complexidade do olho tem sido há muito tempo um campo de batalha evolucionista. Desde que William Paley trouxe a analogia do relojoeiro, em 1802 – alegando que algo tão complexo quanto um relógio precisava ter um criador –, os criacionistas a têm usado para defender o "argumento do projeto". Os olhos são tão intrincados, dizem eles, que é um abuso de nossa credibilidade sugerir que tenham evoluído por meio da seleção e acumulação de mutações casuais.

Darwin estava bem ciente do argumento. Em *A Origem das Espécies*, admitiu que os olhos eram tão complexos que a evolução deles parecia algo "absurdo no mais alto grau". Mas ele continuava o raciocínio argumentando, de modo convincente, que ela só *parecia* absurda. Olhos complexos poderiam ter evoluído de olhos muito simples por seleção natural desde que cada estágio fosse útil. A chave do quebra-cabeças, disse Darwin, era encontrar no reino animal olhos de complexidade intermediária, que demonstrassem possível trajeto do simples até o sofisticado.

Essas formas intermediárias já foram encontradas. Segundo biólogos evolucionistas, teria levado menos que meio milhão de anos para a maior parte dos olhos rudimentares evoluir para um complexo "olho câmera" como o nosso.

O primeiro passo era desenvolver células sensíveis à luz. Isso parece ser uma questão trivial. Muitos organismos unicelulares têm ocelos feitos de pigmentos sensíveis à luz. Alguns podem, inclusive, nadar para a luz ou se afastar dela. Essas aptidões rudimentares para a detecção da luz conferem óbvia vantagem em termos de sobrevivência.

O próximo passo eram os organismos multicelulares concentrarem suas células sensíveis à luz em um único ponto. É provável que áreas com células sensíveis à luz tenham sido comuns muito antes do Cambriano, permitindo que os primeiros animais detectassem a luz e sentissem de que direção ela estava vindo. Esses órgãos visuais rudimentares ainda são usados por águas-vivas, tênias e outros grupos primitivos, e, sem a menor dúvida, são melhores que nada.

Fora da escuridão

Os organismos mais simples com pontos fotossensíveis são as hidras – criaturas de água doce aparentadas à água-viva. Elas não têm olhos, mas se contraem numa bola quando expostas à luz forte. As hidras são interessantes da perspectiva evolutiva porque seu equipamento básico de percepção da luz é muito semelhante ao encontrado em outras linhagens evolutivas, incluindo os mamíferos. Ele está baseado em dois tipos de proteína: opsinas, que mudam de forma quando atingidas pela luz, e canais de íons, que respondem à mudança de forma gerando sinal elétrico. A pesquisa genética sugere que todos os sistemas de canais de opsinas/íons evoluíram de um ancestral comum semelhante

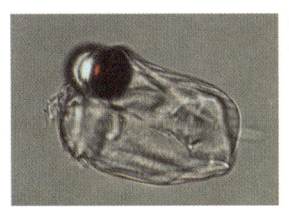

O *Erythropsidinium* e seu pequeno olho.

a hidras, o que aponta origem evolutiva única de todos os sistemas visuais.

O próximo passo é desenvolver uma pequena depressão contendo as células sensíveis à luz. Isso torna mais fácil discriminar de que direção a luz está vindo, auxiliando o movimento de detecção. Quanto mais profunda a cavidade, mais acentuada a percepção.

Uma nova melhoria pode, então, ser alcançada pelo estreitamento da abertura da cavidade para que a luz penetre através de uma pequena fenda, como em uma câmera pinhole. Esse tipo de equipamento possibilita a resolução de imagens pela retina – imenso aprimoramento de modelos anteriores. Olhos de câmera pinhole, sem lente e córnea, são hoje encontrados no náutilo.

A grande mudança final foi desenvolver uma lente. É provável que ela tenha começado como uma camada protetora de pele que cresceu sobre a abertura. Mas evoluiu para um instrumento óptico capaz de concentrar a luz na retina. Uma vez conseguido isso, a eficiência do olho como sistema de imagem superou qualquer limite, passando de 1% a 100%.

Olhos desse tipo ainda são encontrados em cubozoários, predadores marinhos extremamente móveis e venenosos, semelhantes à água-viva. Eles têm 24 olhos dispostos em quatro grupos; 16 não são mais que cavidades sensíveis à luz, mas dois olhos em cada um dos grupos são complexos, com lentes sofisticadas, retina, íris e córnea.

Caçar e destruir

Os trilobitas seguiram trajetória um pouco diferente, desenvolvendo olhos compostos com múltiplas lentes. Mas a sequência básica de eventos foi a mesma. Os trilobitas não foram os únicos animais a se deparar com essa invenção, embora tenham sido os primeiros. Os biólogos acreditam que os olhos evoluíram de forma independente em muitas ocasiões, possivelmente centenas delas.

E que grande diferença isso fez. No mundo cego do início do Cambriano, a visão foi equivalente a um superpoder. Os trilobitas tornaram-se os primeiros predadores ativos, capazes de procurar e perseguir as presas como nenhum animal fizera antes. Como era de esperar, suas vítimas regrediram. Apenas alguns milhões de anos mais tarde, no entanto, os olhos estavam presentes em todos os lugares, e os animais eram mais ativos e estavam cheios de couraças. Esse surto de inovação evolutiva é o que agora conhecemos como Explosão Cambriana.

A visão, contudo, não é universal. Dos 37 filos de animais multicelulares, só seis a desenvolveram. Mas nesses seis – incluindo nosso próprio filo, o dos cordados, além dos artrópodes e moluscos – estão os mais abundantes, difundidos e bem-sucedidos animais do planeta.

O olho do plâncton

Os olhos são órgãos notáveis, mas é possível que o mais notável de todos seja o olho de um animal unicelular chamado *Erythropsidinium*. Cerca de um terço de seu minúsculo corpo é ocupado por uma estrutura chamada oceloide, que, apesar de ser microscópica, é espantosamente semelhante aos sofisticados olhos tipo câmera dos vertebrados. Na frente há uma esfera clara, mais ou menos como uma córnea. Na parte de trás, há uma estrutura hemisférica, escura, onde a luz é detectada. O Erythropsidinium parece usar o olho para localizar a presa, apesar de não ter sistema nervoso. Exatamente o que ele "vê" é pura suposição.

A ORIGEM DE (QUASE) TODAS AS COISAS → VIDA → COMEÇANDO A VER A LUZ

Começando a ver a luz

Olhos são órgãos de fantástica complexidade, mas não demoraram mais que cerca de 1 milhão de anos para se desenvolverem a partir de células sensíveis à luz, progredindo por meio de uma sequência de estágios cada vez mais eficazes. Todos os estágios intermediários ainda são encontrados em animais vivos.

Estágio 1: Ocelo

AINDA ENCONTRADO NAS ÁGUAS-VIVAS

NÍVEL DE VISÃO

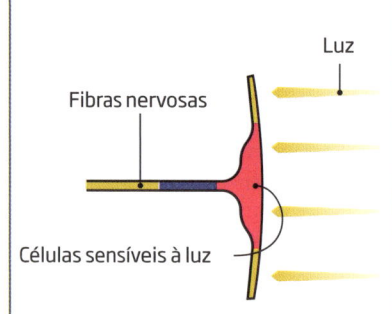

Luz
Fibras nervosas
Células sensíveis à luz

Uma área de células fotossensíveis, também conhecida como ocelo, é capaz de perceber a presença ou a ausência de luz, mas não consegue identificar imagens.

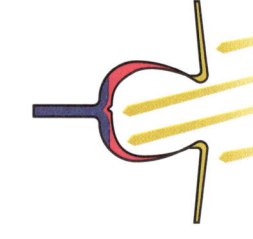

Estágio 2: Ocelo de taça

AINDA ENCONTRADO NAS TÊNIAS

Posicionar o ocelo em uma pequena depressão ou cavidade permite que o animal sinta de que direção a luz está vindo e assim detecte movimentos.

Os primeiros olhos se desenvolveram em trilobitas cerca de 540 milhões de anos atrás e, desde então, evoluíram de modo independente em pelo menos seis outras linhagens, incluindo a nossa.

Estágio 3: Câmera pinhole

AINDA ENCONTRADA EM NÁUTILOS

Estágio 4: Câmera primitiva

AINDA ENCONTRADA EM VERMES AVELULADOS (ONICÓFOROS)

Estágio 5: Olho complexo

AINDA ENCONTRADO EM POLVOS

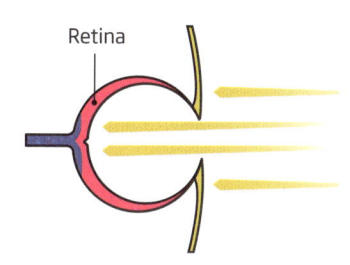

Retina

Cavidade cheia de fluido

Humor   Lente

Córnea

...profundar a cavidade e estreitar a abertura possibilita melhor discernimento na percepção de direção e movimento, permitindo resolução rudimentar de imagem.

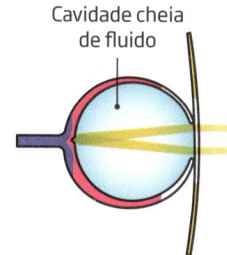

Uma camada de pele cresce sobre a abertura, criando uma cavidade cheia de fluido. Isso evolui para a córnea e o humor aquoso; ambos melhoraram a resolução da imagem.

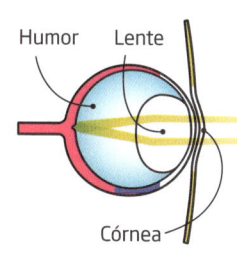

Por fim, a córnea dá origem a uma lente capaz de focar a luz na retina e dar resolução a imagens claras e nítidas.

Por que dormimos?

Depois de algumas horas lendo isto, você vai perder a consciência e entrar na zona crepuscular. Nas horas seguintes, seu cérebro vai oscilar entre dois estados radicalmente diferentes, o sono profundo e o sono com movimento rápido dos olhos, ou sono REM [*rapid eye movement*]. Durante boa parte desse tempo, você não ficará de todo inconsciente, mas envolvido no bizarro estado noturno chamado de sonho.

Passamos cerca de um terço da vida dormindo, e não há dúvida de que isso é muito importante. Se ficamos muito tempo privados de sono, adoecemos; ratos mantidos acordados ininterruptamente morrem em três semanas. Contudo, apesar de mais de sessenta anos de intenso estudo, ainda não sabemos para que exatamente serve o sono.

E bem que tentamos descobrir. Os cientistas do sono apresentaram dezenas de hipóteses sobre sua função. Elas variam entre manter-nos seguros, poupar energia, reparar nosso corpo e cérebro, ajustar o sistema imunológico, processar informação, regular emoções e consolidar a memória. Cada uma das hipóteses tem pontos fortes e também suas fraquezas. A maior parte dos pesquisadores do sono admite que são muitas as funções, e que todas essas hipóteses podem ser verdadeiras em algum nível.

A falta de explicação definitiva, no entanto, não é apenas frustrante para pesquisadores do sono. Isso também tornou muito difícil discernir a origem evolutiva do sono. Ela deve ser muito antiga: todos os animais com sistema nervoso complexo dormem, incluindo mamíferos, pássaros, répteis e peixes. Sabemos que os dinossauros dormiam: em 2004, paleontólogos descobriram na China os ossos de dinossauros de 125 milhões de anos com a cabeça enfiada sob a pata dianteira, exatamente como um pássaro dormindo com a cabeça embaixo da asa. Também é possível identificar estados semelhantes ao sono em animais sem sistema nervoso complexo, incluindo insetos, escorpiões, minhocas e alguns crustáceos.

Talvez dormir seja uma propriedade inerente às células nervosas. Grupos de neurônios cultivados em uma placa de Petri entram de forma espontânea em um estado muito parecido com o sono. Se os privamos desse momento de descanso, ficam caóticos, lançando-se rápida e aleatoriamente a um frenesi de tipo epilético.

Até mesmo micro-organismos, que carecem por completo de sistema nervoso, têm ciclos diários de atividade e inatividade conduzidos por relógios internos do corpo. As origens do sono podem, portanto, remontar ao alvorecer da vida, cerca de 4 bilhões de anos atrás.

Jornadas noturnas

O sono REM é, muitas vezes, chamado de "sono com sonhos", e é nesse estado que a maioria dos sonhos ocorre. Mas também sonhamos durante outros estágios do sono. Ao monitorarem o cérebro de pessoas adormecidas, os pesquisadores observaram que o sonho também ocorria no sono não REM, embora esses sonhos sejam mais curtos, menos nítidos e menos complexos que os sonhos REM.

Outro tipo de sonho ocorre na fronteira entre sono e vigília. São sonhos efêmeros, chamados de hipnagógicos, com características alucinatórias e que podem, às vezes, ser a porta de entrada para mais um tipo de sonho, o lúcido. Esse é um estado de consciência emocionante e cobiçado, durante o qual a pessoa toma consciência de que está sonhando e pode exercer algum controle sobre o que acontece. Imagine a sensação de viver um sonho.

Passamos cerca de duas horas por noite sonhando, mas num instante esquecemos quase tudo que foi sonhado.

Outra pedra no caminho é que o sono não é só uma coisa, mas duas. A primeira é chamada sono profundo, ou de ondas lentas, porque é caracterizada por ondas longas, vagarosas, de atividade elétrica ondulatória sincronizada por todo o cérebro. A segunda é o sono REM, muito diferente da anterior. Esse sono é caracterizado por atividade cerebral frenética, muito parecida com a vigília. E também apresenta sinais físicos evidentes: o rápido movimento trêmulo dos globos oculares e a paralisia muscular quase total, para nos impedir de realizar os movimentos sugeridos pelos sonhos.

O sono REM é verificado apenas em mamíferos e aves. Eles compartilharam um ancestral comum pela última vez há cerca de 300 milhões de anos, o que poderia indicar que o sono REM evoluiu antes disso. Esse ancestral comum, no entanto, também deu origem a répteis sem REM, o que sugere que aves e mamíferos desenvolveram o sono REM de modo independente.

Onde sua mente vai à noite

É também durante o sono REM que ocorre a maioria dos nossos sonhos, em cuja compreensão da função e das origens os cientistas do sono já progrediram bem mais.

Sigmund Freud foi o primeiro a sugerir que o conteúdo dos sonhos pode ser influenciado por experiências vividas durante o estado desperto. Chamou-as de "resíduos do dia". As ideias de Freud sobre os sonhos perderam grande parte da importância que já tiveram, mas essa hipótese – conhecida hoje como hipótese da continuidade – continua bem-aceita.

Os sonhos parecem funcionar como um espelho de nossa vida desperta. Refletem, com frequência, experiências recentes, em particular aquelas originais. Alguém que tenha jogado Tetris pela primeira vez pode sonhar com formas oblongas caindo do céu, por exemplo.

O elo entre estado de vigília e sonho também tem sido observado diretamente por *scanners* cerebrais, que mostram o cérebro sonhador repetindo padrões de atividade vistos durante experiências anteriores ocorridas na vigília.

As experiências parecem entrar em nossos sonhos em dois estágios distintos. Primeiro, reaparecem na própria noite que se segue ao evento e depois, de novo, entre cinco e sete dias mais tarde, dando, assim, suporte à ideia de que uma das funções do sono é processar memórias e integrá-las a um armazenamento de longo prazo.

Mas não nos limitamos a reprisar acontecimentos em nossos sonhos. Nossas experiências são reduzidas a fragmentos, combinadas com memórias mais antigas e misturadas a narrativas bizarras e emocionalmente carregadas que apresentam eventos, lugares e personagens impossíveis. Isso pode ser apenas fruto da atividade cerebral requerida para o processamento da memória. As áreas visuais se mostram muito ativas, assim como os centros de emoção na amígdala, no tálamo e no tronco encefálico. Ao mesmo tempo, as áreas que lidam com o pensamento racional e a atenção não registram atividade.

Mas o processamento da memória não pode ser tudo. Relatos de sonhos coletados de pessoas nascidas com deficiência contêm elementos que elas nunca chegaram realmente a experimentar. Muitas pessoas surdas têm sonhos em que podem ouvir e compreender a linguagem falada, e aquelas que não podem falar na vida real encontram sua voz. Pessoas nascidas com paralisia costumam andar, correr ou nadar. Isso sugere que, por alguma razão, o cérebro está geneticamente programado para gerar experiências que podemos esperar encontrar durante nossa vida.

Algo parecido pode explicar os pesadelos. Cerca de dois terços dos sonhos incluem alguma ameaça, com frequência uma situação tensa, como fugir de um assaltante ou entrar em uma briga. Tais situações ocorrem com frequência ainda maior entre crianças e, muitas vezes, envolvem a presença de animais perigosos. Uma explicação para isso é que o cérebro recorre aos sonhos para simular desafios que podemos enfrentar na vida real – ou que nossos ancestrais distantes teriam experimentado –, permitindo que aprendamos a lidar com eles.

Quando, então, você perder a consciência hoje à noite, tenha cuidado. O mundo crepuscular está repleto de mistérios e perigos.

A letargia dos animais

A duração e o padrão do sono varia muito entre as diferentes espécies de animais, o que contribui para aumentar o mistério em torno da utilidade do sono.

20 HORAS
5 HORAS
1 HORA

O sono **não REM** (ou sono de ondas lentas) é mais tranquilo em termos neurológicos, mas não é totalmente desprovido de sonhos.

O sono com o **movimento rápido dos olhos (REM)** é caracterizado por movimentos agitados dos olhos, sonhos nítidos e cérebro ativo.

ANIMAIS ORDENADOS SEGUNDO O TEMPO DE SONO, DO MENOR AO MAIOR.

- GIRAFA
- CAVALO
- ELEFANTE-ASIÁTICO
- ELEFANTE-AFRICANO
- SER HUMANO
- GOLFINHO LADO BRANCO
- ORCA
- FOCA CINZENTA
- RÃ-TOURO-AMERICANA
- LEÃO-MARINHO DO SUL
- BABUÍNO
- BALEIA-PILOTO DO PACÍFICO
- PORCO

Cavalos, girafas e outros grandes animais que vivem em pastos tiram várias sonecas de pé, que duram alguns minutos cada uma, totalizando menos de cinco horas diárias de sono.

Os elefantes-africanos sobrevivem muito bem sem o sono REM, embora elefantes-asiáticos passem metade do tempo de sono em REM.

Ficar sem dormir matará você mais depressa do que ficar sem comer. Mas, por estranho que possa parecer, a eliminação do sono REM não parece ser assim tão prejudicial.

Estudo de 1967 concluiu que rãs-touro não dormem absolutamente nada, mas são necessárias pesquisas mais consistentes para confirmar a informação.

Os leões-marinhos do sul apresentam o sono de um só hemisfério, significando que metade do cérebro dorme enquanto a outra fica acordada. Isso permite que passem longos períodos caçando no mar.

CACHORRO (CÃO DE CAÇA)

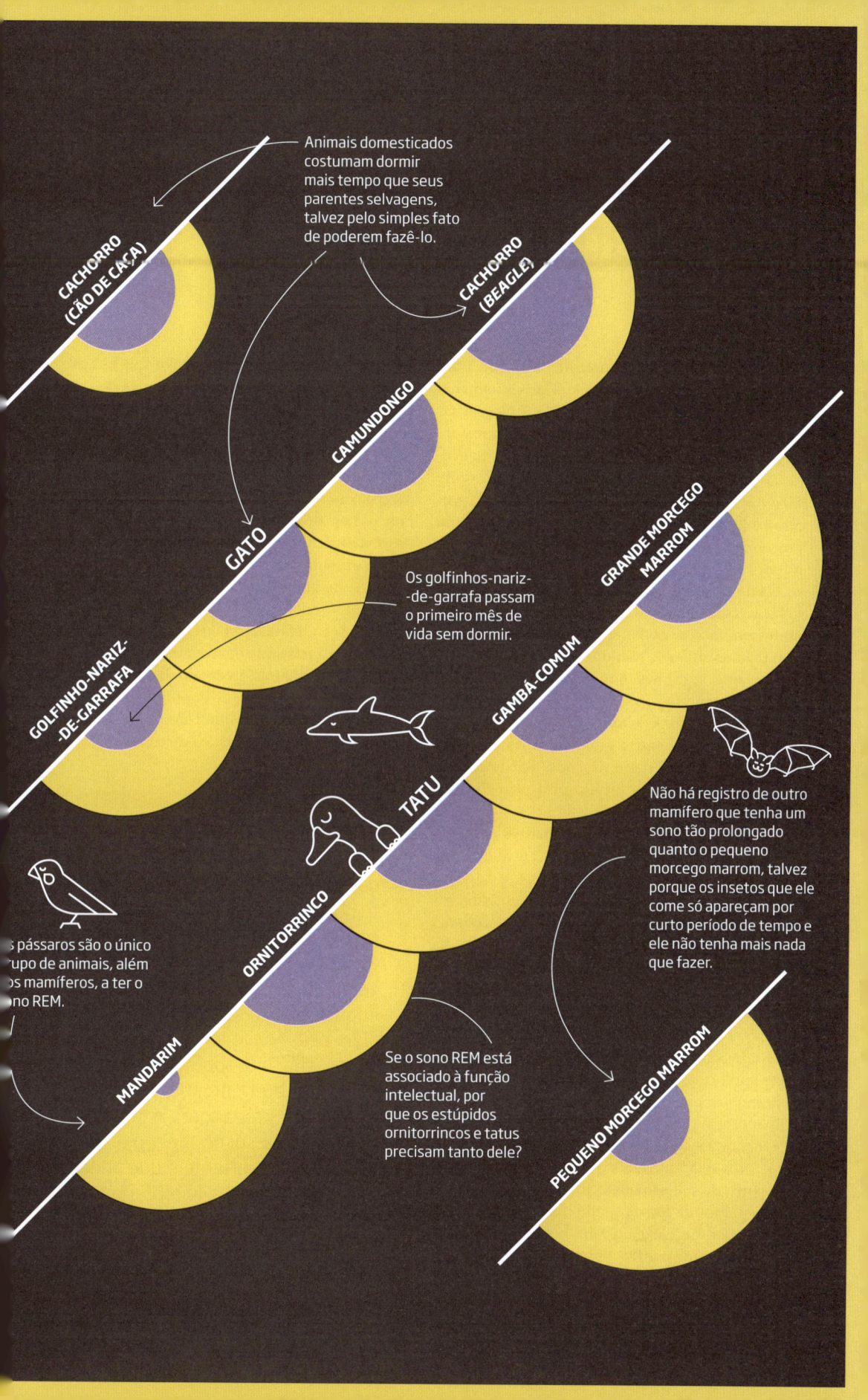

CACHORRO (BEAGLE)

Animais domesticados costumam dormir mais tempo que seus parentes selvagens, talvez pelo simples fato de poderem fazê-lo.

CAMUNDONGO

GATO

GRANDE MORCEGO MARROM

Os golfinhos-nariz-de-garrafa passam o primeiro mês de vida sem dormir.

GOLFINHO-NARIZ--DE-GARRAFA

GAMBÁ-COMUM

TATU

Não há registro de outro mamífero que tenha um sono tão prolongado quanto o pequeno morcego marrom, talvez porque os insetos que ele come só apareçam por curto período de tempo e ele não tenha mais nada que fazer.

ORNITORRINCO

s pássaros são o único upo de animais, além s mamíferos, a ter o no REM.

MANDARIM

Se o sono REM está associado à função intelectual, por que os estúpidos ornitorrincos e tatus precisam tanto dele?

PEQUENO MORCEGO MARROM

Como os macacos se tornaram humanos?

Muitos pais temem o momento em que uma criança perguntará de onde veio. Darwin também achou o assunto embaraçoso: o livro *A Origem das Espécies* quase não faz menção à evolução humana.

Darwin estava sendo prudente. A ideia de evolução era bastante polêmica em meados do século XIX. Afirmar que a humanidade era fruto do processo evolutivo era algo explosivo, como Darwin descobriu quando publicou um livro sobre o assunto, em 1871.

Havia também uma barreira científica. Darwin tinha acesso a pouquíssimas evidências fósseis que pudessem indicar como, quando ou mesmo onde os humanos tinham evoluído.

Nos anos seguintes, o registro fóssil de humanos – ou hominídeos, para usar o termo adequado – teve enorme expansão. Ainda há muito para descobrir, mas o quadro geral de nossa evolução já está, em grande parte, traçado. Sabemos que nossa árvore evolutiva brotou pela primeira vez na África. Temos certeza de que nossos parentes vivos mais próximos são os chimpanzés e de que nossa linhagem se separou da deles cerca de 7 milhões de anos atrás.

A estrada para a humanidade, no entanto, foi longa. Quase 4 milhões de anos mais tarde, nossos ancestrais ainda eram muito parecidos com macacos. Lucy, famosa ancestral humana de 3,2 milhões de anos descoberta na Etiópia, tinha cérebro pequeno, do tamanho do de um chimpanzé, e braços longos, sugerindo que sua espécie ainda passava muito tempo sobre as árvores, talvez refugiando-se à noite entre os galhos, como ainda fazem os chimpanzés. Mas Lucy tinha um traço definitivamente humano: caminhava sobre duas pernas.

Lucy pertence a um grupo chamado australopitecos. Nos quarenta anos que se passaram desde que parte de seu esqueleto foi descoberto, restos fragmentários de fósseis ainda mais antigos foram encontrados, alguns com 7 milhões de anos. Eles seguem o mesmo padrão: tinham características semelhantes a chimpanzés e cérebros minúsculos, mas provavelmente andavam sobre duas pernas.

Também sabemos que é provável que os australopitecos fizessem ferramentas simples de pedra. Mas, além desses avanços, os australopitecos não eram tão diferentes dos outros macacos.

Só com o aparecimento de verdadeiros humanos – o gênero *Homo* – os hominídeos começaram a parecer e a se comportar um pouco mais como nós. Poucos hoje duvidam de que nosso gênero evoluiu de uma espécie de australopitecos, embora ainda se debata exatamente qual. É provável que tenha sido a espécie de Lucy, os *australopithecus afarensis*, mas uma espécie sul-africana, os *australopithecus sediba*, também é candidata. É difícil chegar a uma conclusão, porque a transição deve ter ocorrido entre 2 e 3 milhões de anos atrás, intervalo de tempo com registro fóssil muito pobre de hominídeos.

As primeiras espécies de *Homo* são conhecidas apenas por alguns fragmentos de ossos, o que difi-

---

Bom em duas pernas

O bipedismo é um dos traços definidores de nossa espécie. Exatamente quando nossos ancestrais começaram a andar sobre duas pernas ainda é um mistério, mas isso trouxe vantagens que ajudaram a nos impelir pelo mundo e, finalmente, além dele. Viajar longas distâncias é mais eficiente sobre duas pernas e postura ereta proporciona visão melhor de predadores e reduz a exposição ao sol do meio-dia. Talvez o mais importante é que andar sobre duas pernas liberou nossas mãos, permitindo que evoluíssem para as ferramentas multiuso, com polegares opositores, tão cruciais para nosso sucesso evolutivo.

culta seu estudo. Alguns duvidam que pertençam ao nosso gênero, preferindo rotulá-los ainda como australopitecos. O primeiro *Homo* bem estabelecido, e o primeiro que admitiríamos ser um pouco parecido conosco, surgiu cerca de 1,9 milhões de anos atrás. É chamado de *Homo erectus*.

O *erectus* era diferente dos hominídeos anteriores. Descera por completo das árvores e compartilhava do nosso desejo de viajar: todos os registros anteriores de hominídeos verificados foram apenas da África, mas os fósseis do *Homo erectus* também foram descobertos na Europa e na Ásia.

Fabricante de ferramentas

O *Homo erectus* também foi inovador. Produziu ferramentas muito mais sofisticadas que qualquer um dos antecessores e é provável que tenha sido o primeiro a controlar o fogo. Alguns pesquisadores acham que ele inventou o cozimento dos alimentos, melhorando a qualidade de sua dieta e possibilitando excedente de energia que permitiu o desenvolvimento de cérebros maiores. Sem dúvida, é verdade que o tamanho do cérebro do *Homo erectus* aumentou de modo espetacular durante o milhão e meio de anos de existência da espécie. Alguns dos primeiros indivíduos tinham volume cerebral inferior a 600 centímetros cúbicos, não muito maior que o de um australopiteco, mas o volume do cérebro de alguns indivíduos mais tardios chegava a 900 centímetros cúbicos.

No entanto, por mais que o *Homo erectus* tenha sido bem-sucedido, ainda lhe faltavam alguns traços humanos fundamentais: sua anatomia, por exemplo, sugere que ele provavelmente era incapaz de falar.

O próximo hominídeo a aparecer foi o *Homo heidelbergensis*. Ele evoluiu de uma população do *Homo erectus* na África cerca de 600 mil anos atrás. O osso hioide da nova espécie – um osso pequeno com papel importante para o aparelho vocal – era praticamente igual ao nosso, e a anatomia da orelha sugere que ele teria sido sensível à fala.

Segundo algumas interpretações, o *Homo heidelbergensis* deu origem à nossa espécie, a *Homo sapiens*, cerca de 200 mil anos atrás, na África. Populações distintas de *Homo heidelbergensis* vivendo na Eurásia também evoluíram, tornando-se os neandertais, no oeste, e um grupo ainda enigmático, chamado denisovanos, no leste.

O homem que sobra

O capítulo mais recente de nossa história desenrolou-se durante algo em torno dos últimos 100 mil anos. Os seres humanos modernos espalharam-se pelo mundo inteiro, enquanto os neandertais e os denisovanos desapareceram. Por que exatamente eles foram extintos é outro grande mistério, mas parece provável que nossa espécie tenha desempenhado um papel nisso. As interações, no entanto, não foram de todo hostis: material de DNA mostra que os humanos modernos, às vezes, se miscigenaram tanto com neandertais quanto com denisovanos.

Ainda há muitas coisas que não sabemos, e a descoberta de novos fósseis pode mudar a história. Três novos hominídeos extintos foram descobertos nos últimos anos, incluindo o *Australopithecus sediba* e o enigmático e não ainda propriamente datado *Homo naledi*, também na África do Sul. O mais estranho de todos é o minúsculo "hobbit" *Homo floresiensis*, que viveu na Indonésia até cerca de 12 mil anos atrás e parece ter sido uma espécie própria e particular.

Nossa linhagem vinha compartilhando o planeta por 7 milhões de anos com pelo menos alguma outra espécie de hominídeos. Com o desaparecimento do "hobbit", o *Homo sapiens* ficou sozinho.

Vontade de viajar

Nossos ancestrais começaram a sair da África há 65 mil anos, para colonizar o mundo. Fósseis, artefatos e genética contam uma história de duas rotas possíveis e uma jornada épica.

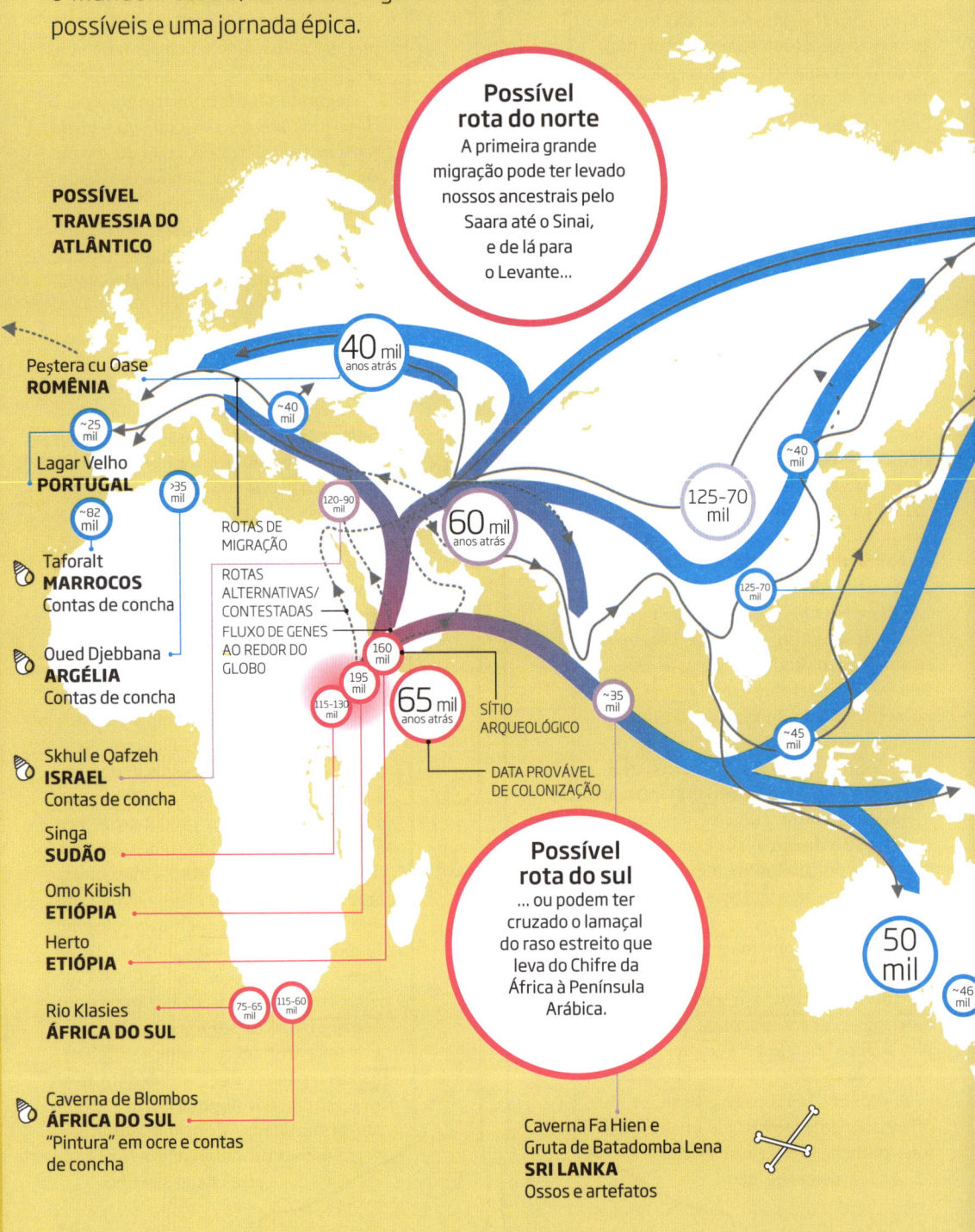

POSSÍVEL TRAVESSIA DO ATLÂNTICO

Possível rota do norte
A primeira grande migração pode ter levado nossos ancestrais pelo Saara até o Sinai, e de lá para o Levante...

Possível rota do sul
... ou podem ter cruzado o lamaçal do raso estreito que leva do Chifre da África à Península Arábica.

Peștera cu Oase
ROMÊNIA
~25 mil

Lagar Velho
PORTUGAL
>35 mil

Taforalt
MARROCOS
Contas de concha
~82 mil

Oued Djebbana
ARGÉLIA
Contas de concha

Skhul e Qafzeh
ISRAEL
Contas de concha
115-130 mil

Singa
SUDÃO
160 mil
195 mil

Omo Kibish
ETIÓPIA

Herto
ETIÓPIA

Rio Klasies
ÁFRICA DO SUL
75-65 mil
115-60 mil

Caverna de Blombos
ÁFRICA DO SUL
"Pintura" em ocre e contas de concha

Caverna Fa Hien e Gruta de Batadomba Lena
SRI LANKA
Ossos e artefatos

ROTAS DE MIGRAÇÃO
ROTAS ALTERNATIVAS/CONTESTADAS
FLUXO DE GENES AO REDOR DO GLOBO
120-90 mil
SÍTIO ARQUEOLÓGICO
65 mil anos atrás — DATA PROVÁVEL DE COLONIZAÇÃO

40 mil anos atrás
~40 mil
60 mil anos atrás
125-70 mil
125-70 mil
~40 mil
~35 mil
~45 mil
50 mil
~46 mil

Durante a última era glacial, entre cerca de 80 mil e 11 mil anos atrás, os níveis do mar caíam, e as geleiras aumentavam em quantidade e extensão, expondo terras que hoje estão submersas e conectando regiões separadas pelo mar.

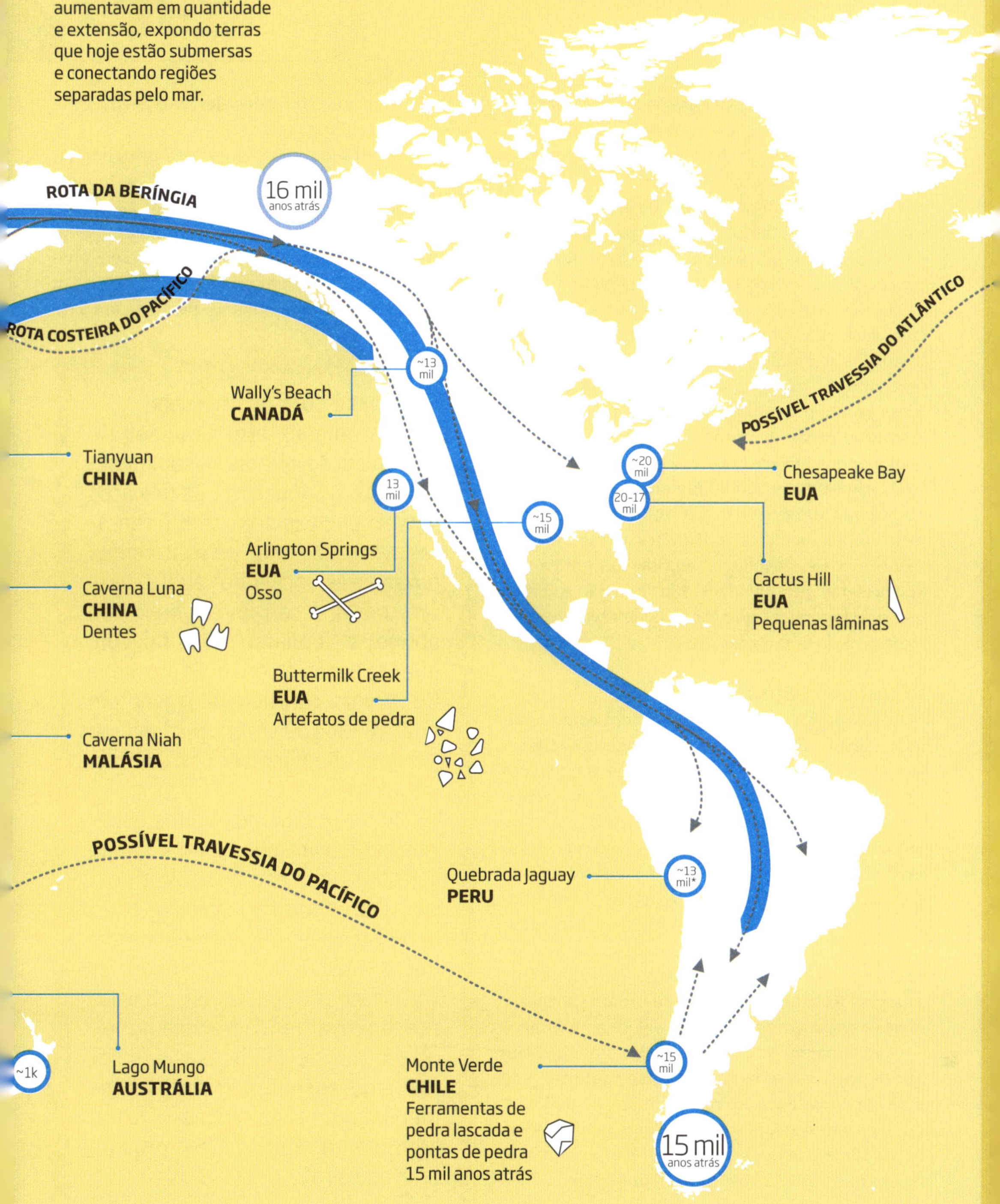

ROTA DA BERÍNGIA

ROTA COSTEIRA DO PACÍFICO

16 mil anos atrás

Wally's Beach
CANADÁ

~13 mil

13 mil

~15 mil

Tianyuan
CHINA

Arlington Springs
EUA
Osso

Caverna Luna
CHINA
Dentes

Buttermilk Creek
EUA
Artefatos de pedra

Caverna Niah
MALÁSIA

POSSÍVEL TRAVESSIA DO PACÍFICO

POSSÍVEL TRAVESSIA DO ATLÂNTICO

~20 mil

20-17 mil

Chesapeake Bay
EUA

Cactus Hill
EUA
Pequenas lâminas

Quebrada Jaguay
PERU

~13 mil*

~15 mil

~1k

Lago Mungo
AUSTRÁLIA

Monte Verde
CHILE
Ferramentas de pedra lascada e pontas de pedra 15 mil anos atrás

15 mil anos atrás

A ORIGEM DE (QUASE) TODAS AS COISAS → VIDA → QUAIS FORAM AS PRIMEIRAS PALAVRAS?

Quais foram as primeiras palavras?

É muito provável que, em um encontro aleatório entre dois seres humanos, não seja possível nenhuma comunicação entre eles além de alguns grunhidos e gestos. Na última contagem, havia quase 7 mil idiomas falados no mundo; o mais comum deles, o chinês (mandarim), é falado por apenas 14% das pessoas. O número de falantes do idioma mais raro pode ser contado nos dedos de uma mão.

Apesar dessa diversidade, existe uma constante entre as línguas. Todas as culturas as possuem, e os linguistas acreditam que, no fundo, são todas essencialmente a mesma língua. O cérebro humano nasce pronto para a linguagem, com um programa embutido capaz de aprender o idioma materno, qualquer que seja ele.

A origem dessa habilidade única foi, sem a menor dúvida, um evento importante, mas é extremamente difícil identificá-la. Palavras não se transformam em fósseis, e a língua escrita mais antiga tem apenas 6 mil anos de idade. Mas isso não significa que seja impossível avançar na compreensão sobre as origens da linguagem.

Diga o que pensa

Os linguistas definem a linguagem como qualquer sistema que permita que os pensamentos sejam expressos livremente como sinais, e que esses sinais sejam, por sua vez, convertidos em pensamentos. Isso diferencia a linguagem humana de todos os outros sistemas de comunicação entre animais. Embora muitos animais possuam alguns elementos de linguagem, só nós temos o conjunto completo: a capacidade de usar e aprender novos sinais, a capacidade de articular sinais como palavras e a capacidade de combinar palavras conforme as regras da sintaxe e da gramática para transmitir ideias a respeito de tudo que acontece no mundo.

A maioria dos teóricos concorda com a ideia de que os primeiros seres humanos não adquiriram de uma só vez esse pacote completo, mas que passaram por vários estágios rumo à linguagem moderna. Durante grande parte da pré-história humana, nossos ancestrais já possuíam alguns componentes da linguagem, mas não todos eles. Tal sistema é denominado protolinguagem.

Uma possibilidade óbvia é que a protolinguagem já fosse constituída de palavras. Esse modelo de "protolinguagem lexical" sugere que os primeiros humanos usavam palavras, mas não as organizavam em sentenças. Isso equivale ao desenvolvimento da linguagem em crianças, que começam pronunciando palavras isoladas, passam para a fa-

Converse com os animais

Muitos animais têm sistemas de comunicação que se assemelham bastante à linguagem. Os macacos vervet, por exemplo, têm diferentes avisos de perigo para diferentes predadores, incluindo "águia" (que faz com que corram em busca de abrigo) e "leopardo" (que faz com que subam na árvore mais próxima). Os vervets, contudo, não inventam novos avisos de perigo, por isso seu sistema não pode ser considerado um idioma.

Do mesmo modo, muitas espécies produzem séries complexas de sons. Mas isso não equivale a possuir uma língua. Papagaios falantes não entendem o que dizem nem o que dizemos a eles. E, embora as vocalizações de pássaros ou baleias possam rivalizar com a fala humana em complexidade, elas, em geral, não transmitem mais que uma mensagem muito simples: "Estou aqui, canto muito bem e procuro uma parceira".

se das duas palavras e então começam a formar sentenças mais complexas.

Mas, então, de onde vieram as primeiras palavras? Bem, as palavras só são úteis se tiverem significado compartilhado, algo que duas pessoas que falam línguas diferentes logo descobrem.

Outra hipótese envolve as origens do aprendizado vocal – a capacidade de produzir séries complexas de sons. Muitos animais, incluindo baleias e pássaros canoros, podem fazer isso, mas suas vocalizações não comunicam informações detalhadas, são apenas demonstrações de virtuosismo destinadas a atrair uma parceira ou reivindicar território. Com base nisso, linguistas sugeriram que a protolinguagem era parecida com o canto da baleia ou dos pássaros e que se desenvolveu visando à seleção sexual ou à territorialidade. Só mais tarde as notas e sílabas ganhariam significado. Uma virtude desse raciocínio é que ele também explica a origem da música, outra característica universal de nossa espécie.

Uma terceira possibilidade é que a linguagem tenha começado com gestos. Um indício a favor disso vem dos macacos, que usam as mãos para transmitir informações e podem aprender linguagens humanas de sinais até níveis bastante elevados. Essas teorias, no entanto, enfrentam dificuldades para explicar por que mudamos do gesto para a palavra. Poderia ter sido pela necessidade de nos comunicarmos na escuridão ou porque as mãos passaram a ficar ocupadas com ferramentas.

E quando isso aconteceu? É impossível dizer com certeza, mas podemos fazer suposições razoáveis. Temos certeza de que nossos parentes mais próximos, os neandertais, tinham linguagem completa. Possuíam as mesmas conexões neurais com a língua, o diafragma e o peito que nos permitem controlar a respiração e articular sons complexos. Também compartilhavam nossa versão de um gene chamado FOXP2, crucial para formar as complexas memórias motoras requeridas para a fala. Presumindo que essa variante genética tenha surgido apenas uma vez, a fala deve anteceder a dissociação das linhas *Homo sapiens* e neandertal em cerca de 500 mil anos.

Com relação a ancestrais mais velhos, o registro fóssil não é tão claro. Mas é plausível crer que nossa linhagem já tivesse tendência à tagarelice 600 mil anos atrás, quando o *Homo heidelbergensis* apareceu na Europa. Restos fossilizados mostram que nossos ancestrais haviam perdido um órgão em forma de balão, conectado à laringe, que permite que outros primatas produzam ruídos retumbantes para intimidar os oponentes. Isso teria removido uma grande barreira para a chegada da fala.

Bem falante, como um verdadeiro humano

A linguagem pode ser ainda mais antiga. Temos de recuar 1,6 milhão de anos para encontrar um ancestral que não possua conexões neurais como as dos humanos, o que sugere que humanos muito primitivos teriam capacidade para a fala. Mas as hipóteses de protolinguagem confundem um pouco o cenário. Se a linguagem começou com gestos, então os homínídeos poderiam ter começado a usar ainda mais cedo a linguagem dos sinais. Por outro lado, se começou como música, adaptações da "fala" poderiam ter sido usadas para produzir algo como um canto de baleias, com pouca informação específica.

Mesmo assim, os *Homo heidelbergensis* e os neandertais fabricaram ferramentas complexas e caçaram animais perigosos – atividades que teriam sido muito difíceis de coordenar sem o uso de algum tipo de linguagem.

É provável que se possa dizer o mesmo do *Homo erectus*, que tinha cérebro não muito menor que o nosso, sugerindo aptidão para a inteligência e para a cultura. Suas ferramentas de pedra eram muito mais sofisticadas que tudo que as precedera. No entanto, por estranho que pareça, essas ferramentas entraram numa espécie de estado de inércia – os machados de mão multiuso se mantiveram sem alterações durante 1 milhão de anos. Isso sugere que eles não tinham linguagem plena, que teria acelerado a mudança cultural e tecnológica. Podem ter possuído algumas das capacidades linguísticas dos humanos modernos, mas não todas – em outras palavras, tinham protolinguagem.

THE ORIGIN OF (ALMOST) EVERYTHING → LIFE → LANGUAGE

Falando em línguas

Existem cerca de 6.900 línguas faladas hoje no mundo, mas a maior parte da população usa apenas cerca de 20 delas como língua materna. Confira os principais idiomas do mundo* em número de falantes.

*Alguns são grupos de línguas intimamente relacionadas, mas nem todas são mutuamente inteligíveis.

Chinês 1 bilhão e 302 milhões de falantes

中文

Mama

A palavra para "mãe" é semelhante em grande gama de línguas não aparentadas. Isso ocorre porque é habitual que "ma" esteja entre os primeiros sons produzidos pelos bebês antes de aprenderem a falar.

Os países mostrados são aqueles onde a língua tem, no mínimo, 100 mil falantes nativos.

Inclui o mandarim, com 897 milhões de falantes, mais 12 outras línguas que compartilham do mesmo sistema de escrita

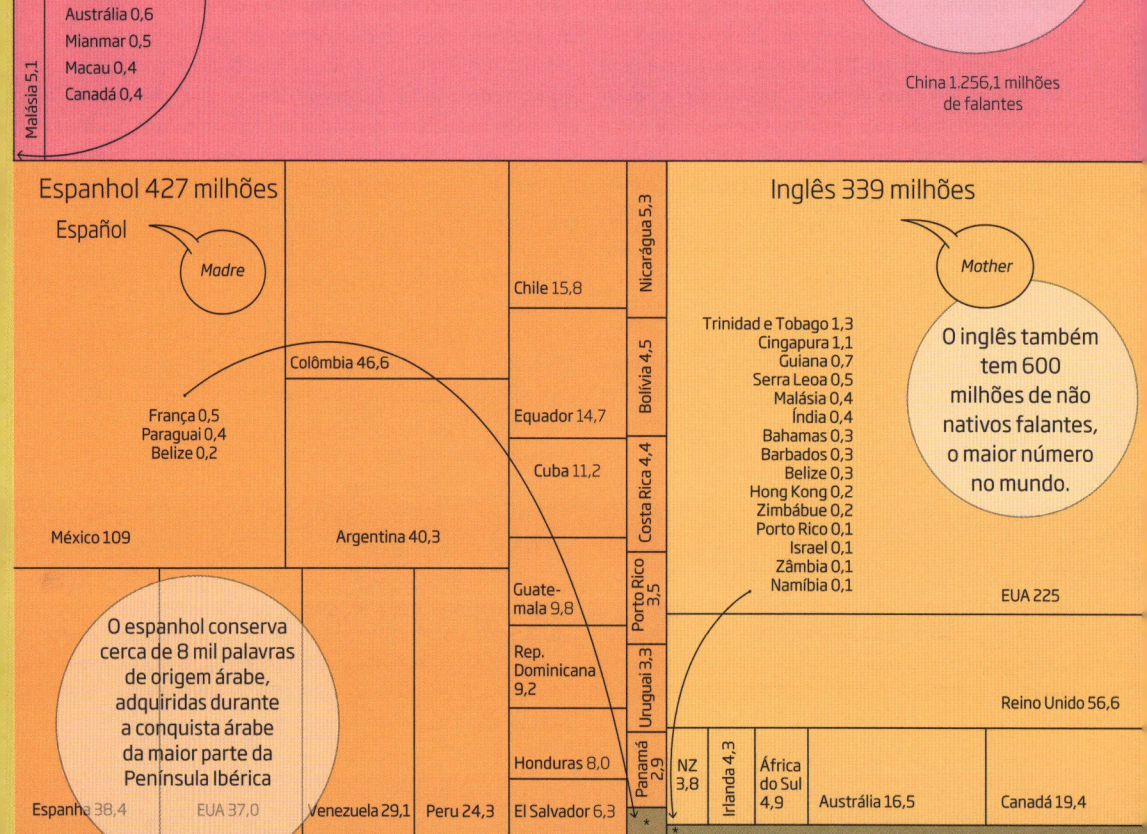

- Taiwan 21,7
- Hong Kong 6,2
- Malásia 5,1
- Cingapura 1,6
- Tailândia 1,1
- Indonésia 1,1
- Vietnã 0,9
- Filipinas 0,6
- Austrália 0,6
- Mianmar 0,5
- Macau 0,4
- Canadá 0,4

China 1.256,1 milhões de falantes

Espanhol 427 milhões

Español — *Madre*

O espanhol conserva cerca de 8 mil palavras de origem árabe, adquiridas durante a conquista árabe da maior parte da Península Ibérica

- México 109
- Colômbia 46,6
- Argentina 40,3
- Espanha 38,4
- EUA 37,0
- Venezuela 29,1
- Peru 24,3
- Chile 15,8
- Equador 14,7
- Cuba 11,2
- Guatemala 9,8
- Rep. Dominicana 9,2
- Honduras 8,0
- El Salvador 6,3
- Nicarágua 5,3
- Bolívia 4,5
- Costa Rica 4,4
- Porto Rico 3,5
- Uruguai 3,3
- Panamá 2,9
- França 0,5
- Paraguai 0,4
- Belize 0,2

Inglês 339 milhões

Mother

O inglês também tem 600 milhões de não nativos falantes, o maior número no mundo.

- EUA 225
- Reino Unido 56,6
- Canadá 19,4
- Austrália 16,5
- África do Sul 4,9
- Irlanda 4,3
- NZ 3,8
- Trinidad e Tobago 1,3
- Cingapura 1,1
- Guiana 0,7
- Serra Leoa 0,5
- Malásia 0,4
- Índia 0,4
- Bahamas 0,3
- Barbados 0,3
- Belize 0,3
- Hong Kong 0,2
- Zimbábue 0,2
- Porto Rico 0,1
- Israel 0,1
- Zâmbia 0,1
- Namíbia 0,1

[Árabe] 267 milhões

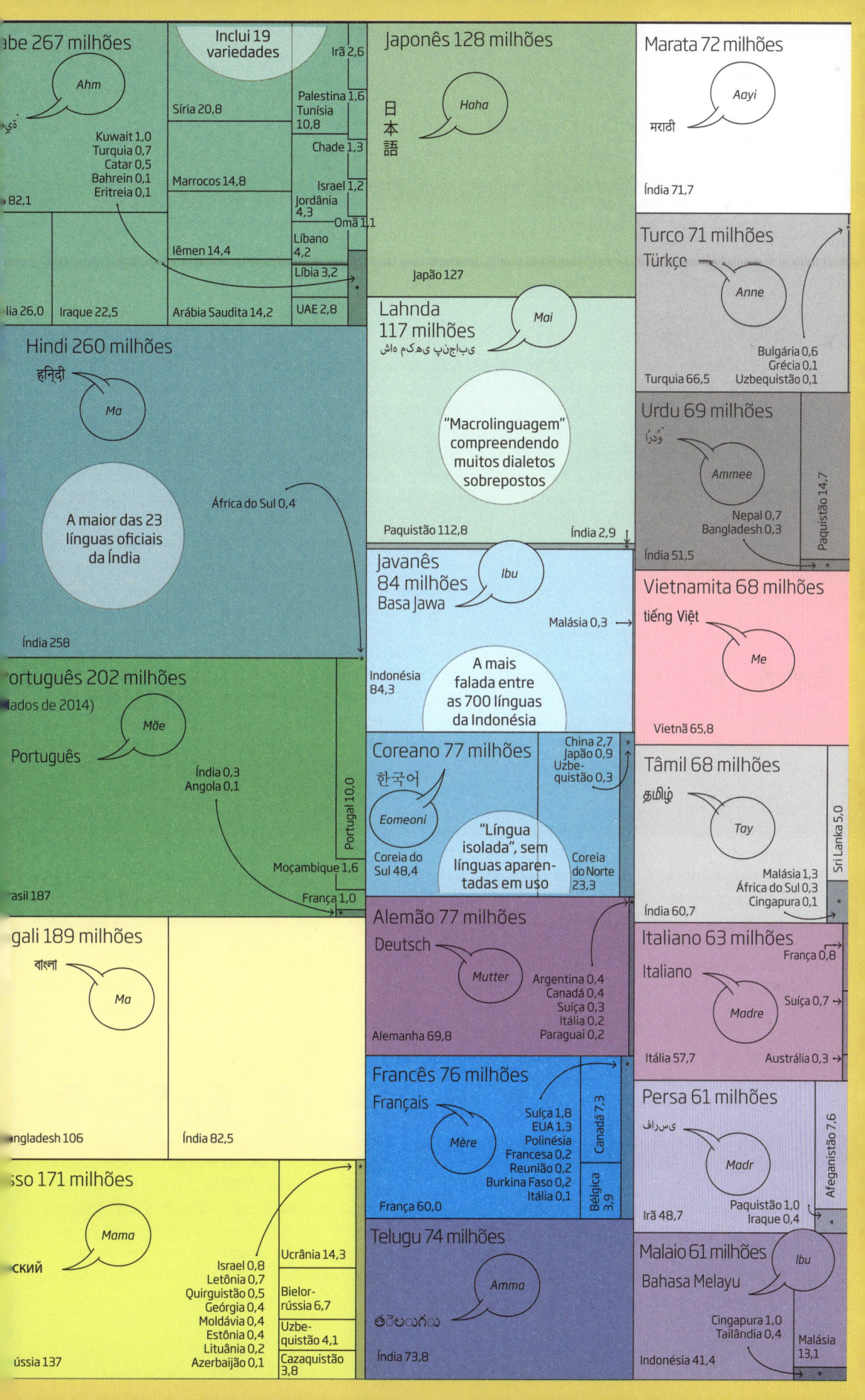

Ahm

Inclui 19 variedades

... 82,1
...ia 26,0 Iraque 22,5
Síria 20,8
Kuwait 1,0
Turquia 0,7
Catar 0,5
Bahrein 0,1
Eritreia 0,1
Marrocos 14,8
Iêmen 14,4
Arábia Saudita 14,2
Irã 2,6
Palestina 1,6
Tunísia 10,8
Chade 1,3
Israel 1,2
Jordânia 4,3
Omã 1,1
Líbano 4,2
Líbia 3,2
UAE 2,8

Japonês 128 milhões

日本語

Haha

Japão 127

Marata 72 milhões

Aayi

मराठी

Índia 71,7

Hindi 260 milhões

हिन्दी

Ma

A maior das 23 línguas oficiais da Índia

África do Sul 0,4

Índia 258

Lahnda 117 milhões

ہاش مکہچنپاب

Mai

"Macrolinguagem" compreendendo muitos dialetos sobrepostos

Paquistão 112,8   Índia 2,9

Turco 71 milhões

Türkçe

Anne

Bulgária 0,6
Grécia 0,1
Uzbequistão 0,1

Turquia 66,5

Urdu 69 milhões

اُردُو

Ammee

Nepal 0,7
Bangladesh 0,3

Índia 51,5   Paquistão 14,7

Português 202 milhões

(dados de 2014)

Português

Mãe

Índia 0,3
Angola 0,1

...asil 187   Moçambique 1,6   Portugal 10,0   França 1,0

Javanês 84 milhões

Basa Jawa

Ibu

Malásia 0,3

A mais falada entre as 700 línguas da Indonésia

Indonésia 84,3

Vietnamita 68 milhões

tiếng Việt

Me

Vietnã 65,8

[Ben]gali 189 milhões

বাংলা

Ma

...ngladesh 106   Índia 82,5

Coreano 77 milhões

한국어

Eomeoni

"Língua isolada", sem línguas aparentadas em uso

Coreia do Sul 48,4
China 2,7
Japão 0,9
Uzbequistão 0,3
Coreia do Norte 23,3

Tâmil 68 milhões

தமிழ்

Tay

Sri Lanka 5,0
Malásia 1,3
África do Sul 0,3
Cingapura 0,1

Índia 60,7

Alemão 77 milhões

Deutsch

Mutter

Argentina 0,4
Canadá 0,4
Suíça 0,3
Itália 0,2
Paraguai 0,2

Alemanha 69,8

Italiano 63 milhões

Italiano

Madre

França 0,8
Suíça 0,7

Itália 57,7   Austrália 0,3

[Ru]sso 171 milhões

Mama

русский

Israel 0,8
Letônia 0,7
Quirguistão 0,5
Geórgia 0,4
Moldávia 0,4
Estônia 0,4
Lituânia 0,2
Azerbaijão 0,1

Ucrânia 14,3
Bielorrússia 6,7
Uzbequistão 4,1
Cazaquistão 3,8

...ússia 137

Francês 76 milhões

Français

Mère

Suíça 1,8
EUA 1,3
Polinésia Francesa 0,2
Reunião 0,2
Burkina Faso 0,2
Itália 0,1
Canadá 7,3
Bélgica 3,9

França 60,0

Telugu 74 milhões

తెలుగు

Amma

Índia 73,8

Persa 61 milhões

یسراف

Madr

Afeganistão 7,6
Paquistão 1,0
Iraque 0,4

Irã 48,7

Malaio 61 milhões

Bahasa Melayu

Ibu

Cingapura 1,0
Tailândia 0,4
Malásia 13,1

Indonésia 41,4

Por que fazemos amizades?

De que tamanho é o seu? Se você for um ser humano normal, é provável que gire em torno de 1.500.

Esse é o tamanho do seu círculo social – a soma total de pessoas que não lhe são estranhas. Isso inclui família, colegas, conhecidos, pessoas que você reconhece, mas que nunca chegou a conhecer de fato, e, é claro, amigos. Desses 1.500 não estranhos, cerca de 50 são amigos de fato, incluindo 10 amigos mais próximos e 5 com quem você tem real intimidade.

A amizade é a mais peculiar de todas as relações sociais. Não podemos escolher nossa família, nossos colegas no trabalho ou na escola, e os conhecidos pouco significam. Amigos, no entanto, são diferentes. Mas, se a maior parte dos animais só coopera com parentes próximos, por que gastamos tanto tempo e esforço cultivando relacionamentos mais chegados com pessoas que não são aparentadas conosco? E como escolhemos com quem fazer amizade?

A amizade pode parecer algo peculiar aos humanos, mas tem profundas raízes evolutivas. Muitas outras espécies de mamíferos também constroem laços pessoais estreitos com indivíduos não aparentados, incluindo os grandes macacos e muitos outros primatas, além de elefantes, cavalos, baleias, camelos e golfinhos.

O que todos têm em comum é o fato de viverem em grandes grupos sociais com hierarquias complexas. O fato de viver em grupos assim oferece grandes benefícios, mas também gera tensões. É aí que entram os amigos. Para falar sem rodeios, amigos são um pelotão de proteção pessoal que vem em nosso auxílio quando precisamos de ajuda. Em um grupo grande, círculos sobrepostos de amigos criam coalizões e alianças que ajudam a manter a estabilidade geral do grupo.

Para humanos e outros animais que vivem em grandes grupos sociais, ter amigos não é apenas uma coisa boa, mas uma necessidade biológica. Uma boa vida social ajuda a nos manter física e mentalmente saudáveis, enquanto o isolamento social é estressante e nos torna suscetíveis a doenças.

Não é, então, surpresa que tenhamos poderoso ímpeto biológico para fazer amizades e mantê-las.

Assim como ocorre com alimento e sexo, esse impulso é controlado pelos centros de recompensa do cérebro, que, em resposta ao comportamento sociável, nos fornecem doses de variadas substâncias químicas que fazem com que nos sintamos bem.

Um deles é a oxitocina, o chamado "hormônio do abraço", um dos principais estimuladores do laço entre a mãe e o bebê. Ele também é liberado em resposta ao contato social positivo com outra pessoa. O sentimento afetuoso que daí resulta é uma recompensa que nos encoraja a um novo encontro com ela.

Outro estímulo vem de um grupo de neurotransmissores chamados endorfinas. Esse hormônio é liberado em resposta a estressores suaves, como exercício físico, e age para amortecer a dor e criar sensação geral de bem-estar. É também liberado em resposta ao contato social, em especial àqueles relacionados à cooperação.

Se colocarmos alguém em um barco e lhe pedirmos que reme do ponto A para o ponto B, o cérebro da pessoa vai liberar certa quantidade de endorfinas em resposta ao esforço físico. Mas, se pusermos duas pessoas no barco e pedirmos que remem juntas, o cérebro de ambas liberará uma quantidade ainda maior de endorfinas, embora o esforço físico seja menor nesse caso.

Coço as suas costas...

Muitas espécies constroem e mantêm amizades pela limpeza mútua entre os membros. Babuínos, por exemplo, passam horas, todos os dias, catando parasitas e retirando sujeira dos pelos uns dos outros, o que desencadeia a liberação desses produtos químicos que provocam bem-estar e criam laços de confiança, como a oxitocina e as endorfinas.

Mas a limpeza mútua leva tempo, o que limita o número de relações sociais que um indivíduo pode manter. Entre micos e macacos, o limite é em torno de cinquenta. Esse limite também é imposto pelo tamanho do cérebro. Navegar em um mar de relações sobrepostas e sempre em mudança exige poder cerebral, em especial a capacidade de compreender o estado de espírito dos outros.

Amigos ausentes

Fazer amigos é uma coisa; conservá-los é outra. A probabilidade de as amizades se perderem é muito alta se não cuidarmos delas. Ficar um ano sem ver um amigo faz com que o nível de qualidade dessa amizade caia em cerca de um terço, o que resulta em queda no grau de intimidade. As relações familiares, ao contrário, são muito mais resilientes. Em consequência disso, a parte de nossa rede social que corresponde à família permanece essencialmente constante ao longo da vida, enquanto as amizades consideráveis enfrentam turbulências, com rotatividade de cerca de 20% a cada período de alguns poucos anos.

Convivência com seus amigos

- Íntimos: dia sim, dia não
- Amigos mais chegados: uma vez por semana
- Bons amigos: uma vez por mês
- Amigos: a cada seis meses
- Conhecidos: uma vez por ano

JAN FEV MAR ABR MAIO JUN
JUL AGO SET OUT NOV DEZ

Até certo ponto, os macacos podem fazer isso, sendo capazes de cultivar pensamentos como "sei que as duas são amigas", a chamada "intencionalidade de terceira ordem". Mas os humanos são muito mais inteligentes e capazes de manejar intencionalidades de quinta ou mesmo de sexta ordem: "Sei que você acha que ele se pergunta se ela tem medo que ele tenha conseguido isso para mim".

Tal poder de leitura da mente nos permitiu transcender o limite superior e manter círculos sociais com cerca de 150 pessoas – conhecido como "número de Dunbar", em alusão ao biólogo evolucionista de Oxford, Robin Dunbar, responsável pelo cálculo. Nossa inteligência também nos permitiu desenvolver procedimentos para realmente vasculhar os pelos do corpo e catar piolhos, o que nos permite "cuidar" de mais de um amigo por vez. Esses procedimentos incluem risadas, cantoria, piadas e, basicamente, fofocas.

Socializadores inteligentes

O vínculo entre tamanho do cérebro e tamanho do grupo – às vezes mencionado como hipótese do cérebro social – também se aplica a indivíduos. Macacos e humanos com cérebros maiores tendem a ter mais amigos. O limite absoluto para um indivíduo humano parece girar em torno de 250.

A exata composição de nosso círculo social resulta em grande parte de coincidências: onde moramos, onde estudamos, onde trabalhamos. Mas, tomando por base aquele conjunto de mais ou menos 150 pessoas, como acabamos nos tornando amigos especiais de um grupo seleto e pequeno?

À primeira vista, a resposta é bastante simples. Nos tornamos amigos mais próximos de pessoas que são como nós, que têm personalidade, interesses, crenças, gostos e senso de humor parecidos com os nossos. Mas essa simplicidade mascara um vínculo mais profundo. As pessoas mostram maior relação genética com os amigos íntimos que com estranhos encontrados por acaso. Um típico amigo íntimo é mais ou menos tão próximo quanto um primo de quarto grau, isto é, alguém cujo tataravô é o mesmo que o nosso.

Ninguém sabe como reconhecemos pessoas geneticamente similares para fazer amizade. Pode haver similaridades na aparência, na voz, no cheiro ou na personalidade. Mas o fato de nossos amigos serem também como parentes distantes ajuda a responder à pergunta tão essencial sobre qual seria a razão para investirmos tanto tempo neles. A evolução deveria priorizar a cooperação entre parentes, pois isso nos ajuda a cumprir a diretiva fundamental da vida, que é transmitir nossos genes à próxima geração, mesmo que apenas de forma indireta. Se nossos amigos são parentes distantes, então fica claro para que servem realmente os amigos.

Movendo-se nos círculos ade[quados]

Nossos contatos sociais são constituídos de camadas, como em uma cebola, com os melhores amigos no centro e sucessivas camadas cheias de pessoas com quem temos proximidade cada vez menor.

5 amigos íntimos
Mais de 60% do tempo social é dedicado a nossos cinco amigos mais íntimos.

10 amigos do peito

35 bons amigos

100 amigos periféricos
Isso dá um total de 150 amigos, mais ou menos o número máximo de pessoas com que é possível manter relações de amizade. Na orla desta camada estão pessoas que talvez você veja uma vez por ano, em casamentos ou funerais.

O número 150 aparece com frequência em estruturas sociais. Historicamente, era o número médio de pessoas das aldeias inglesas, das paróquias da igreja e da unidade militar básica, a companhia. A maior parte dos usuários do Facebook têm entre 150 e 250 amigos *on-line*.

350 conhecidos
Os limites externos de nossas redes sociais ainda são importantes, em especial no mundo moderno. Nós os usamos para nos informar sobre vagas de emprego e outras oportunidades econômicas ou sociais. E 70% das pessoas conhecem seus pares românticos por meio desses contatos.

1.000 outras pessoas que conhecemos de vista

Cerca de metade das amizades com o sexo oposto acaba em relacionamentos sexua[is]

os

O isolamento social faz tanto mal quanto fumar quinze cigarros por dia.

Você

Boas amizades são construídas com base em interesses comuns. Os seis mais importantes são: profissão, visão de mundo, senso de humor, gosto musical, identidade local e nível educacional.

A ORIGEM DE (QUASE) TODAS AS COISAS → VIDA → DE ONDE VEM O FIAPO DO UMBIGO?

De onde vem o fiapo do umbigo?

Como exercício de fazer ciência olhando para o próprio umbigo, o experimento de Georg Steinhauser é imbatível. Desde 2005, Steinhauser – então químico na Universidade de Tecnologia de Viena – colecionava peças de cotão de seu umbigo e registrava a cor e o peso delas. Reuniu em três anos 503 fiapos, que, juntos, pesavam quase 1 grama. A certa altura, depilou o umbigo. Interrogou amigos homens, colegas e membros da família sobre a produção de fiapos de cada um e sobre como eram seus umbigos.

Steinhauser mandou alguns de seus fiapos para análise química e acabou publicando as descobertas em uma revista científica. Visava sempre responder a uma pergunta: por que algumas pessoas encontram tanta penugem no umbigo?

Fiapos de ideias

Steinhauser não esquecera a prolífica produtividade que tivera nesse departamento quando tinha 20 e poucos anos. Pesquisou a literatura científica, mas só se deparou com uma matéria enigmática na revista *Nature*. Sob o título "Another Question: Navel Fluff" ["Outra Questão: Fiapo do Umbigo"], o artigo mostrava três fotos em preto e branco do que parecia lã de algodão com as legendas "marinheiro (no mar)", "fazendeiro" e "arquiteto", sem nenhuma outra explicação. Duas semanas mais tarde, foi publicada uma correção: mesmas fotos, mesmas legendas, mas com o cotão do marinheiro e do arquiteto trocados.

Steinhauser acabou se sentindo mais encorajado e encarou os fiapos com toda a seriedade depois de ler um livro chamado *Who do Man Have Nipples?* [*Porque os Homens têm Mamilos?*], onde estava escrito que não havia resposta para a questão dos fiapos – isto é, por que só alguns umbigos acumulam fiapos.

Dê uma rápida olhada no próprio umbigo. Algum fiapo? Se tiver, de que cor ele é? E como você descreveria seu umbigo: peludo ou sem pelos?

A primeira observação de Steinhauser foi que, como regra, o cotão era da mesma cor da camiseta que estivesse usando no dia, o que o levou a suspeitar de que a coisa vinha da roupa. Análises químicas apontavam na mesma direção. Certa vez, depois de ter usado uma camiseta toda branca de algodão, descobriu que o acúmulo de fiapos era, em grande parte, celulose – proteína que compõe o algodão –, mais um punhado de nitrogênio e compostos de enxofre. Era provável que esses contaminantes fossem pele morta, poeira, gordura, proteínas e suor, concluiu.

Em seguida, investigou a função dos pelos no umbigo, algo com que fora abençoado com fartura. De sua pesquisa dos conteúdos do umbigo de outros homens, concluiu que "a existência de pelos abdominais era pré-requisito fundamental para o acúmulo de cotão no umbigo". Raspar os pelos abdominais impedia o acúmulo de cotão até que voltassem a crescer. Ele também observou que pequenas manchas de penugem apareciam inicialmente entre os pelos e acabavam no fim do dia dentro do umbigo.

Steinhauser teve, assim, sua grandiosa teoria unificada dos fiapos do umbigo. Os pelos são escamosos e provocam atrito contra as fibras do tecido da roupa. As escamas também atuam como ganchos repletos de farpas, arrastando as fibras na direção do umbigo. O pelo abdominal, muitas vezes, cresce em círculos concêntricos ao redor do umbigo, o que estimula o movimento rumo ao umbigo, como a matéria espiralando para um buraco negro. Uma vez sobre o horizonte de eventos, as fibras são "compactadas em uma matéria parecida com feltro". Uma camiseta usada 100 vezes perderia cerca de 0,1% de massa para o cotão do umbigo, calculou Steinhauser.

Desconforto abdominal

A pesquisa trouxe apenas uma descontração muito breve na pesquisa real de Steinhauser sobre a química e a física de elementos radioativos. Mas, às vezes, depósitos de fiapos no umbigo não são motivo de riso. Logo após Steinhauser publicar sua pesquisa, médicos de Nebraska reportaram o caso de uma mulher obesa de 55 anos que tinha uma doença rara chamada onfalite, ou inflamação da cavidade umbilical, que vinha havia quatro meses provocando hemorragia na paciente. Quando a examinaram, os médicos viram uma massa "escura, redonda", que suspeitaram ser um tumor. Mas era apenas uma bola de fiapos com quase 1 centímetro de diâmetro. O sangramento parrou assim que ela foi retirada.

Outros fluidos do corpo humano têm origens não menos óbvias, mas ainda assim interessantes.

> **Você come suas melecas?**
> Vamos lá, não tenha medo de admitir. Segundo uma pesquisa informal realizada pelo gastrônomo Stefan Gates, 44% dos adultos confessaram comer o muco seco do nariz e gostar disso. Isso certamente ocupa posição de destaque no panteão de comportamentos humanos estranhos. Mas como se explica? Ninguém come a cera do ouvido, a remela dos olhos quando acorda ou o cotão do umbigo. Uma hipótese é que comer o muco nasal pode ser benéfico para o sistema imune. Segundo relatos, um médico austríaco chamado Friedrich Bischinger aconselha que os pais estimulem os filhos a fazê-lo.

A cera do ouvido, ou cerume, como os médicos a chamam, é, em essência, pele morta somada a uma secreção oleosa chamada sebo e uma secreção aguada das glândulas sudoríparas. As pessoas têm dois diferentes tipos de cera: úmida e seca. A cera de ouvido úmida é alaranjada e castanha, além de pegajosa; o tipo seco é semitransparente e escamoso, como pele morta. E *é* pele morta. Pessoas com cera seca não produzem matéria oleosa; sua "cera" é apenas ceratina e sujeira.

Fazendo você torcer o nariz

Alguns anos atrás, os geneticistas descobriram que a cera do ouvido seca é causada por uma mutação recessiva de um único gene, *ABCC11*. A consistência da cera do ouvido, portanto, se junta a uma série de outros traços humanos controlados por um único gene, como a capacidade de enrolar a língua em forma de "U", lóbulos das orelhas presos ou soltos e capacidade ou incapacidade de sentir o cheiro de certas flores, como as frésias.

As melecas, por sua vez, são as crostas remanescentes do muco do nariz, produzido de forma contínua para proteger a cavidade nasal. A maior parte é levada para a faringe por cílios e engolida (assim, goste disso ou não, você é comedor de muco), mas certa quantidade fica presa nas narinas e seca. As melecas são verdes porque o muco contém uma enzima antimicrobiana chamada mieloperoxidase, tornada verde por um grupo heme que contém ferro. Em uma pesquisa informal, quase metade dos adultos admitiram comer suas melecas e gostar delas.

Há uma história semelhante para a remela – ou reuma – que encontramos dentro e ao redor dos olhos quando acordarmos. Ela é basicamente uma meleca do olho – um muco amarelado seco que se acumula nos cantos dos olhos quando são fechados.

Em essência, onde quer que haja no nosso corpo um cantinho aconchegante onde não aconteça muita coisa, é provável que ali se acumule alguma coisa meio repugnante.

A ORIGEM DE (QUASE) TODAS AS COISAS → VIDA → O QUE HÁ NOS SEUS OUVIDOS?

O que há nos seus ouvidos?

Há dois tipos de cera de ouvido: a úmida e a seca. O tipo que você produz é controlado por seus genes.

Cera do ouvido úmida
Marrom-alaranjada, pegajosa e fedorenta. Feita de secreções cerosas das glândulas ceruminosas – glândulas sudoríparas especializadas localizadas no canal auditivo externo –, pele morta e uma substância oleosa chamada sebo.

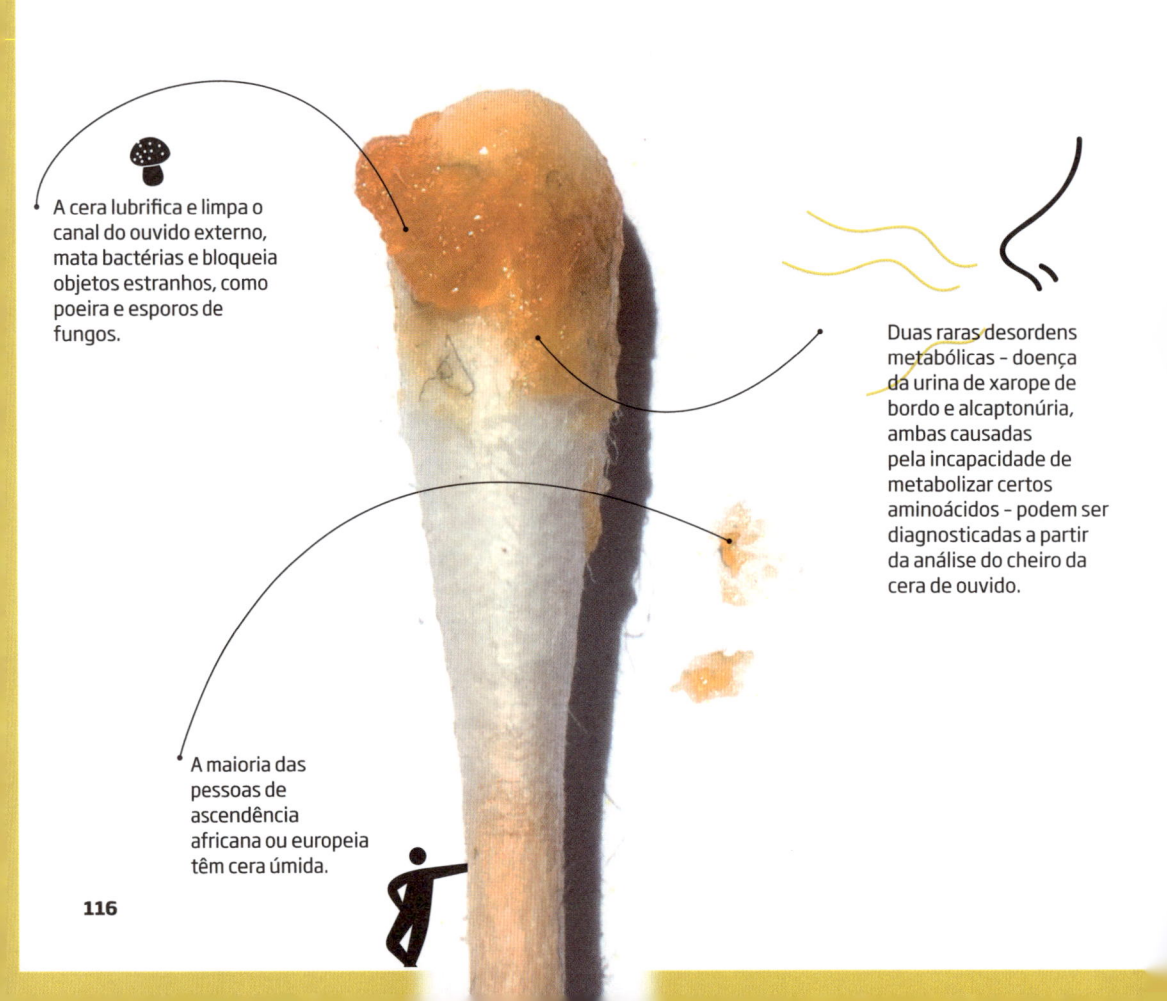

A cera lubrifica e limpa o canal do ouvido externo, mata bactérias e bloqueia objetos estranhos, como poeira e esporos de fungos.

Duas raras desordens metabólicas – doença da urina de xarope de bordo e alcaptonúria, ambas causadas pela incapacidade de metabolizar certos aminoácidos – podem ser diagnosticadas a partir da análise do cheiro da cera de ouvido.

A maioria das pessoas de ascendência africana ou europeia têm cera úmida.

116

Pessoas com cera de ouvido seca têm também suor sem odor em razão de mudanças similares na produção de suas glândulas sudoríparas.

Cera do ouvido seca

Branco-bege, escamosa e inodora. É seca porque contém quantidade menor de secreção cerosa, sendo assim amplamente composta de pele morta. A cera seca é causada por uma mutação em um gene chamado *ABCC11*, alteração que aparentemente não acarreta nenhum efeito nocivo ao indivíduo.

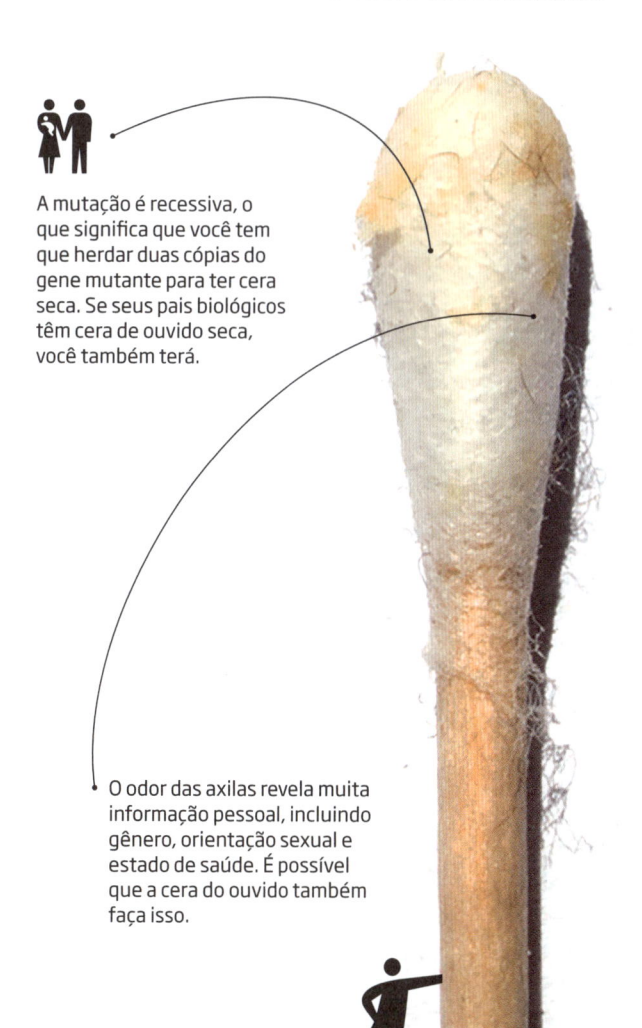

A mutação é recessiva, o que significa que você tem que herdar duas cópias do gene mutante para ter cera seca. Se seus pais biológicos têm cera de ouvido seca, você também terá.

O odor das axilas revela muita informação pessoal, incluindo gênero, orientação sexual e estado de saúde. É possível que a cera do ouvido também faça isso.

A cera seca é mais comum em populações do Extremo Oriente, sendo encontrada em até 95% dos coreanos, japoneses e chineses. Americanos nativos também costumam ter cera do ouvido seca.

Capítulo 4
Civilização

126 Dinheiro

130 Funerais

122 Cidades

134 Culinária

138 Animais domesticados

142 Religião organizada

150 Posses

154 Roupas

146 Álcool

158 Música

162 Higiene pessoal

Quando começamos a viver em cidades?

Em 2014, a humanidade tornou-se oficialmente uma espécie urbana. Foi a primeira vez que as cidades, grandes e pequenas, concentraram mais pessoas que as áreas rurais – uma transição que ocorreu com incrível rapidez, já que em 1960 apenas um terço das pessoas morava em áreas urbanas.

Até cerca de 5.500 anos atrás, ninguém morava em cidades. As aldeias existiam havia milênios, mas nenhuma aldeia atingira o tamanho ou, o ainda mais importante, a complexidade para alcançar o status de cidade. Como e por que esse ato tão essencial de civilização aconteceu?

A aurora do urbanismo

Para responder a isso, precisamos cruzar o umbral da história registrada e retroceder mais de 6 mil anos, a um tempo anterior à invenção da escrita, quando as ferramentas de pedra ainda não tinham sido completamente substituídas pelas de metal.

Conforme a visão ortodoxa, as primeiras cidades do mundo surgiram na Mesopotâmia, trecho de terra fértil entre os rios Eufrates e Tigre. A mãe de todas elas foi a cidade suméria de Uruk. Situada às margens do Eufrates, é provável que Uruk tenha começado a existir como um dos primeiros assentamentos permanentes que começaram a brotar no Crescente Fértil por volta de 8 mil a.C. Em 3.500 a.C., ela já se transformara em verdadeira cidade, cobrindo cerca de 2,5 quilômetros quadrados e alojando em torno de 50 mil pessoas, a maior parte das quais não conheceriam umas às outras.

Se pudéssemos viajar no tempo até Uruk, a reconheceríamos como cidade. Entre os traços urbanos mais evidentes estariam grandes construções, que são um dos aspectos definidores das cidades. Não apenas algumas construções grandes e antigas, mas prédios públicos não religiosos indicativos de sistemas de governo e de organizações administrativas.

Também veríamos traços de "zoneamento" funcional – clara diferenciação entre centros administrativos, bairros residenciais, mercados, lixões, e assim por diante. As fortificações também teriam ocupado lugar de destaque, indicando a riqueza que valia a pena o esforço para defender. Grandes assentamentos mais recentes, como o de Çatalhöyük, do 7º milênio a.C., na moderna Turquia, não passaram nos testes que poderiam confirmar seu caráter citadino.

Destaca-se em Uruk, no entanto, a ausência de rede de transporte sofisticada. Os jumentos já tinham sido domesticados naquela época, mas a roda ainda era uma possibilidade distante.

Uruk foi o resultado de longo processo, que começou quando os primeiros agricultores se estabeleceram em aldeias para estar perto das colheitas e dos animais. Alguns desses assentamentos cresceram muito, como aconteceu em Çatalhöyük. Por fim, excedentes agrícolas permitiram que algumas pessoas se afastassem da lavoura e se dedicassem a outras ocupações, como a metalurgia. Essa divisão do trabalho levou de modo gradual, mas inexorável, à formação de um zoneamento urbano genuíno, com artesãos especializados reunidos perto de outros que possuíam habilidades que a eles faltavam.

Uruk não é só considerada a primeira verdadeira cidade. Também é vista como o local de origem da onda de urbanização que varreu a Mesopotâmia entre cerca de 3400 e 3100 a.C., quando os habitantes do sul colonizaram toda a região e construíram cidades à imagem de Uruk.

Potências do norte

Todavia, nas últimas duas décadas, a primazia de Uruk tem sido desafiada por descobertas nas províncias, supostamente mais atrasadas, do norte. Pelo menos dois locais proporcionaram nítida evidência de urbanização anterior ao mais antigo material obtido em Uruk. Esses achados têm estimulado alguns arqueólogos a propor uma séria reformulação.

Um dos locais é Tell Hamoukar, no leste da Síria. Arqueólogos ocidentais conhecem o sítio desde a década de 1920, mas o classificavam como cidade "secundária", produto da onda de urbanização que se espalhou para o norte a partir de Uruk. Escavações mais recentes, no entanto, sugerem que o local atingira estado avançado de urbanização antes que Uruk começasse a exercer influência na região.

Já em 3700 a.C., Hamoukar cobria cerca de 12 hectares e estava cercada por uma muralha de proteção. Dentro dos muros estão as ruínas de um prédio grande, secular e possivelmente público – talvez uma espécie de cantina. Os arqueólogos também encontraram variados tipos de "carimbos", usados para imprimir um símbolo na argila molhada ou em betume para registrar as mercadorias. Os carimbos de Uruk são bem conhecidos e amplamente aceitos como sólida evidência de urbanização, porque indicam a existência de sistemas de contabilidade.

Em 3700 a.C., portanto, Hamoukar já apresentava muitos traços reveladores de vida urbana embrionária. Contudo, não há sinal de influência do sul na região: a cerâmica no estilo de Uruk só começa a aparecer por volta de 3200 a.C. É como se os habitantes de Tell Hamoukar estivessem vivendo em uma cidade – independente de Uruk e talvez até mesmo inconsciente de sua existência – pelo menos 500 anos antes que as cidades supostamente chegassem àquela região.

Perdida no tempo
Uma cidade possivelmente ainda mais antiga é Tell Brak, também na Síria. Há no local ruínas de um prédio espetacularmente grande e antigo, com paredes de 1,5 metro de espessura e enorme porta que se abre para um pátio. Ao datarem o sítio, os arqueólogos descobriram que ele tinha mais de 6 mil anos. Também foram encontrados carimbos, e grande parte da cerâmica da época traz evidências de algum tipo de sistema de contabilidade e administração, o que sugere que o povo de Brak já fazia uso de complexa tecnologia administrativa bem antes de Uruk.

A maior parte dos arqueólogos, no entanto, concorda com o fato de que o caso ainda não está resolvido. O período comparável no sul não é bem conhecido. É possível que a Mesopotâmia sulista contasse com cidades plenamente desenvolvidas antes de 4000 a.C., mas ninguém ainda cavou fundo o bastante para encontrá-las. Toda a região está

Subúrbio da Idade da Pedra
Quando foi descoberto, em 1958, Çatalhöyük atraiu a imaginação do mundo. A área de 13 hectares continha centenas de prédios próximos uns dos outros e já havia sido o lar de um contingente estimado em 10 mil pessoas. Parecia uma cidade, mas era incrivelmente antiga: os trechos mais antigos das ruínas tinham cerca de 9 mil anos. Faltava, no entanto, um recurso crucial encontrado em cidades de verdade: a diferenciação funcional entre zonas. Çatalhöyük era composta apenas de montes e montes de casas e lixões, como se fosse um antigo subúrbio. As pessoas, ao que parece, realizavam todas as atividades em casa, inclusive enterrando os mortos sob o piso. Mais 1.500 anos se passariam antes que surgissem as cidades propriamente ditas.

há muitos anos vedada à arqueologia, em virtude das guerras e da instabilidade política e social. É provável que se passem vários anos até que os trabalhos sejam retomados, se é que algum dia, serão. Enquanto isso, os arqueólogos torcem para que os locais não sejam saqueados de forma irreparável, varrendo para sempre do mapa os testemunhos das origens da civilização.

A ORIGEM DE (QUASE) TODAS AS COISAS → CIVILIZAÇÃO → ESPÉCIE URBANA, PLANETA RURAL

Espécie urbana, planeta rural

Mais da metade dos 7 bilhões de habitantes do mundo vive nas cidades. Mas as áreas urbanas são povoadas de forma tão densa que ocupam menos de 1% da superfície da Terra.

Uma metrópole gigante que incluísse todas as cidades do mundo caberia confortavelmente na ilha de **Bornéu**, que abrange cerca de 750 mil quilômetros quadrados.

AS DEZ MAIORES CIDADES DO MUNDO, POR ÁREA OCUPADA
1 Nova York 11.642 km²
2 Tóquio-Yokohama 8.547
3 Chicago 6.856
4 Atlanta 6.851
5 Los Angeles 6.299
6 Boston 5.325
7 Dallas-Fort Worth 5.175
8 Filadélfia 5.131
9 Moscou 4.662
10 Houston 4.644

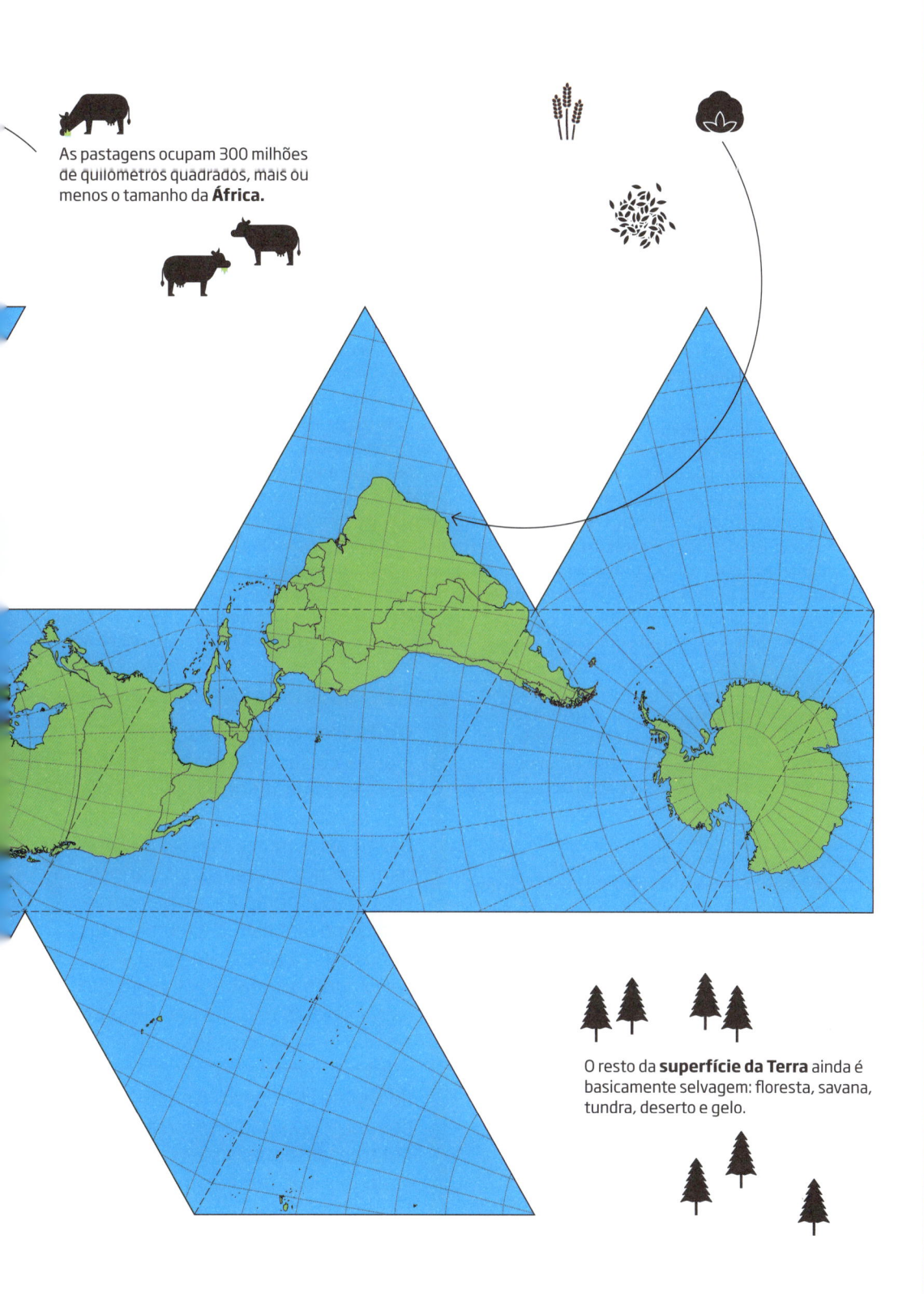

As pastagens ocupam 300 milhões de quilômetros quadrados, mais ou menos o tamanho da **África.**

O resto da **superfície da Terra** ainda é basicamente selvagem: floresta, savana, tundra, deserto e gelo.

A ORIGEM DE (QUASE) TODAS AS COISAS → CIVILIZAÇÃO → POR QUE TRATAMOS PEDAÇOS DE PAPEL SEM VALOR COMO OURO?

Por que tratamos pedaços de papel sem valor como ouro?

Tire tudo da carteira. Moedas, notas, cartões: eles podem representar sua riqueza (ou a falta dela) e permitir que você compre coisas, mas são, na verdade, apenas invenções da sua imaginação. O dinheiro não tem valor intrínseco. Assim como Sininho, a fada de *Peter Pan*, que morre se as crianças deixarem de acreditar nela, o dinheiro vive e morre conforme a fé coletiva que temos nele.

Entender como e por que o dinheiro foi inventado nos ajuda a entender o que sustenta essa crença.

Tudo começou com a troca. Os historiadores não chegaram a um consenso sobre onde e quando exatamente as trocas começaram a ser realizadas, mas parece que a prática estava plenamente desenvolvida na Mesopotâmia, em 8000 a.C.

Trocar era mais conveniente que brigar pelos recursos, mas a prática apresentava alguns problemas. Primeiro, dependia da existência de excedente. Para complicar, apoiava-se na "coincidência dos desejos". Suponhamos que você tivesse um excedente de duas ovelhas e precisasse de uma vaca; você, então, precisava encontrar alguém que tivesse uma vaca sobrando e precisasse de duas ovelhas. A solução era criar uma cadeia: troque suas ovelhas por cereais e use-os para pagar pela vaca.

Cadeias como essa identificavam os itens que tinham valor mais universal e, como podiam ser trocados por quase tudo, logo se tornaram "moeda-mercadoria". O sal era um deles; materiais úteis, como os metais, eram outro. Como todo mundo podia concordar com seu valor, essas *commodities* passaram a ser a referência para o valor de tudo e, aos poucos, passaram a ser usadas principalmente como reserva de valor e meio de troca. Em outras palavras, dinheiro.

Moeda do reino

O próximo passo óbvio era criar unidades padronizadas de dinheiro. Os primeiros a fazê-lo foram os chineses, que cunharam moedas de metal por volta de 1000 a.C. As moedas eram portáteis, duráveis e foram bem-aceitas, mas as primeiras tinham séria falha de projeto: eram feitas de metais preciosos, o que as tornavam vulneráveis à fraude – era possível raspar as moedas para tirar algumas lascas e passá-las adiante pelo valor nominal. Foi por isso que o valor do ouro acabou sendo transferido para o papel.

No século XIII, comerciantes chineses começaram a entregar suas moedas excedentes a outros comerciantes em troca de recibos carimbados com a promessa de que aquele pedaço de papel corresponderia a um número específico de moedas de ouro. Poderiam resgatar essas "notas promissórias" quando quisessem. O Estado chinês logo começou a emitir as próprias notas, e, em 1274, a China tinha papel-moeda nacional.

Esse caminho foi acidentalmente reproduzido na Inglaterra do século XVII por ourives que arma-

> **Dinheiros peculiares**
> Muitas coisas estranhas já foram usadas como dinheiro. Ouro e outros metais preciosos são os materiais mais comuns, mas as moedas nem sempre tiveram valor intrínseco. Penas, contas e conchas serviram como dinheiro. O exemplo mais famoso da natureza aleatória, e até certo ponto surreal, do dinheiro são as rai, pedras enormes de formato circular que até recentemente eram usadas como moeda de troca na ilha de Yap, na Micronésia. A propriedade dessas pedras podia ser transferida em transações, mas elas raramente eram movidas dos lugares onde estavam. Todos sabiam onde ficavam e quem as possuía, mesmo quando caíam dos barcos e acabavam no fundo do mar.

zenavam ouro em cofres. Eles emitiam recibos certificando sua quantidade e pureza, prometendo pagar exatamente o que fora depositado. Era inevitável que esses recibos ganhassem vida própria. Foram usados para liquidar dívidas, fazer compras, e começaram a circular como forma de papel-moeda.

Ninguém para pedir emprestado...

Não demorou muito para os ourives chegarem ao consenso de que também poderiam fazer empréstimos e criar mais notas promissórias que as que correspondiam ao que estava estocado em suas instalações. Assim surgiram os primeiros bancos.

Em fins do século XVII, o Banco da Inglaterra – organizado em 1694 para emprestar dinheiro ao governo em bancarrota – começou a emitir notas promissórias, dando início à era das moedas emitidas pelos bancos centrais. O resultado foi uma inflação galopante, pois os bancos criavam dinheiro do nada, apenas imprimindo notas. Para acabar com essa loucura, em 1816 o Reino Unido tornou-se o primeiro governo a vincular o suprimento de moeda a estoques reais de ouro.

Esse padrão-ouro funcionou bem até a Primeira Guerra Mundial, mas aí a Grande Depressão levou a falências bancárias em massa, que assustaram a população, fazendo as pessoas acumularem tanto ouro que o sistema desmoronou. Em 1931, o Reino Unido extinguiu oficialmente o padrão-ouro. Os Estados Unidos fizeram o mesmo em 1933.

Dissociada do ouro, uma cédula passou a ser, a partir de então, apenas uma promessa do governo de que aquele papel tinha valor. Essa promessa declaratória foi consagrada por todos os sistemas monetários modernos, razão pela qual o dinheiro nela baseado é conhecido como moeda fiduciária.* Todo o sistema é construído sobre a confiança: todos os usuários de uma moeda simplesmente têm de confiar que o governo garantirá o valor de seus pedaços de papel, que não possuem valor intrínseco nenhum.

Funciona, mas é compreensível que gere ansiedade em algumas pessoas. Um desses foi uma pessoa (ou pessoas) ainda não identificada que usava o pseudônimo de Satoshi Nakamoto. Em 2008, Nakamoto inventou o *bitcoin*, moeda digital que visava contornar os problemas do dinheiro fiduciário emitido pelo governo. O bitcoin não requer confiança nem banco central para possuí-lo. Bitcoins são "garimpados" por computadores que executam cálculos para verificar e registrar transações anteriores: os bitcoins são um tipo de pagamento por esse trabalho. Qualquer um pode garimpar bitcoins, mas os cálculos e o *software* requeridos não são triviais.

Livro-razão?**

No centro do bitcoin está o *blockchain*, um livro de contabilidade não falsificável de cada transação. Ele garante que nenhum bitcoin pode ser gasto duas vezes, falsificado ou roubado. É atualizado de forma contínua e simultânea, e pode ser inspecionado por qualquer um. Contudo, ainda depende, em certa medida, da confiança, já que um bitcoin não tem outro valor intrínseco senão o que outras pessoas estão dispostas a trocar por ele.

A lógica do bitcoin pode ser difícil de entender, mas a do dinheiro fiduciário também é. E isso – ou alguma coisa similar – tem boa chance de se tornar o que o futuro nos reserva. Alguns bancos centrais estão testando moedas digitais como substitutas do dinheiro existente, pois o *blockchain* proporciona a mais extrema segurança.

Portanto, se sua carteira contém bitcoins, parabéns: você está ajudando a liquidar a Sininho. No início, vamos sentir falta dela, mas muita gente acha que ela vai receber o que merece.

A maior moeda de pedra tem...
3,6 metros de altura
0,5 metro de espessura
e pesa 4 toneladas

---

* Moeda baseada apenas na confiança a ela conferida. (N.T.)
** No original, *ledgerdemain*, que também faz alusão a *legerdemain*, truques de prestidigitação, e ao *Ledgerdemain*, álbum musical inglês de dança eletrônica, como a do bitcoin. *Ledger* é o livro-razão da contabilidade; *demain* é a bem conhecida palavra francesa para amanhã, que no combinado dos outros significados pode sugerir, por exemplo, o livro-razão futuro, de amanhã. (N.T.)

A ORIGEM DE (QUASE) TODAS AS COISAS → CIVILIZAÇÃO → SIGA O DINHEIRO

Siga o dinheiro

Nosso complexo sistema monetário e bancário evoluiu a partir de uma economia de subsistência, onde as pessoas consumiam apenas o que podiam cultivar, caçar ou colher.

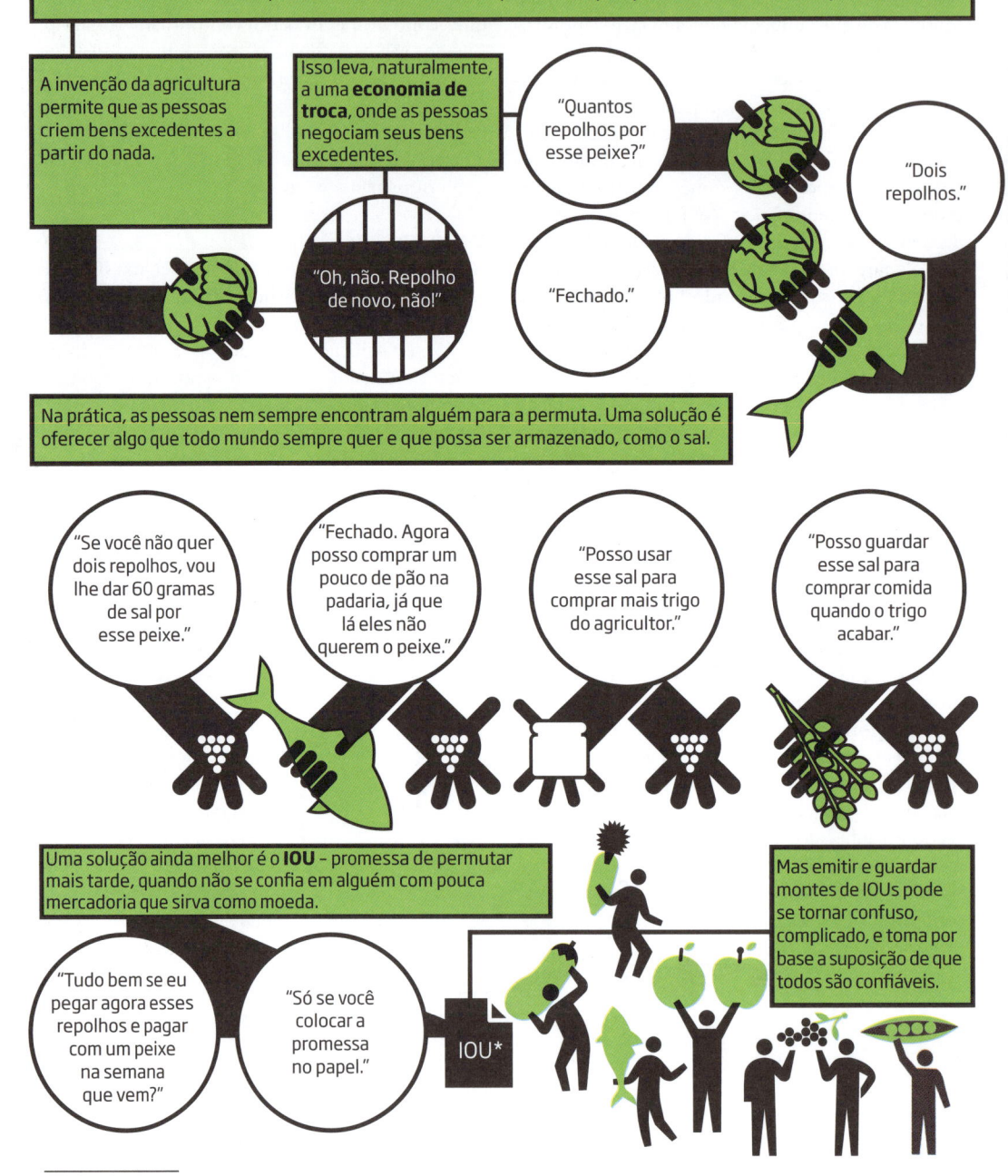

A invenção da agricultura permite que as pessoas criem bens excedentes a partir do nada.

Isso leva, naturalmente, a uma **economia de troca**, onde as pessoas negociam seus bens excedentes.

"Oh, não. Repolho de novo, não!"

"Quantos repolhos por esse peixe?"

"Fechado."

"Dois repolhos."

Na prática, as pessoas nem sempre encontram alguém para a permuta. Uma solução é oferecer algo que todo mundo sempre quer e que possa ser armazenado, como o sal.

"Se você não quer dois repolhos, vou lhe dar 60 gramas de sal por esse peixe."

"Fechado. Agora posso comprar um pouco de pão na padaria, já que lá eles não querem o peixe."

"Posso usar esse sal para comprar mais trigo do agricultor."

"Posso guardar esse sal para comprar comida quando o trigo acabar."

Uma solução ainda melhor é o **IOU** – promessa de permutar mais tarde, quando não se confia em alguém com pouca mercadoria que sirva como moeda.

Mas emitir e guardar montes de IOUs pode se tornar confuso, complicado, e toma por base a suposição de que todos são confiáveis.

"Tudo bem se eu pegar agora esses repolhos e pagar com um peixe na semana que vem?"

"Só se você colocar a promessa no papel."

IOU*

---

* A sigla IOU abrevia "I owe you", "devo a você". O IOU é um papel (um "documento") que o tomador assina e entrega ao credor reconhecendo a dívida. (N.T.)

A resposta é um IOU universal que todos aceitarão. Os primeiros foram recibos emitidos por ourives para mercadores ricos, que começaram a circular como papel-moeda.

"Prometo pagar de volta seu ouro."

Bancos comerciais decidiram pegar uma fatia da operação e começaram a emitir IOUs.

I.O.U.

Seus IOUs eram chamados cédulas e moedas e garantidos pelo ouro depositado em seus cofres.

O direito de emitir moeda logo passou a ser concedido exclusivamente a instituições do governo, como o Banco da Inglaterra, criado em 1689.

Nos anos 1930, os bancos centrais romperam a vinculação com ouro e começaram a emitir moeda a torto e a direito. Isso é chamado **dinheiro fiduciário**.

O vice-presidente do Federal Reserve [o banco central norte-americano], John Exeter, adverte que o dinheiro tinha se tornado um "IOU nothing" ["I owe you nothing", eu lhe devo... nada].

Numa economia moderna, quase todo o dinheiro é um IOU. Há três tipos

1. Dinheiro vivo
Cédulas e moedas
€100 bilhões na economia do Reino Unido.

Estes são IOUs do Banco Central para pessoas e empresas.

O banco pode imprimir e cunhar a quantidade que quiser de dinheiro vivo, mas, em geral, produz apenas o suficiente para manter a economia em movimento.

2. Reservas
Dinheiro mantido no Banco Central
€280 bilhões na economia do Reino Unido.

IOUs do Banco Central para bancos comerciais. Esse dinheiro pertence, na maior parte, a bancos comerciais, que usam o Banco Central como cofrinho para o dinheiro deles.

3. Depósitos bancários
Dinheiro de pessoas comuns mantido em bancos comerciais
€1700 bilhões na economia do Reino Unido.

IOUs de bancos para os clientes. Esse é o tipo mais importante de dinheiro, usado na maioria das transações, mas raramente convertido em dinheiro vivo. Os bancos apenas transferem fundos eletronicamente.

A maioria dos depósitos bancários é criada do nada por bancos comerciais liberando novos empréstimos para os clientes – 80% do dinheiro em uma economia não existe de fato.

"Preciso de um empréstimo para tocar meu negócio."

"Claro – aqui está um pouco de dinheiro invisível, que fiz surgir do nada."

Quando começamos a enterrar os mortos?

A única coisa certa na vida é que ela um dia terminará. Esse terrível entendimento talvez seja o traço definidor da condição humana. Pelo que sabemos, somos a única espécie capaz de refletir sobre a perspectiva de sua inevitável morte.

Se isso pode servir de consolo, pelo menos é provável que você tenha acesso a uma despedida decente. Os seres humanos também são a única espécie que executa os elaborados rituais de morte que chamamos de funerais. Os indícios sugerem que temos executado esses rituais há pelo menos 100 mil anos, e sua origem é um tópico que exerce mórbido fascínio entre aqueles que pesquisam a evolução humana.

Os funerais enquadram-se claramente na categoria de "atividade simbólica" ao lado da arte, da narração de histórias, da religião e de outras manifestações culturais da humanidade. Cerimônias, enterro cuidadoso e manejo de bens tumulares implicam, com clareza, pensamentos abstratos sobre a vida, a morte e o significado de tudo isso. E, ao contrário da maioria das outras atividades simbólicas, os funerais deixam grande quantidade de evidências físicas.

Os animais e a morte

Para a maior parte dos animais, um corpo morto é apenas um objeto inanimado. Alguns têm relação claramente mais complexa com a morte. Os elefantes parecem ficar fascinados com os ossos de seus pares mortos, e há registros de observações de golfinhos que passam muito tempo com cadáveres.

Os chimpanzés também ficam fascinados com os corpos de outros chimpanzés e têm sido descritos exibindo comportamentos semelhantes ao sofrimento, à vigília, ao respeito e ao luto. Segundo alguns antropólogos, talvez os chimpanzés conservem comportamentos primitivos que também foram praticados pelos primeiros proto-humanos e que integramos de forma elaborada a nossos rituais formais. Nunca saberemos com certeza, é claro. Mas o registro fóssil e arqueológico contém dicas tentadoras de como esse tipo de comportamento evoluiu para os rituais fúnebres modernos.

Os primeiros indícios são, de fato, muito antigos. Em 1975, paleontólogos descobriram partes de esqueletos de treze dos nossos antepassados de 3,2 milhões de anos atrás, os *Australopithecus afarensis*, em uma encosta íngreme e verdejante da Etiópia. Eram nove adultos, dois adolescentes e dois bebês, todos próximos uns dos outros, e, ao que parecia, reunidos ali no mesmo momento. Como chegaram lá é um mistério. Não há indícios de inundação repentina ou de catástrofe similar que pudesse ter matado todos eles ao mesmo tempo e nenhum sinal de que os ossos tivessem sido mastigados por predadores. São, como o descobridor Donald Johanson escreveu mais tarde, "apenas hominídeos espalhados por uma encosta".

A terra dos vivos

Uma explicação possível é que os corpos tenham sido deixados deliberadamente ali num ato de "abandono organizado". Isso não significa sepultamento nem qualquer coisa com significado simbólico ou espiritual. Mesmo assim, representa significativo avanço cognitivo sobre o que é visto com chimpanzés, que deixam seus mortos onde eles caem. Talvez tenha sido a primeira manifestação de algo humano; uma divisão conceitual entre vivos e mortos.

Salvo no caso de novas descobertas, será impossível confirmar se os australopitecos colocavam seus mortos em lugar especial. Mas as evidências são muito mais claras há meio milhão de anos. Sima de los Huesos (o "poço dos ossos") foi descoberto na década de 1980 nas Montanhas Atapuerca, na Espanha, em uma caverna no fundo de um penhasco. Continha os fósseis de pelo menos 28 humanos primitivos, muito provavelmente *Homo heidelbergensis*, possível ancestral tanto nosso quanto dos neandertais.

Como chegaram lá? Podem ter caído no poço por acidente, mas essa hipótese parece improvável em razão do modo como os ossos se fraturaram e do fato de a maior parte dos esqueletos ser de rapazes adolescentes ou de homens jovens. A melhor explicação é que, após a morte, foram postos de forma proposital na superfície do poço e depois mergulhados gradualmente nele. Se assim for, essa é a evidência mais antiga de "sítio funerário" ou da designação de local específico para os mortos.

Uma descoberta similar foi feita mais recentemente na África do Sul, onde foram encontrados agrupados em uma caverna 1.500 ossos humanos e dentes fossilizados de um ser humano arcaico antes desconhecido, o *Homo naledi*. Infelizmente, não sabemos quantos anos eles têm – algo entre 100 mil e 3 milhões de anos – e como suas espécies se relacionam conosco.

Também não temos ideia do que esses humanos compreendiam sobre a mortalidade, se é que compreendiam algo. Mas sabemos que os depósitos funerários se tornaram cada vez mais comuns a partir de 500 mil anos atrás. Desde então, os corpos são frequentemente encontrados em locais difíceis de explicar de outra maneira, escondidos em fendas e vãos entre as rochas, em saliências de difícil acesso no fundo de cavernas.

Do depósito funerário ao sepultamento há um pequeno salto conceitual – criar nichos e fendas artificiais para guardar os mortos. A mais antiga comprovação que temos disso vem de duas cavernas em Israel, Skhul e Qafzeh, onde esqueletos de 100 mil anos atrás do *Homo sapiens* foram encontrados em cavidades feitas pelo homem. Essas sepulturas também podem conter bens tumulares na forma de ossos de animais, conchas e pedaços de argila. Há ainda evidências de sepulturas neandertais mais ou menos da mesma época.

Tais túmulos não representam um divisor de águas cultural. Só conhecemos alguns poucos locais como esses e, comparados com o número de pessoas que devem ter morrido, são raros. Também parece provável que a cremação já fosse praticada, mas não há comprovação disso.

Só a partir de cerca de 14 mil anos atrás passamos a encontrar a maioria dos mortos enterrada em lugares que hoje reconheceríamos como cemitérios. Provavelmente não é coincidência que, mais ou menos na mesma época, as pessoas estivessem passando a fixar-se em determinados lugares e a desenvolver a agricultura e a religião. Nosso passado símio estava morto e enterrado. A cultura simbólica já estava viva.

> **Ritos animais**
> É impossível saber qual é a compreensão que os chimpanzés têm da morte, mas em 2010 os primatólogos alcançaram rara percepção sobre o tema quando guardas florestais do Parque Nacional de Gombe, na Tanzânia, descobriram o corpo de uma fêmea de chimpanzé, Malaika, sob uma árvore. Uma multidão de chimpanzés se reunira em volta dela. Durante três horas e meia, diversos chimpanzés se aproximaram; outros contemplavam das árvores. Alguns cheiravam ou lambiam o corpo. Outros o sacudiam, arrastavam e batiam nele. O macho alfa atirou-o no leito de um riacho. Muitos pareciam pedir ajuda.
>
> Quando o corpo foi removido pelos guardas florestais, vários chimpanzés correram para o ponto onde ele ficara deitado e começaram a apalpar e farejar freneticamente o chão. Ficaram 40 minutos fazendo um coro de gritos e uivos antes de se afastarem. O último chimpanzé a visitar o local foi a filha de Malaika, Mambo.

131

Mais mortos que vivos

A afirmação tantas vezes ouvida de que o mundo está tão superpovoado que há mais pessoas vivas que mortas é um mito urbano que precisa ser abandonado.

CÓDIGO: 💀 = 100 MILHÕES DE MORTES   💀 = AINDA VIVOS HOJE

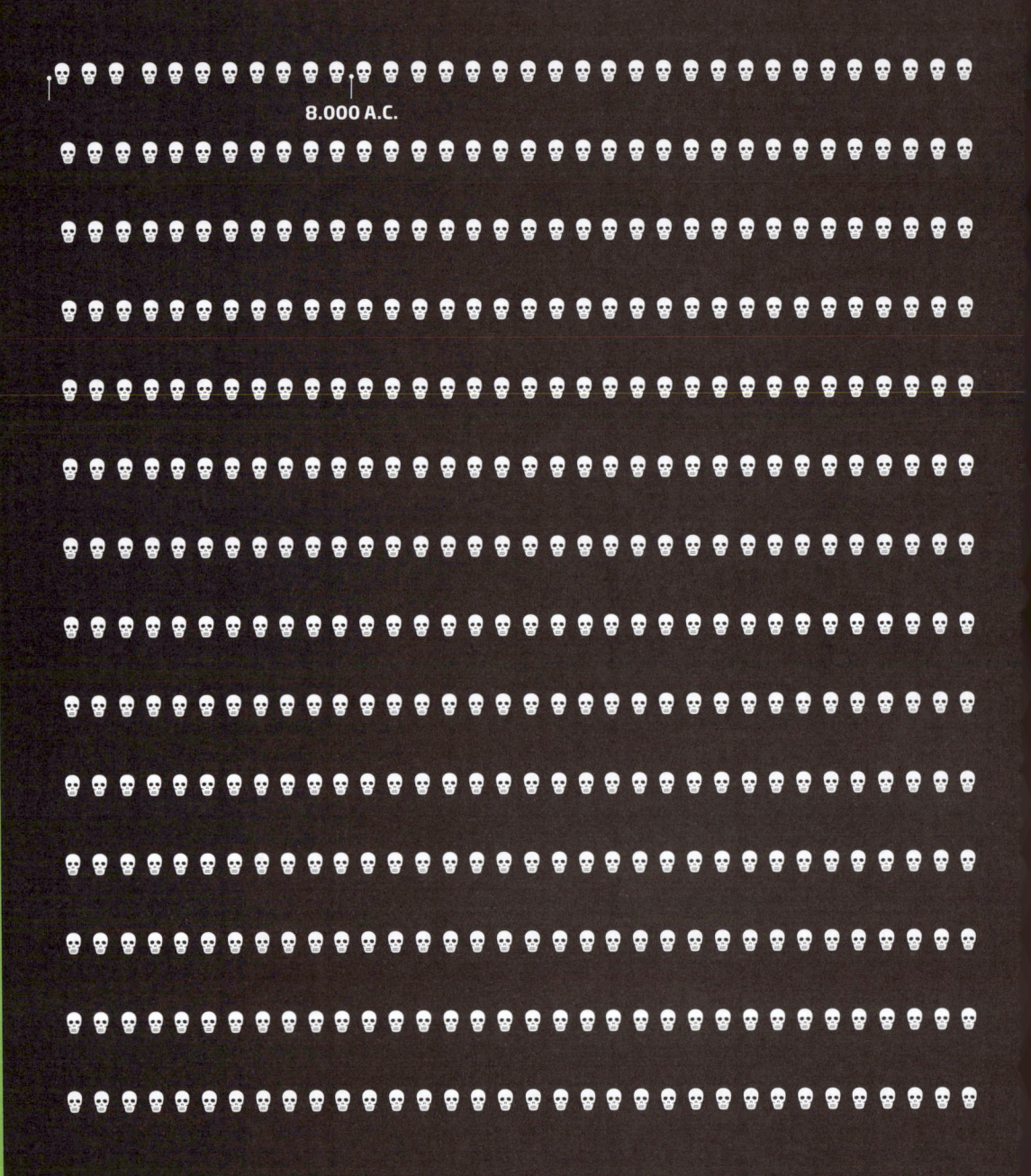

8.000 A.C.

1200

1650　　　　　　　　　　　　　　　　　　　　　　　　　　　　　　1750

1850

1900

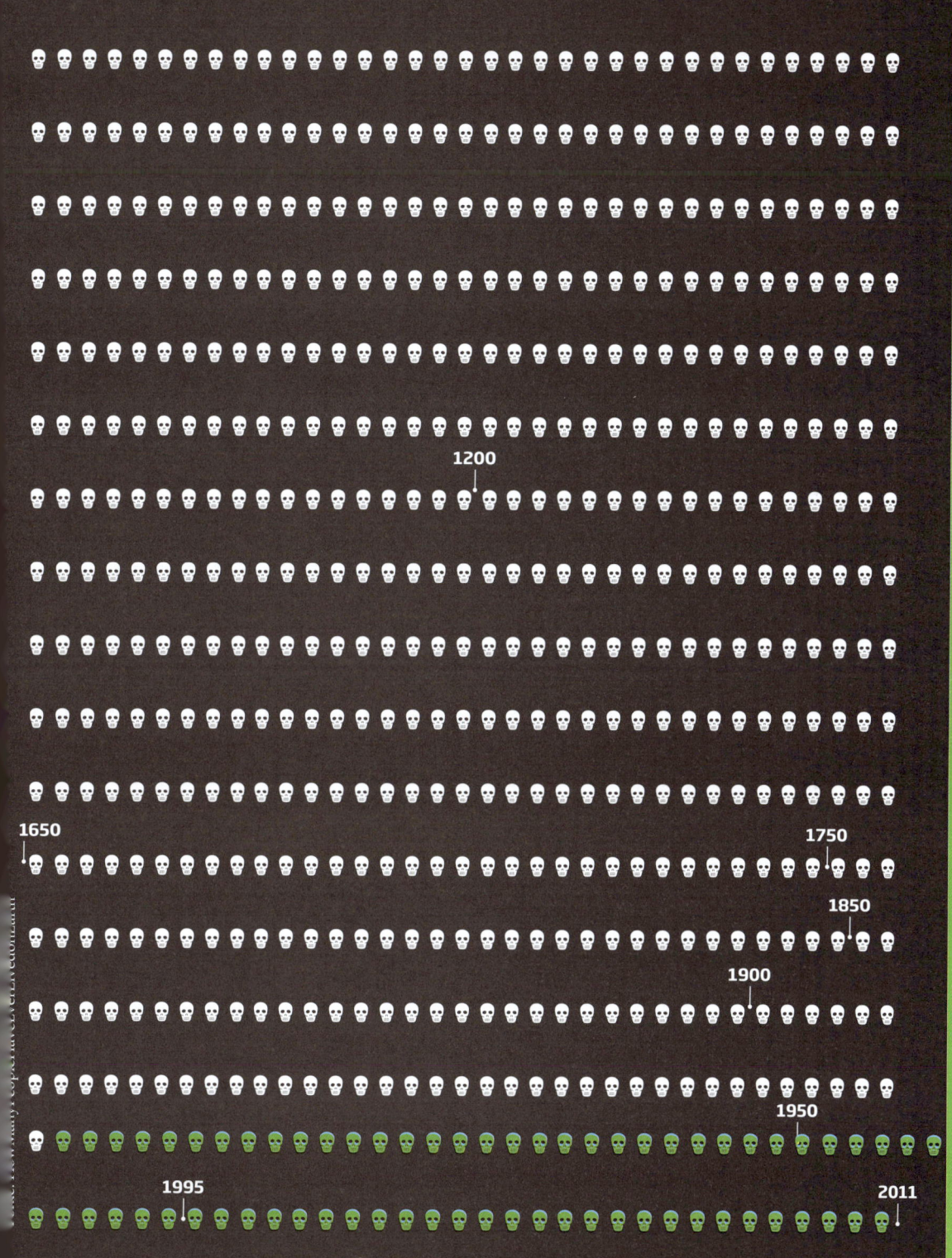

1950

1995　　　　　　　　　　　　　　　　　　　　　　　　　　　　　　2011

💀 107,7 bilhões de pessoas nasceram desde 50 mil a.C.
💀 6,5 % ou 7 bilhões dos que nasceram ainda estão vivos hoje

Qual foi a primeira refeição cozida?

Café da manhã: folhas amargas, com muita fibra; fruta. Almoço: casca de árvore; fruta; carne e miolos crus de macaco. Jantar: larvas; folhas; fruta.

Não, não é a mais recente dieta relâmpago de Hollywood, mas o regime de nossos parentes mais próximos ainda vivos, os chimpanzés. Também não é algo que poderia ser chamado de apetitoso ou variado. Nós, sem dúvida, podemos escolher entre milhares de alimentos e temos um conjunto incrivelmente versátil de técnicas para alterar sua composição química por meio da aplicação de calor. Em outras palavras, cozinhando.

A culinária é ubíqua entre os humanos. Todas as culturas, dos inuítes do Ártico congelado aos caçadores-coletores da África subsaariana, são sustentadas por alimentos que foram química e fisicamente transformados pelo calor. Foi uma invenção incrível. Cozinhar torna a comida mais digerível e mata bactérias que provocam intoxicação alimentar. Mas onde e quando isso começou é objeto de acalorado debate. Podemos chamá-lo de briga pela comida.

Nenhuma comida sem fogo

Como não é possível cozinhar sem fogo, podemos encontrar a resposta sobre a origem do cozimento dos alimentos procurando informações sobre o controle das chamas. É um tópico incendiário, já que é difícil identificar o fogo no registro arqueológico. As evidências viraram fumaça, literalmente, e é difícil distinguir entre vestígios de um fogo intencionalmente aceso e os de um fogo natural, provocado por relâmpago. É por isso que os arqueólogos procuram sinais de fogo dentro de cavernas.

Traços de cinzas encontrados na caverna de Wonderwerk, na África do Sul, sugerem que os hominídeos já controlavam o fogo há pelo menos 1 milhão de anos, época de nosso ancestral direto, o *Homo erectus*. Fragmentos de ossos queimados também encontrados no local sugerem que o *Homo erectus* cozinhava carne. Os vestígios mais antigos de braseiros evidentes, contudo, têm apenas 400 mil anos.

É certo que os neandertais, que evoluíram do *Homo erectus* há cerca de 250 mil anos, produziam fogo, e os braseiros são encontrados em muitas áreas neandertais, alguns contendo ossos queimados. Também sabemos, pela análise de suas placas dentais, que os neandertais melhoravam as dietas com ervas. Mas não sabemos se cozinhavam regularmente a comida.

A mais antiga evidência sólida da nossa espécie cozinhando data de apenas 20 mil anos atrás, quando as primeiras panelas foram produzidas, na China. As marcas de queimado e fuligem nas superfícies exter-

Gratinado

Um dos mais importantes processos de cozimento é a reação de Maillard, batizada com o nome do químico francês que a descreveu, em 1912. É essa reação entre açúcares e aminoácidos que cria a química dourada que torna a carne, as torradas, os biscoitos e as frituras tão deliciosos. Os seres humanos geralmente preferem alimentos que passaram pela reação de Maillard.

É difícil explicar isso sob a perspectiva evolutiva. A reação de Maillard torna a comida – em especial a carne – menos digerível, destrói nutrientes e produz substâncias químicas cancerígenas. Pode ser que os outros benefícios de cozinhar os alimentos superem amplamente esses prejuízos, por isso evoluímos dando preferência à comida gratinada. Mas isso não explica por que ela também é preferida pelos grandes macacos, que não sabem cozinhar nem vão aprender a fazê-lo.

Exponha uma torrada à reação de Maillard

nas desses artefatos indicam que eram usados como utensílios de cozinha. Mas, de modo geral, os dados arqueológicos não esclarecem muito bem a questão. Precisamos procurar em outro lugar.

Há cerca de 1,9 milhão de anos, ocorreram algumas mudanças importantes na biologia dos hominídeos. O *Homo erectus* tinha os dentes e o corpo muito menores que os de seus antepassados, mas contava com cérebro muito maior. Segundo uma hipótese polêmica, formulada pelo primatólogo Richard Wrangham, essas mudanças foram impulsionadas pelo cozimento da comida. Wrangham acredita que cozinhar levou nossa linhagem a divergir de ancestrais mais parecidos com macacos, e que os corpos do *Homo sapiens* não existiriam sem o cozimento dos alimentos.

Para compreender por quê, vamos nos imaginar adotando a mesma dieta de um chimpanzé. Para ganhar calorias suficientes para abastecer nosso cérebro devorador de energia, teríamos de dedicar quase todas as horas do dia à procura de comida. Chimpanzés buscam alimento praticamente o tempo todo; gorilas e orangotangos passam nove horas por dia comendo.

Mandíbula fraca

É provável que fôssemos obrigados a comer por tempo ainda maior. Nosso cérebro é duas vezes maior que o dos chimpanzés, e nosso intestino é pequeno demais para reter comida crua, de baixa qualidade, por tempo longo o bastante para digeri-la de forma adequada. Nossas vísceras têm apenas 60% do peso que deveriam ter se fôssemos grandes macacos de estatura similar à nossa.

As características dos nossos dentes e da nossa mandíbula confirmam essa linha de pensamento. São pequenos demais para a tarefa de triturar grandes quantidades de alimentos crus e duros. Comparados com hominídeos mais primitivos, como o *Homo habilis*, não apenas os humanos modernos, mas também os neandertais e o *Homo erectus*, possuem dentes pequenos em relação ao tamanho do corpo. Para Wrangham, esses traços morfológicos são adaptações à culinária, que surgiu por volta de 1,9 milhão de anos atrás.

Cozinhar mudou para melhor a vida de nossos ancestrais. O calor torna a comida mais macia, e com isso reduz o tempo necessário para mastigá-la.

O cozimento também libera mais calorias. Camundongos tratados com alimentos cozidos ficam mais gordos que aqueles tratados com quantidade equivalente de calorias cruas. A comida submetida ao calor torna-se também mais segura. A carne de animais mortos contém altos níveis de agentes patogênicos, e assá-la mata os germes que provocam intoxicação alimentar. Outro benefício do cozimento é que ele torna comestíveis alimentos que não são não comestíveis quando crus, como os tubérculos. E nos permite ter tempo para fazermos coisas mais interessantes que simplesmente procurar comida e comer.

Os alimentos geralmente são mais saborosos quando cozidos. Não é possível saber se nossos ancestrais apreciavam a diferença, mas estudos com macacos descobriram que eles preferem o alimento cozido, optando por comidas assadas – batatas, cenouras e batatas-doces – em vez dos mesmos alimentos crus.

Não coma tudo de uma vez

Cozinhar requer aptidões cognitivas que vão além de controlar o fogo, como a capacidade de resistir à tentação de devorar os ingredientes, paciência, memória e entendimento a respeito do processo de transformação. Experimentos recentes com chimpanzés constataram que eles têm muitas das aptidões cognitivas e comportamentais necessárias à culinária – e, portanto, é provável que o *Homo erectus* também as tivesse.

Há, contudo, falhas na hipótese da culinária. Muitas das adaptações atribuídas à ingestão de alimento cozido, como cérebro grande, podem ter surgido por meio do aumento no consumo de carne crua. A desconexão no tempo entre a evidência biológica e o domínio sobre o fogo é outra peça que não encaixa.

Mas, independentemente de quando tenha sido inventado, o cozimento dos alimentos se transformou em um dos elementos mais variados e criativos da cultura humana. Cozinhamos milhares de diferentes tipos de animais, vegetais, fungos e algas usando uma deslumbrante variedade de técnicas. Passamos muito mais tempo planejando e preparando os alimentos do que realmente os comendo, e depois assistimos a programas sobre culinária apresentados por pessoas que se tornaram nomes familiares e milionários. Cozinhamos, logo existimos.

A ORIGEM DE (QUASE) TODAS AS COISAS → CIVILIZAÇÃO → ESTÁ NA MESA

Está na mesa

É mais fácil digerir e extrair calorias da comida cozida. É provável que isso tenha sido fator importante na evolução humana depois que nossos ancestrais inventaram a culinária, há cerca de 1 milhão de anos.

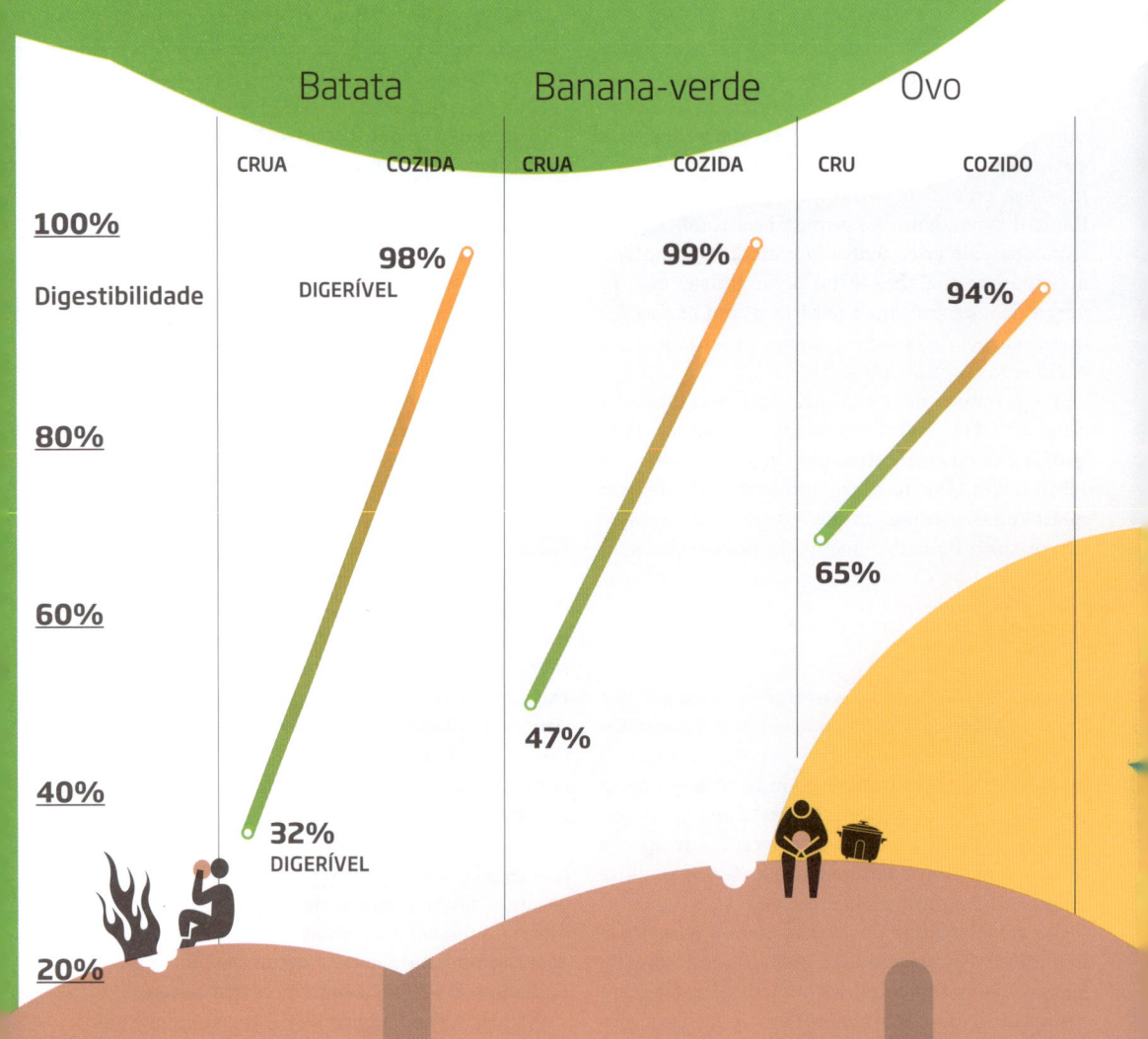

Batata
- CRUA: 32% DIGERÍVEL
- COZIDA: 98% DIGERÍVEL

Banana-verde
- CRUA: 47%
- COZIDA: 99%

Ovo
- CRU: 65%
- COZIDO: 94%

Digestibilidade: 0% – 100%

Pessoas que seguem dieta vegetariana crua relatam fome persistente, apesar de comerem com frequência e, em geral, terem IMC [Índice de Massa Corporal] mais baixo que o de vegetarianos que comem comida cozida.

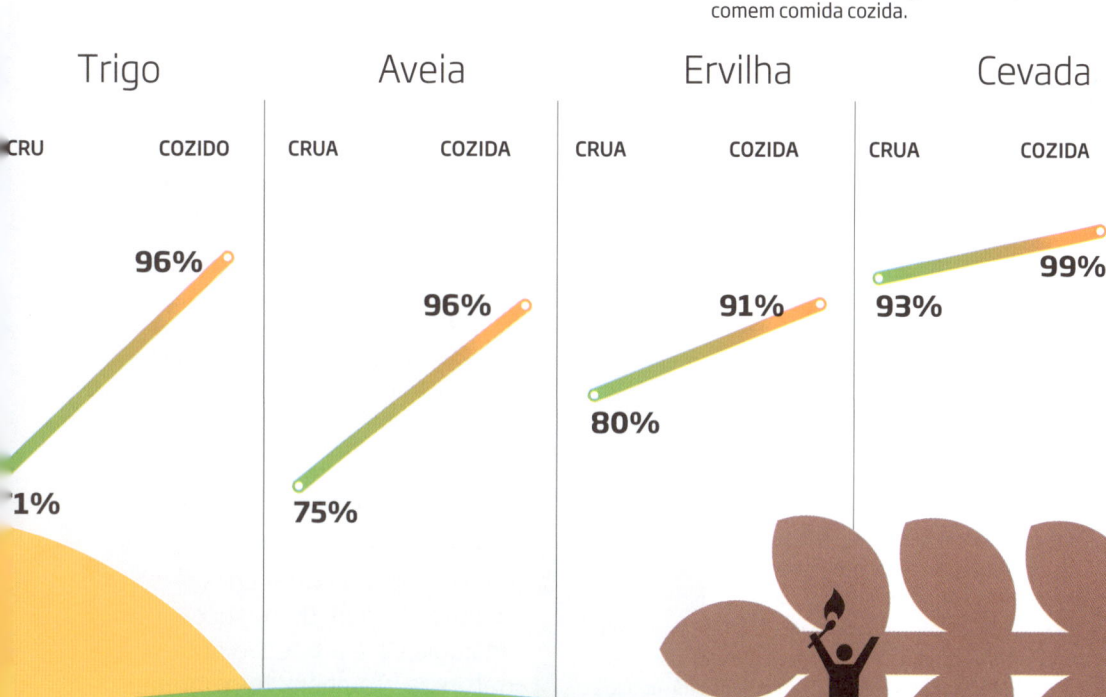

Trigo		Aveia		Ervilha		Cevada	
CRU	COZIDO	CRUA	COZIDA	CRUA	COZIDA	CRUA	COZIDA
1%	96%	75%	96%	80%	91%	93%	99%

E a carne?

O cozimento faz com que a carne perca calorias em razão do derretimento da gordura. Mas ela se torna mais fácil de ser digerida e menos sujeita a provocar intoxicação alimentar, o que, provavelmente, compensa a perda calórica.

Digerir carne crua é difícil, e o processo usa cerca de um terço da energia que acabamos de consumir. Em experimentos com jiboias, a carne cozida reduziu em 13% o custo da digestão.

Camundongos alimentados apenas com carne perdem peso, mas se a carne for cozida isso ocorre de forma mais lenta.

A ORIGEM DE (QUASE) TODAS AS COISAS → CIVILIZAÇÃO → COMO DOMESTICAMOS OS ANIMAIS?

Como domesticamos os animais?

Se visitarmos as famosas pinturas rupestres em Lascaux, na França, seremos atirados num bestiário pré-histórico. Entre quase duas mil imagens, cerca da metade é de animais: cavalos, cervos, bisontes, felinos, ursos, pássaros e rinocerontes. As pessoas que pintaram essas imagens, 17.300 anos atrás, estavam, sem dúvida, obcecadas pelos animais de seu ambiente: não há imagens de paisagens ou plantas; além dos animais, só há figuras humanas ou símbolos abstratos. Mas a ideia de domesticar ou possuir um animal vivo teria sido totalmente estranha para eles. Os animais de Lascaux eram selvagens.

Num avanço rápido para hoje, vemos que nossa relação com os animais mudou por completo. Nos últimos quinze milênios, domesticamos centenas de espécies de animais selvagens, de modestas moscas das frutas a poderosos elefantes, para nos servirem de variadas maneiras: alimentação, trabalho, transporte, proteção, utilização de dejetos orgânicos, no uso de fertilizantes, no controle de pragas, no pastoreio, como companhia, diversão e pesquisa.

Se levarmos em conta apenas a pecuária, existem cerca de 32 bilhões de animais domésticos na Terra. Estima-se que haja 1 bilhão de cachorros e 2 bilhões de gatos. É difícil precisar a quantidade dos demais animais, mas é possível ter uma ideia ao imaginarmos todos os ratos, camundongos, porquinhos-da-índia, peixes, abelhas, bichos-da-seda, caracóis, rãs, cobras, sanguessugas medicinais, moscas das frutas e tantos outros. De onde vêm todos eles?

Durante cerca de 95% do tempo em que estão na Terra, os seres humanos viveram como os pintores da caverna. Então, em algum momento entre 30 mil e 15 mil anos atrás, começamos a fazer amizade com os animais. O primeiro do rebanho foi um animal que pela lógica deveria ter sido temido e odiado. O resultado desse relacionamento foi um animal totalmente domesticado, que ainda consideramos nosso melhor amigo: o cachorro doméstico.

O início de uma bela amizade

Onde, quando e como isso aconteceu são questões em debate. Os fósseis lupinos mais antigos com traços de cachorro vêm da Europa e da Sibéria, mais de 30 mil anos atrás, mas a análise do DNA aponta para uma origem mais oriental, há cerca de 15 mil anos.

Além de entender onde e como isso aconteceu, há também a pergunta: por que aconteceu? Uma possibilidade é que tenha ocorrido naturalmente. Lobos selvagens alimentavam-se das carcaças deixadas para trás por caçadores-coletores; alguns lobos aprenderam a seguir os humanos e acabaram criando com eles um relacionamento benéfico para os dois lados, ajudando a rastrear e matar as presas e fornecendo proteção. Seguir bandos de humanos também pode ter isolado os lobos de seus irmãos mais selvagens, fazendo com que só se acasalassem

> **Orelhas caídas e caras fofinhas**
> Charles Darwin viu a criação seletiva de animais domésticos como analogia para a seleção natural na natureza. Também foi o primeiro a perceber algo estranho: todos os mamíferos domesticados possuem um conjunto semelhante de diferenças biológicas em relação aos parentes selvagens, conhecido como síndrome de domesticação.
>
> Entre elas estão docilidade, orelhas largas e caídas, cauda enrolada, tamanho reduzido, fisionomia juvenil e cor do pelo alterada. Muitos desses traços são, obviamente, úteis (ou pelo menos desejáveis) para seres humanos e é provável que tenham sido selecionados durante a domesticação e posterior criação seletiva: outros parecem ter entrado como penetras, talvez por serem controlados pelos mesmos genes.

Cachorros vivem conosco há pelo menos 15 mil anos.

com outros lobos amigos dos humanos. O resultado teria sido a seleção dos traços benéficos para a coabitação com humanos, como a docilidade.

Outra possibilidade é que os humanos tenham deliberadamente adotado filhotes de lobo para criar – embora isso pareça improvável, dado que um lobo come cinco quilos de carne por dia, o que o transforma em um luxo caro.

Além do oinc oinc

Os cães tinham o perfil ideal para se integrarem ao estilo de vida dos caçadores-coletores da era do gelo, mas foi só há cerca de 11.500 anos, quando as pessoas começaram a se fixar em aldeias, que a domesticação de fato começou.

Os porcos vieram primeiro, seguidos pelas ovelhas, pelas cabras e pelo gado. É quase certo que esses animais tenham sido domesticados por conta da carne, do leite, da lã, dos chifres e das peles, embora seja provável que a domesticação plena tenha sido precedida por milhares de anos de manejo cada vez mais eficiente dos parentes selvagens. Há também sugestões de que o gado tenha sido domesticado por xamãs para fins cerimoniais e que só mais tarde tenha se convertido em despensas ambulantes.

As origens da domesticação dos gatos também parecem estar localizadas mais ou menos nessa época, embora seja impossível identificar os detalhes de como isso se deu. Seu ancestral é o gato selvagem *Felis silvestris lybica*, do Oriente Próximo, provavelmente atraído para assentamentos humanos pelos roedores que habitavam os arredores dos armazéns de grãos. As pessoas teriam observado sua utilidade como controladores de pragas e também sua adorável simpatia. Assim começou o relacionamento ligeiramente arisco que persiste até hoje. Os gatos ainda não são considerados plenamente domesticados – conservam muita coisa da natureza selvagem e, ao contrário de quase todos os outros animais domésticos, fazem o que lhes dá na telha.

A região do Crescente Fértil foi a pioneira, mas houve pelo menos cinco outros locais onde animais foram domesticados em tempos pré-históricos. Cada uma dessas regiões deu uma contribuição diferente para nossa crescente criação de bichos: da China, vieram os cavalos, os patos e os bichos-da-seda; da Índia, o búfalo-asiático; da África, os burros e os dromedários; da América Central, vieram os perus e os porquinhos-da-índia; e da América do Sul, as lhamas.

Como a galinha cruzou o mundo?

Talvez a mais significativa domesticação fora do Crescente Fértil tenha sido a da ave da selva vermelha, que se incorporou aos cercados no leste e sul da Ásia cerca de 7 mil anos atrás. A espécie resultante é a galinha comum ou de jardim, hoje a mais numerosa criação animal no mundo. A avicultura produz cerca de 40 bilhões de galinhas por ano.

Isso é ainda mais notável se considerarmos que aves da selva são aves caseiras que não migram, que têm voo precário e ocupam um pequeno território familiar. Sua distribuição em todos os continentes, com exceção da Antártida, pode ser totalmente atribuída aos seres humanos. As galinhas estão conectadas a nós de forma tão íntima que o DNA dessas aves tem sido usado como referência para reconstituir como os seres humanos colonizaram as vastidões do Oceano Pacífico.

O DNA sugere que a difusão das galinhas começou há pelo menos 3 mil anos, tanto para oeste quanto para a Ásia Central e o leste, chegando à Polinésia e além. As galinhas entraram na África pelo Egito, por volta de 1200 a.C.; séculos mais tarde, os romanos as espalharam por todo o império na região europeia. Esse movimento global por dois lados opostos acabou convergindo para as Américas, onde as galinhas foram introduzidas primeiro pelos polinésios e mais tarde por europeus e africanos.

Os humanos continuaram a subjugar animais para diferentes objetivos. Uma das adições mais recentes são os furões, derivados da doninha europeia, por volta de 1500 a.C.; o peixinho-dourado, que se originou da carpa prussiana, na China, em torno de 300 d.C.; e a mosca das frutas comum, *Drosophila melanogaster*, adotada como organismo modelo para pesquisa genética por volta de 1910.

A ORIGEM DE (QUASE) TODAS AS COISAS → CIVILIZAÇÃO → BESTAS DE CARGA

Bestas de carga

Nos últimos 15 mil anos, os humanos domesticaram dezenas de espécies de animais para as mais variadas finalidades.

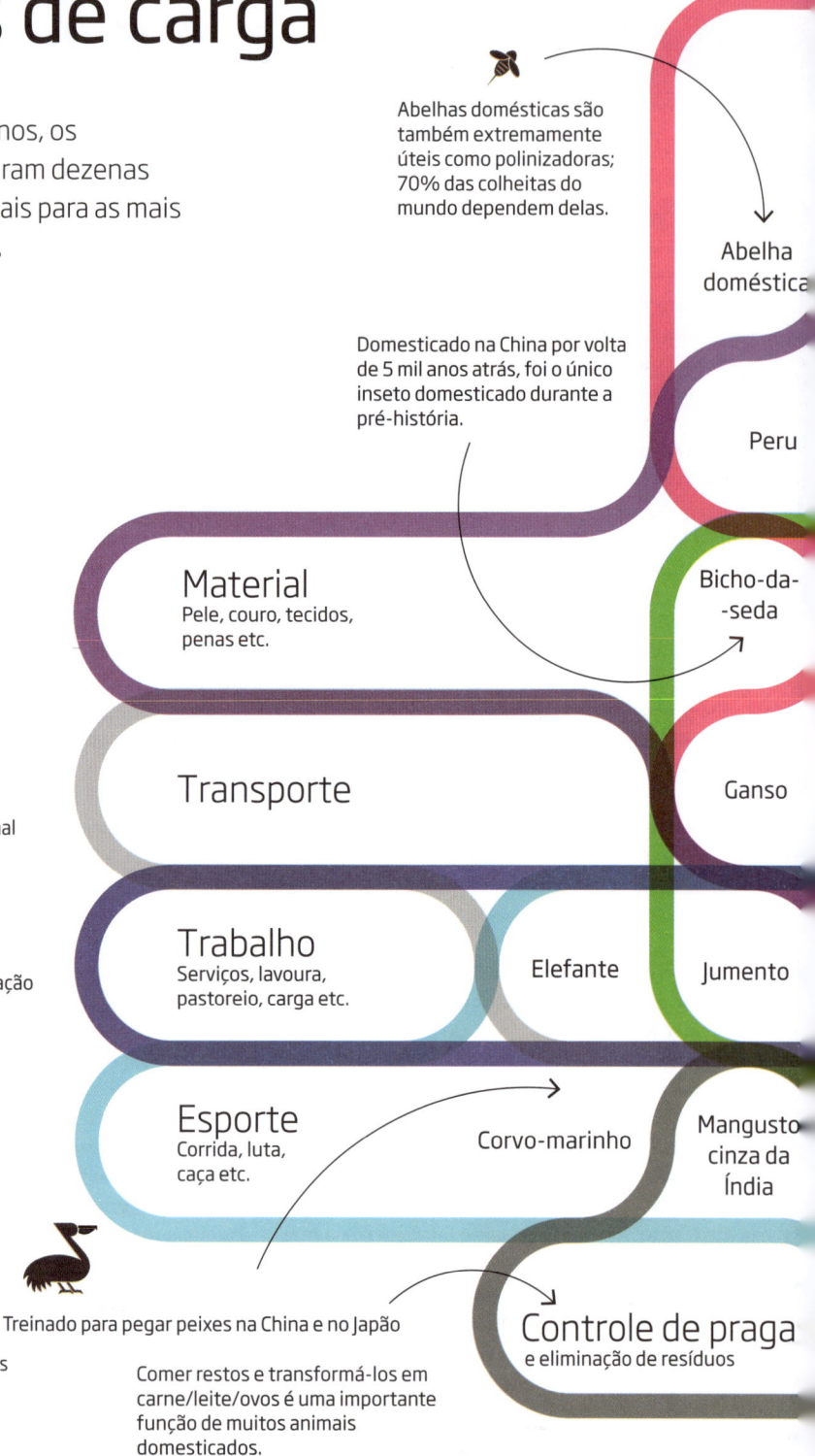

Abelhas domésticas são também extremamente úteis como polinizadoras; 70% das colheitas do mundo dependem delas.

Abelha doméstica

Domesticado na China por volta de 5 mil anos atrás, foi o único inseto domesticado durante a pré-história.

Peru

Código

- Comida
- Alimentação animal
- Ciência
- Animais de estimação
- Esporte
- Trabalho
- Transporte
- Material
- Controle de pragas

Material
Pele, couro, tecidos, penas etc.

Bicho-da-seda

Transporte

Ganso

Trabalho
Serviços, lavoura, pastoreio, carga etc.

Elefante

Jumento

Esporte
Corrida, luta, caça etc.

Corvo-marinho

Mangusto cinza da Índia

Treinado para pegar peixes na China e no Japão

Controle de praga
e eliminação de resíduos

Comer restos e transformá-los em carne/leite/ovos é uma importante função de muitos animais domesticados.

140

Usado em pesquisas sobre a lepra.

Comida
Carne, leite e ovos

Alimentação animal

Criado por causa dos ovos (talvez você os conheça como caviar).

O único animal domesticado para fins medicinais, servindo como agente para a limpeza de ferimentos.

Caracol romano

Esturjão

Bicho-da-farinha

Ciência
Pesquisa, medicamentos

Alce

Tatu

Sanguessuga

Mosca-das-frutas

Pombo

Macacus

Hamster anão

Camundongo

Papagaio

Usado em pesquisas sobre a linguagem.

Camelo

Cabra

Gado

Grilo caseiro

Peixinho-dourado

Cachorro

Porco

Coelho

Porquinho-da-índia

Rela verde australiana

Gato

Peixe-zebra

Chinchila

Barata sibilante de Madagascar

Animais de estimação

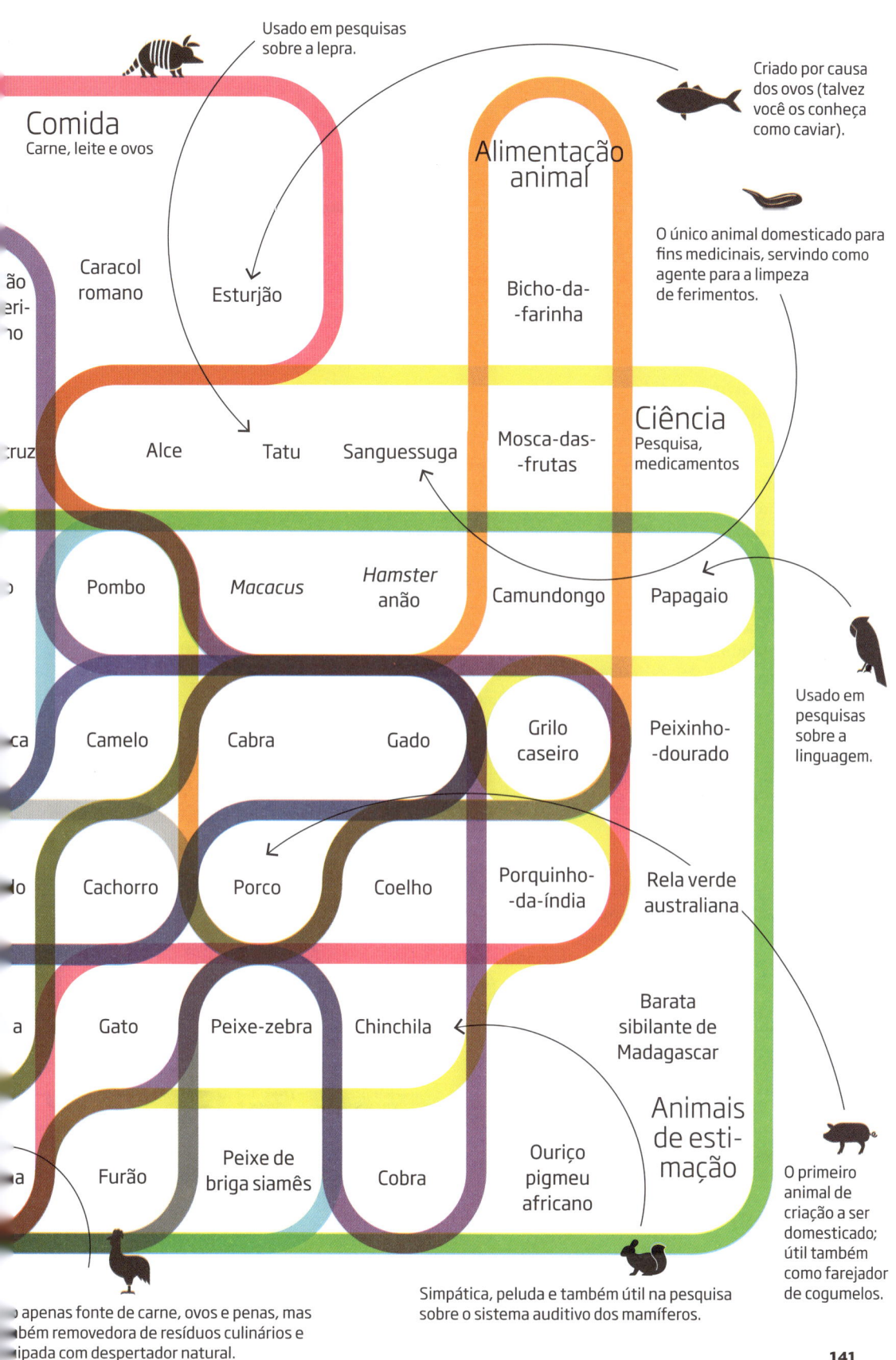

Furão

Peixe de briga siamês

Cobra

Ouriço pigmeu africano

O primeiro animal de criação a ser domesticado; útil também como farejador de cogumelos.

apenas fonte de carne, ovos e penas, mas também removedora de resíduos culinários e ipada com despertador natural.

Simpática, peluda e também útil na pesquisa sobre o sistema auditivo dos mamíferos.

141

Quando começamos a venerar deuses?

O povo hadza, da Tanzânia, não se preocupa muito com deuses. Têm mitos de origem e histórias sobrenaturais, mas seus sistemas de crenças são informais, e suas divindades distantes, impessoais e despreocupadas com a moralidade cotidiana.

Os hadza e outros grupos de caçadores-coletores são, muitas vezes, apresentados como modelos de como viviam nossos ancestrais distantes. Se isso está correto, faltava-lhes algo que tem ocupado lugar central no cotidiano da humanidade durante a maior parte da história registrada: a religião organizada.

Mesmo na época atual, cada vez mais secular, a maior parte das pessoas se identifica com alguma das principais religiões do mundo: cristianismo, islamismo, hinduísmo ou budismo, entre outras. Ao contrário da religião popular informal dos hadza, elas são caracterizadas por doutrina, rituais prescritos e estrutura hierárquica de poder. E estão entre as forças motrizes mais poderosas da história humana, tanto para o bem quanto para o mal. De onde vieram?

Nascidos crentes

Para começarmos a responder a essa pergunta, precisamos primeiro fazer uma pergunta diferente: por que, afinal, as pessoas são religiosas? Para muitos, a resposta é evidente: porque Deus existe. Seja verdade ou não, isso nos diz algo interessante sobre a natureza da crença religiosa. Para a maioria das pessoas, a crença em Deus é algo espontâneo, como ser capaz de respirar. Em anos recentes, cientistas trouxeram uma explicação de por que isso acontece. Chamada teoria do subproduto cognitivo, ela sustenta que os humanos "nascem crentes". Nosso cérebro estaria naturalmente inclinado a considerar as explicações religiosas atraentes e plausíveis.

Por exemplo, a evolução nos dotou de uma suposição-padrão de que tudo em nosso ambiente é causado por um ser senciente. Essa noção faz sentido evolutivo: nossos primeiros ancestrais eram atacados regularmente por predadores, e, quando uma agitação nos arbustos podia ser uma ameaça, era melhor errar pelo excesso de zelo. Mas ela também nos faz ver um ato proposital onde não há nenhum, nos faz presumir que o mundo que vemos ao nosso redor foi criado por alguém ou por alguma coisa, que tudo tem um propósito e que efeitos são sempre precedidos de causas. Isso, é claro, constitui o princípio central da maioria das religiões: um agente invisível é responsável por fazer e criar coisas no mundo.

Esta e outras tendências cognitivas inerentes aos seres humanos os fariam gravitar para crenças so-

---

Portal para a vida após a morte
Nunca saberemos no que acreditavam aqueles que construíram Göbekli Tepe e ali realizaram cultos, mas os arqueólogos têm algumas suposições. Um dos pontos de maior destaque do conjunto é o "portal das pedras", que parece ser a entrada e é decorado com muitas figuras de predadores e presas. Mais adiante há buracos grandes o bastante para as pessoas passarem engatinhando por eles, sugerindo que os visitantes poderiam fazê-lo como símbolo de nascimento ou morte. Além disso, os arqueólogos encontraram entre as ruínas do local muitos ossos, incluindo restos humanos e uma surpreendente abundância de restos de gralhas e corvos – pássaros conhecidos por serem atraídos por cadáveres. Essa é mais uma razão para acreditarmos que uma das funções da construção era abrigar rituais de morte – sem dúvida, um traço universal das religiões modernas.

brenaturais, como as dos hadza. Mas não explicam totalmente as origens das grandes religiões organizadas. O segredo dessas origens pode estar no topo de uma colina da Turquia, entre as ruínas do que é amplamente reconhecido como o templo mais antigo do mundo. Descoberto nos anos 1990, Göbekli Tepe é um labirinto de cercados circulares de pedra que chegam a ter 30 metros de diâmetro. No centro, há pares de colunas com 6 metros de altura rodeadas de estátuas menores em forma de T. Algumas estão gravadas com cintos e mantos, enquanto outras exibem entalhes grotescos de cobras, escorpiões e hienas.

É fácil entender por que os arqueólogos que escavaram Göbekli Tepe entenderam que se tratava de um complexo religioso. No entanto, para dar solidez a essa ideia, tiveram de desafiar uma estrita ortodoxia sobre a origem da religião organizada: de que ela seria um dos produtos da revolução neolítica.

Gente de aldeia

Em poucas palavras, a ideia é que, cerca de 10 mil anos atrás, os humanos começaram a abandonar o estilo de vida nômade e a se estabelecer em comunidades agrárias permanentes. Em torno de 8.300 anos atrás, as pessoas no Levante dominavam todo o pacote das tecnologias neolíticas – agricultura, animais domesticados, cerâmica – e estavam estabelecidas em aldeias. Também se presume que tenham possuído religião organizada, e a invenção de tais religiões é, na verdade, vista como crucial para o sucesso dessas comunidades. Antes da transição, os humanos viviam em grupos familiares pequenos e íntimos. Mais tarde, passaram a viver, em muitos casos, entre estranhos com quem não tinham grau algum de parentesco, o que requeria níveis sem precedentes de confiança e cooperação.

Na Biologia evolutiva, confiança e cooperação são, em geral, explicadas de duas maneiras: parentes ajudando uns aos outros e altruísmo recíproco, do tipo "você coça minhas costas e eu coço as suas". Mas nenhuma das duas explicações dão conta das razões para a cooperação entre grandes grupos de seres humanos sem relação uns com os outros. Com chances cada vez maiores de conhecer estranhos, as oportunidades de cooperação entre parentes declinam. O altruísmo recíproco também para de dar frutos.

É onde entra a religião. Muitas religiões atuais encorajam a cooperação e o altruísmo, e há razões para crer que algumas de suas primeiras variantes fizessem o mesmo.

Religiões com essas características teriam ajudado a vincular pessoas não aparentadas a comunidades compartilhadas, agindo como a cola social que mantinha unidas as novas e frágeis sociedades. Esses grupos teriam se tornado maiores que os vizinhos, passando a ter mais sucesso na busca por recursos. À medida que avançavam, tais grupos levavam consigo suas religiões. A maioria de nós está agora, pelo menos vagamente, conectada a uma dessas religiões extremamente bem-sucedidas.

O problema com Göbekli Tepe é que ele é antigo demais para se encaixar nessa história. As construções mais antigas do local remontam a 11.500 anos, época em que as pessoas ainda estavam caçando e fazendo coleta. Nenhum traço de agricultura foi encontrado no local e também não há indício de qualquer tipo de assentamento permanente. É claro, no entanto, que Göbekli Tepe foi criado por uma sociedade sofisticada, capaz de mobilizar o trabalho de grande número de pessoas. Os vestígios também sugerem, de maneira enfática, que tal sociedade teve um sistema comum de crenças e rituais que seus membros, reunidos em Göbekli Tepe, reviviam e compartilhavam. Em outras palavras, tiveram os ornamentos de uma religião organizada.

A descoberta de Göbekli Tepe – e outros complexos com monumentos semelhantes nas proximidades, alguns ainda mais antigos – pôs a ortodoxia de cabeça para baixo. Em vez de a agricultura ter criado condições férteis para a religião organizada ganhar raízes, parece que aconteceu o contrário. Foram reuniões rituais, e não a agricultura, que agruparam, inicialmente, as pessoas em uma sociedade maior. E o gatilho para o desenvolvimento da agricultura pode ter sido a necessidade de alimentar as pessoas nessas reuniões. De maneira reveladora, trabalhos genéticos recentes situam a origem do trigo doméstico em um local muito próximo a Göbekli Tepe.

143

A ORIGEM DE (QUASE) TODAS AS COISAS → CIVILIZAÇÃO → INACREDITÁVEL!

Inacreditável!

Histórias religiosas estão cheias de "entidades sobrenaturais o menos absurdas possível": pessoas, animais, plantas, artefatos e objetos naturais que violam nossas expectativas intuitivas de como tais coisas se comportam. São, sem dúvida, histórias extremamente memoráveis e estranhamente plausíveis.

	Pessoa	**Animal**
Violação da... Física	**Jesus** Um homem que caminha sobre a água.	**A 8ª praga do Egito** Uma praga de gafanhotos que bloqueia o Sol.
Violação da... Biologia	**Lázaro** Uma pessoa morta que volta a viver.	**Livro de Jonas** Uma baleia que pode engolir um ser humano inteiro.
Violação da... Psicologia	**Jesus** Alguém que conhece o futuro.	**Jardim do Éden** Uma cobra capaz de falar.

As entidades minimamente absurdas só violam uma expectativa. Se violarem mais – digamos, uma cobra que pode falar e voar –, deixarão de ser tão inesquecíveis ou dignas de crédito.

Estes exemplos são do Antigo e do Novo Testamento, mas outras religiões, contos folclóricos e até mesmo romances, como *O Senhor dos Anéis* e *Harry Potter*, estão cheios de entidades o menos absurdas possível.

Planta	Artefato	Objeto natural
arbusto queimando Um arbusto em chamas que não queima.	**Milagre de Jesus** A água que se transforma em vinho.	**Êxodo** Um mar que se abre.
ara de Aarão Flores que brotam de um cajado.	**Milagre de Jesus** Dois peixes e cinco pães que alimentam 5 mil pessoas.	**A 1ª praga do Egito** Um rio que se transforma em sangue.
rvore do conhecimento Uma árvore que sabe coisas.	**Dez mandamentos** Tábuas de pedra que dizem às pessoas o que fazer.	**Estrela de Belém** Uma estrela que indica o caminho.

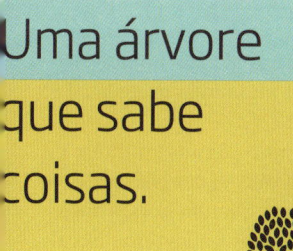

Quando começamos a ficar bêbados?

Qual é o seu veneno? Se você é um ser humano típico, só há uma resposta a essa pergunta: etanol. Esse líquido tóxico e inebriante faz parte da cultura humana há milênios, para o melhor e para o pior. Culturas antigas por todo o mundo tropeçaram na receita do álcool e depois cambalearam de um lado para o outro num estupor embriagado. Os únicos povos que não descobriram a fermentação foram os indígenas do Ártico, da Tierra del Fuego e da Austrália. Fermentamos praticamente tudo que pode ser fermentado para produzir etanol: uvas, grãos, maçãs, peras, mel, arroz, leite, seiva de árvores, urtigas, cascas de batata. Tudo que precisamos para nos divertir é um pouco de açúcar, alguma levedura e um pouquinho de paciência.

As origens do nosso interesse pelo etanol estão localizadas em um passado muito remoto. A mais antiga bebida alcoólica conhecida é mais ou menos tão velha quanto a agricultura. Mas nossa associação com o etanol é muito, muito anterior a isso.

Os seres humanos não são a única espécie que gosta de um trago. Moscas-das-frutas comem fruta fermentada, aparentemente sem que isso afete seu comportamento. Outros animais ficam visivelmente embriagados: os pássaros ampélis foram vistos batendo nos galhos das árvores ou colidindo com edifícios depois de comer bagas fermentadas. Os elefantes são famosos pelo alvoroço que provocam com suas bebedeiras. Em um episódio trágico, em Assam, na Índia, uma manada de elefantes tropeçou em barris de chope, bebeu toda a carga e depois pisoteou algumas pessoas, matando pelo menos seis delas.

Entre nossos primos primatas, os macacos vervet da ilha caribenha de St. Kitts são conhecidos por roubar coquetéis, enquanto lêmures da selva da Malásia são usuários frequentes, tomando tragos diários do néctar fermentado da palmeira bertam. Na Guiné, chimpanzés selvagens foram observados ficando de porre com vinho de palma.

Esse tipo de comportamento pode ser rastreado até a evolução das plantas frutíferas, há cerca de 130 milhões de anos, quando nossos ancestrais eram pouco mais que pequenos musaranhos quando comparados aos dinossauros. Os primeiros mamíferos se aproveitaram dessa nova fonte de alimento, assim como os micro-organismos. Um gênero de leveduras que adoram frutas, chamadas *saccharomyces* ("fungo do açúcar", em grego), surgiu e desenvolveu rapidamente uma adaptação sorrateira. Em vez de decompor o açúcar da fruta por completo, elas adquiriram a capacidade de quebrá-lo parcialmente, produzindo etanol. Isso era menos eficiente para liberar energia, mas tinha a vantagem de envenenar outros micro-organismos que também gostavam de se alimentar da fruta.

Aroma de fruta

Como as *saccharomyces* tinham se alimentado de frutas maduras, o cheiro de etanol era sinal de que as frutas estavam prontas para serem comidas. A seleção natural favoreceu então mamíferos que comiam frutas e podiam usar o cheiro do etanol para localizar a comida nutritiva. Os que gostavam do sabor da fruta fermentando teriam superado os que não gostavam, e, assim, uma simpatia pelo gosto e pelos efeitos psicoativos do álcool tornaram-se parte da constituição biológica de nossos ancestrais primatas. Foi amor ao primeiro gole.

Se avançarmos rápido alguns milhões de anos, uma simpatia pelo álcool também pode ter proporcionado benefícios quando nossos ancestrais começaram a trabalhar na lavoura. No alvorecer da agricultura, cerca de 10 mil anos atrás, o povo de pequenos assentamentos começou a fermentar alimentos e bebidas. Isso teria permitido a eles preservar um excedente de grãos, em essência por terem favorecido leveduras em vez de bactérias, que estragam a comida. Essa prática teria até mesmo tornado o grão mais nutritivo, porque a fermentação produz nutrientes, incluindo vitaminas do complexo B.

A fermentação também proporcionava uma maneira de esterilizar líquidos. Nas condições insalubres enfrentadas pelas primeiras comunidades assentadas, as bebidas fermentadas eram mais seguras que a água. O consumo de álcool também pode ter ajudado a tornar mais brandas as interações sociais, que teriam se tornado mais complexas à medida que as comunidades cresciam.

E como foi que aprendemos a produzir álcool? Talvez os primeiros agricultores tenham tropeçado por acaso na receita quando o trigo e a cevada armazenados foram contaminados por leveduras *saccharomyces*. Alguns antropólogos suspeitam que no início cultivávamos cereais para fermentação, não como alimento. A cerveja, ao que parece, surgiu antes do pão.

As uvas foram domesticadas mais tarde e, graças ao fungo que cresce em sua casca, teriam fermentado naturalmente em vinho quando deixadas no Sol. Os vestígios mais antigos de verdadeiras bebidas alcoólicas confirmam sua antiguidade, encontrados como resíduos no interior de potes de 9 mil anos de idade, vindos de um local chamado Jiahu, próximo do Rio Amarelo, na China. Testes químicos mostram que os resíduos contêm uma mistura fermentada de arroz, espinheiro, uvas e mel.

Vinhos velhos em garrafas velhas

Também foram encontrados em fragmentos de cerâmica resíduos do vinho mais antigo, uma mistura de uvas fermentadas e resina encontrada no sítio arqueológico de Hajji Firuz Tepe, no Irã, que tem 7 mil anos. A primeira evidência química da cerveja vem da mesma região, 1.500 anos mais tarde. Coquetéis também entravam no menu: 3 mil anos atrás, os gregos da Idade do Bronze bebiam uma mistura de vinho, cerveja e hidromel. Muitos desses drinques antigos têm sido recriados por arqueólogos biomoleculares. Dizem que alguns são bastante saborosos.

Como quer que a fermentação tenha sido descoberta, as pessoas logo tomaram consciência de que

Chocólatras anônimos

Até abstêmios têm razão para brindar em homenagem à invenção da birita: o chocolate. Centro-americanos – os que prosperavam na América Central antes da chegada espanhola – desenvolveram-no como subproduto da fabricação do álcool.

O sabor do chocolate só aparece quando a polpa aguada da fruta e as sementes do cacau cru são fermentadas juntas. Não é fácil imaginar como os centro-americanos descobriram o processo, a não ser que estivessem fermentando a fruta por outra razão. E era exatamente o que estavam fazendo para preparar uma bebida chamada chicha. É provável que o passo crucial tenha ocorrido quando os produtores de chicha moeram as sementes de cacau que sobraram da fermentação, adicionaram-nas para engrossar a cerveja e descobriram que elas adicionavam à mistura um agradável sabor achocolatado.

se tratava de um presente que continuava dando frutos. Poderíamos reproduzi-lo quantas vezes quiséssemos simplesmente pegando uma amostra de um lote vivo e usando-a para inocular um novo material.

A levedura do cervejeiro mudou muitas vezes quando a agricultura se propagou e diferentes culturas humanas emergiram. Surgiram novas formas associadas à fabricação de cerveja e à produção de vinhos em diferentes regiões. Algumas foram reaproveitadas, como leveduras de pão.

A fermentação, no entanto, tem seus limites. A levedura acaba sendo vítima do próprio desperdício. As mais fortes bebidas fermentadas têm apenas cerca de 15% de álcool por volume. Contudo, a invenção da destilação na China, cerca de mil anos atrás, resolveu esse problema, permitindo que os drinques fermentados fossem transformados em bebida destilada. Saúde!

A ORIGEM DE (QUASE) TODAS AS COISAS → CIVILIZAÇÃO → ESTRANHAS INFUSÕES

Estranhas infusões

Os povos antigos fermentavam bebidas alcoólicas a partir de muitas coisas diferentes, o que levou a algumas invenções peculiares.

fruto do espinheiro

uvas

refeição de cevada

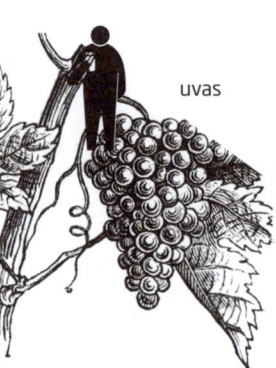

murta-do-pântano

vinho de acerola

arroz *mel*

uvas

Resina da árvore da terebintina, que teria funcionado como conservante, mas tem gosto de removedor de tinta.

uvas

queijo de cabra

cera de abelha

CHINA
Cerveja neolítica
9 mil anos atrás

A mais antiga bebida alcoólica conhecida foi feita pelos primeiros agricultores de Jiahu, na China, 9 mil anos atrás, usando frutas, arroz e mel como fontes de açúcar. A mais antiga cerâmica desta parte da China data da mesma época. Coincidência?

IRÃ
MUITO antigo
7.400 anos atrás

O mais antigo vinho conhecido fermentado de uvas foi feito por aldeões neolíticos nas Montanhas Zagros. Pode ter sido vinho branco, pois não há traços de taninos. A mais antiga evidência de cerveja vem da mesma região, cerca de 1.500 anos mais tarde.

GRÉCIA
Cabra grogue
Século IX a.C.

Na *Ilíada*, Homero descreve uma bebida de vinho tinto acompanhada de queijo de cabra ralado e refeição de cevada. Pequenos raladores de queijo feitos de bronze foram encontrados nas sepulturas de soldados gregos que datam do século IX a.C.

DINAMARCA
Coquetel da Idade do Bronze
3.370 anos atrás

Uma mistura de cerveja, hidromel e vinho temperados com ervas. Foi encontrada em um balde com bétulas enterrado no túmulo de uma mulher em Egtved, Dinamarca. Misturas de vinho, hidromel e cerveja também eram conhecidas na Grécia e na Escócia em torno de 3 mil anos atrás.

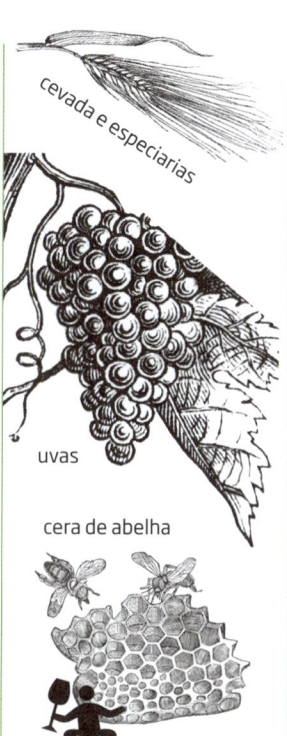

cevada e especiarias

uvas

cera de abelha

ANATÓLIA
Bebedeiras frígias
2.700 anos atrás

O lendário rei Midas foi uma pessoa real que governou o reino anatólio da Frígia. Quando morreu, foi enterrado com jarros de bebida feita de cera de abelha, uvas, cevada e especiarias. Vamos torcer para o rei não ter tocado nas coisas.

cevada e trigo

farinha de avelã

mirra

romã

ITÁLIA
Cerveja etrusca
2.800 anos atrás

Os habitantes etruscos da Itália central eram peritos produtores de cerveja e vinho. Preparavam cerveja da cevada e do trigo e também faziam vinho batizado com alecrim, o que parece ter inspirado os franceses a entrarem na fabricação do vinho.

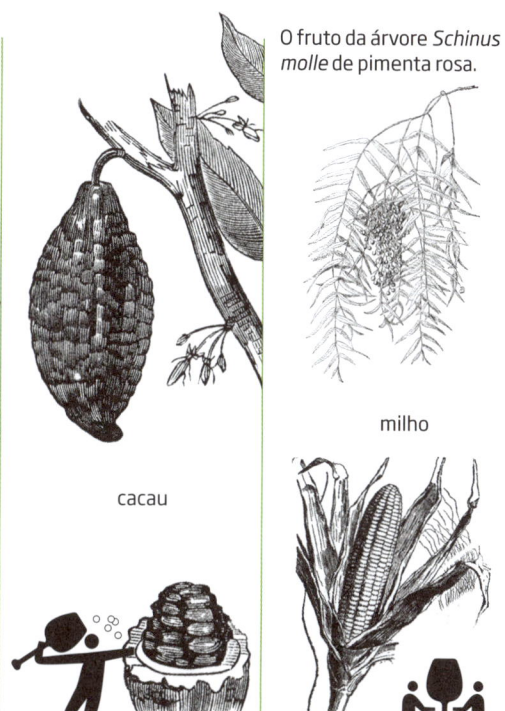

cacau

HONDURAS
Chicha de chocolate
1.200 anos atrás

Centro-americanos pré--colombianos fabricavam uma cerveja de milho chamada chicha. E era aromatizada com substâncias de origem vegetal, entre elas o cacau. O processo de fermentação pode ter levado à invenção do chocolate.

O fruto da árvore *Schinus molle* de pimenta rosa.

milho

ANDES PERUANOS
Molho picante
Mil anos atrás

O povo wari, outra civilização pré--inca, gostava de sua cerveja de milho quente e picante. Um dos ingredientes, a pimenta rosa, não corresponde à pimenta verdadeira, mas tem sabor semelhante.

A ORIGEM DE (QUASE) TODAS AS COISAS → CIVILIZAÇÃO → POR QUE PRECISAMOS DE TANTA COISA?

Por que precisamos de tanta coisa?

Em um de seus momentos mais idealistas, John Lennon nos pediu para imaginar a vida sem posses.

Experimente: não é fácil, é? De fato, é quase inimaginável. Sem roupas, sem um teto sobre nossa cabeça, sem alguns utensílios para cozinhar e sem suprimento de água limpa, mal poderíamos sobreviver. Tente imaginar a vida sem uma cama, um banho, toalhas, lâmpadas e sabão – para não mencionar prazeres, luxos e objetos que têm valor sentimental para nós. As posses nos definem como espécie; uma vida sem elas dificilmente seria reconhecível como humana.

Nossos parentes vivos mais próximos não se importam com nada disso. Os chimpanzés empregam ferramentas improvisadas e constroem locais para dormir, mas os abandonam depois de usá-los uma só vez. A maioria dos outros animais sobrevive sem qualquer tipo de posse.

Como evoluímos de macacos, sem nada que os prendam a um local, para humanos cercado de bens? Responder a essa pergunta não é fácil. Para começar, traçar uma linha entre "posses" e "não posses" não é tão simples: você possui a terra do seu jardim, por exemplo, ou a água nas suas torneiras? E quando descarta alguma coisa, quando ela deixa de ser sua? Além do mais, é improvável que certos objetos que nossos ancestrais possam ter possuído – peles de animais ou ferramentas de madeira – tenham sobrevivido no registro arqueológico.

Existem, no entanto, algumas pistas sobre as primeiras posses da humanidade. As primeiras ferramentas de pedra, fabricadas cerca de 3,3 milhões de anos atrás, são um lugar óbvio para começar. Foram projetadas para fazer um trabalho e devem ter ficado algum tempo nas mãos de um indivíduo. Contudo, eram extremamente simples e descartáveis, como as ferramentas dos chimpanzés.

É meu!

Mas uma noção de propriedade deve ter começado a se desenvolver quando as ferramentas se tornaram mais sofisticadas e mais difíceis de serem produzidas. As ferramentas se tornaram as primeiras posses reais – itens valorizados pelo proprietário, que ficavam determinado período de tempo em seu poder e eram reconhecidos por outros como pertencentes a ele (e possivelmente invejados). O conceito de propriedade realmente decolou com o

Propriedades animais

Em 1776, o filósofo Adam Smith observou um fato curioso acerca dos animais: eles aparentemente não possuem coisas. "Ninguém jamais viu um cachorro fazendo com outro cachorro uma troca justa e proposital de ossos." Sob muitos aspectos, ele estava certo. Só os humanos têm um complexo sistema de propriedade. Mas é possível que alguns animais tenham posses: pássaros têm ninhos e castores têm barragens. Esquilos e maçaricos escondem comida. Pássaros-construtores colecionam objetos brilhantes e coloridos para atrair parceiras. E muitos animais defendem territórios. Mas nenhum desses comportamentos chega perto da sofisticação da propriedade humana. A razão é simples: linguagem. Sem palavras, regras compreendidas por todos e instituições para aplicá-las, não podem existir. A posse é nove décimos da lei – e a lei é feita de palavras.

advento da lança e de pontas de flechas, que apareceram pela primeira vez na África, há pelo menos 300 mil anos. Caçadores as teriam recuperado após as matanças e as usado repetidas vezes.

Outra importante posse inicial foi provavelmente o fogo.

Alguns grupos contemporâneos de caçadores-coletores carregam brasas consigo, podendo assim se considerar "possuidores" do fogo. Talvez nossos ancestrais tenham feito o mesmo. As primeiras evidências convincentes de uso controlado do fogo datam de cerca de 800 mil anos atrás.

As roupas também figuram entre as primeiras posses. Evidências genéticas de piolhos no corpo sugerem que começamos a nos agasalhar por volta de 70 mil anos atrás.

É presumível que, depois que passamos a dispor do fogo, das roupas e de ferramentas sofisticadas, tenhamos começado a depender deles para a sobrevivência – em especial após colonizarmos climas mais frios. Nossos pertences passaram a fazer parte de nosso "fenótipo estendido", tão crucial para a sobrevivência como uma barragem para um castor.

Consumo conspícuo

Com o tempo, houve outro salto adiante. Os objetos tornaram-se valorizados não apenas pela utilidade, mas também como bens de prestígio para anunciar a qualificação ou condição social do proprietário. Vez ou outra, certos objetos se tornavam valiosos apenas por essas razões – joias, por exemplo. A evidência mais antiga disso é um pequeno número de contas de concha de 100 mil anos encontradas em Israel e na Argélia.

Está claro que dezenas de milhares de anos atrás a relação entre pessoas e objetos evoluíra além do valor de utilidade e sobrevivência.

Mas a quantidade de coisas que as pessoas eram capazes de acumular era restringida pelo estilo de vida nômade, o que levou alguns arqueólogos a especular que mochilas e bolsas para carregar bebês possam ter estado entre nossas posses mais antigas e mais transformadoras. Bolsas permitem que as pessoas acumulem mais coisas do que podem levar nas mãos e carregar esses pertences de um lado para o outro. Infelizmente, são feitas de material biodegradável, por isso não temos ideia de quando foram inventadas. As mais antigas que conhecemos têm cerca de 4 mil anos.

Tudo se alterou com a mudança para um estilo de vida sedentário. Depois que as pessoas optaram por viver em lugares determinados, suas posses começaram a se acumular. Esse estilo de vida também anunciava uma nova forma de sociedade e economia. Os grupos tornaram-se maiores e foram desenvolvidas hierarquias, com o *status* de indivíduos importantes reforçado por bens de prestígio, como roupas finas e joias. Alguns arqueólogos sustentam que as sociedades não poderiam ter se tornado complexas e hierárquicas sem a "cultura material" a elas associada.

Desejo de acumular

Essa mudança para o sedentarismo impeliu o materialismo para outro caminho. Ao se fixarem, as pessoas tornavam-se mais suscetíveis a desastres ambientais, o que alimentava uma ânsia de acumular bens como se fossem uma apólice de seguro. Outra apólice era desenvolver relações com grupos vizinhos. A troca de bens não necessários podia lubrificar esses relacionamentos. Por fim, quando as sociedades ficaram ainda maiores e mais complexas, os bens materiais tornaram-se um suprimento de riqueza. O comércio desses bens acabou levando ao desenvolvimento do dinheiro.

Existem hoje vários grupos no mundo que não vivem em sociedades grandes e complexas e que têm pouquíssimos bens. O povo hazda, da Tanzânia, por exemplo, tem poucos bens materiais e cultura de compartilhamento obrigatório. Mas a grande maioria das pessoas não vive assim e, como resultado, está cercada de coisas e possui um desejo aparentemente insaciável por mais.

Então, quais são as chances de acabar com o hábito humano de possuir em excesso? Quando consideramos nossa dependência de coisas para sobreviver e sinalizar *status* social, não parece provável que isso possa acontecer. Mas vale o sonho.

A ORIGEM DE (QUASE) TODAS AS COISAS → CIVILIZAÇÃO → VOCÊ É O QUE TEM

Você é o que tem

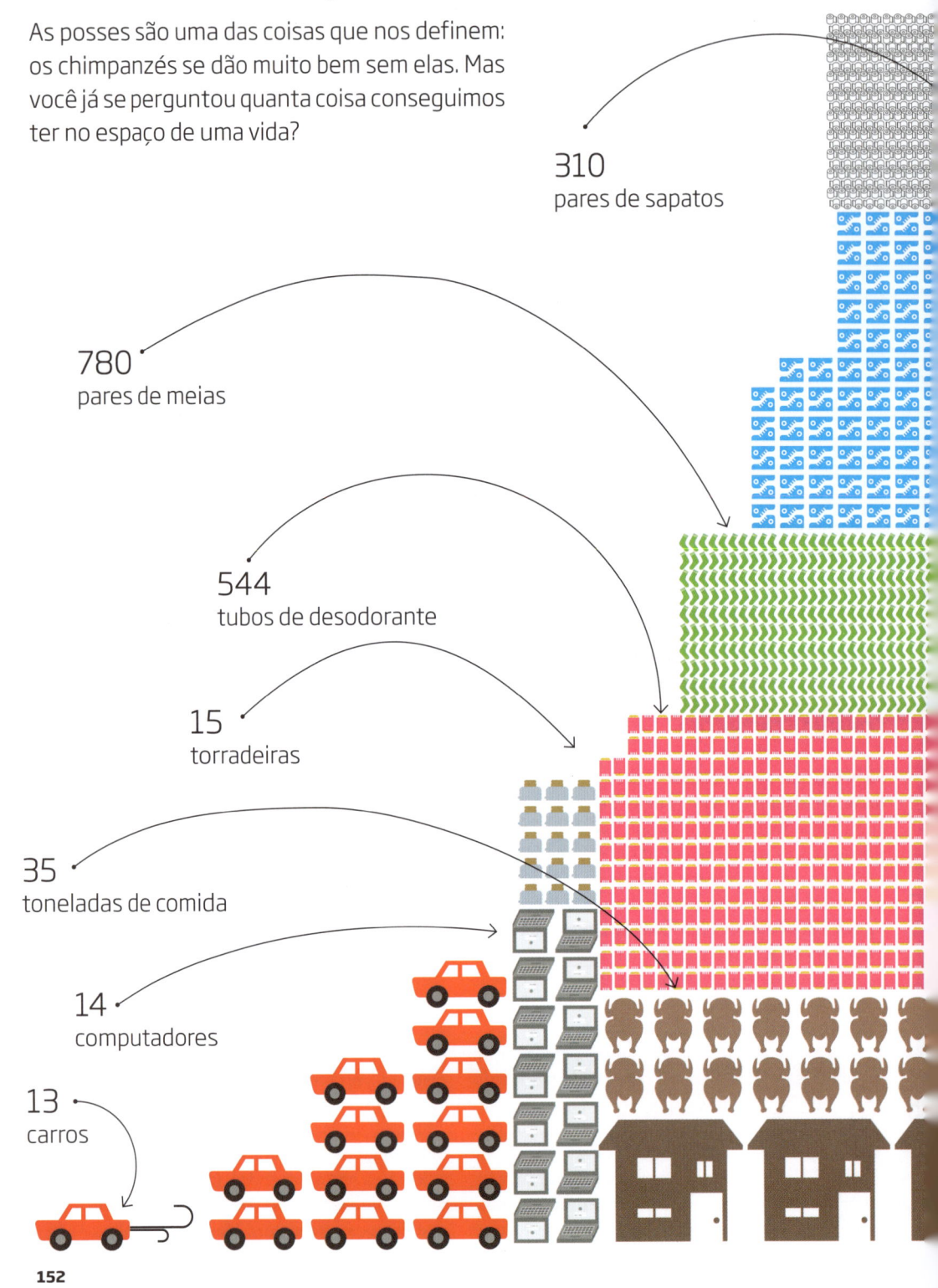

As posses são uma das coisas que nos definem: os chimpanzés se dão muito bem sem elas. Mas você já se perguntou quanta coisa conseguimos ter no espaço de uma vida?

310 pares de sapatos

780 pares de meias

544 tubos de desodorante

15 torradeiras

35 toneladas de comida

14 computadores

13 carros

650 mil
rolos de papel higiênico
🧻 = 20 ROLOS

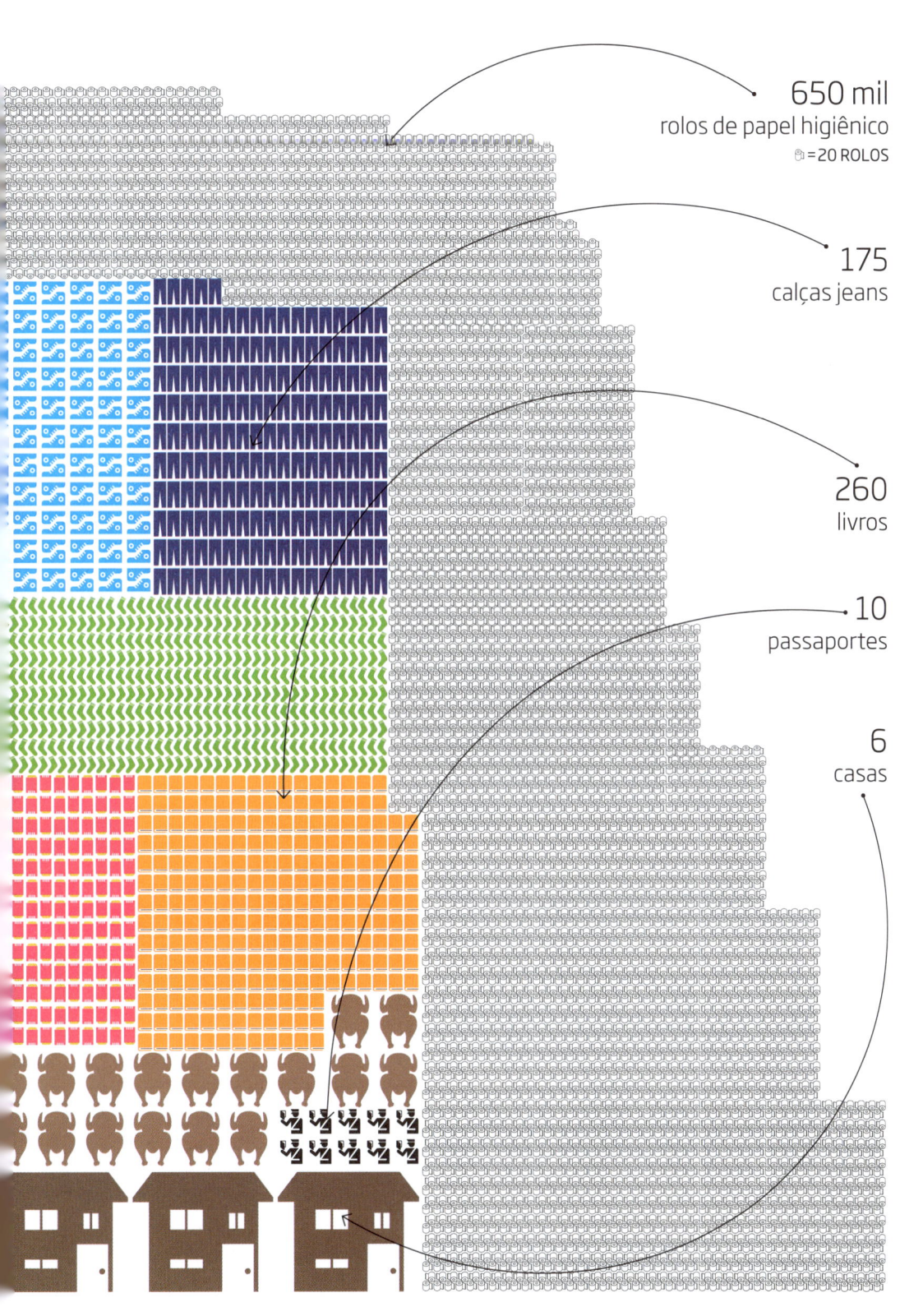

175
calças jeans

260
livros

10
passaportes

6
casas

A ORIGEM DE (QUASE) TODAS AS COISAS → CIVILIZAÇÃO → QUANDO TROCAMOS NOSSO PELO POR ROUPAS?

Quando trocamos nosso pelo por roupas?

Os humanos diferem dos outros grandes símios sob muitos aspectos, mas um dos mais marcantes é nossa aparência quando estamos nus. Chimpanzés, bonobos, gorilas e orangotangos são quase totalmente peludos. Nós somos quase por completo desprovidos de pelos. Claro, como é raro vermos uns aos outros nus, tendemos a não reparar como somos sem pelos. O fato é que usamos habitualmente roupas, como se perder o pelo que cobria nossos primeiros ancestrais tivesse sido um grande erro.

Sob certos aspectos, foi. Os seres humanos evoluíram na África, onde manter o corpo refrescado era um desafio maior que mantê-lo quente. A falta de pelos teria sido uma vantagem nesse ambiente, em especial considerando que nosso sistema de refrigeração é o suor, que não funciona bem quando estamos cobertos de pelo. Mas, quando ficamos sem pelos, nossos horizontes se estreitaram. Se tivéssemos avançado muito para o norte ou para o sul, o ambiente teria ficado severo demais para sobrevivermos.

Isso, é claro, não é mais um problema. Os humanos modernos estão distribuídos por todo o globo. Uma das tecnologias que possibilitaram essa conquista foi o vestuário (o fogo e os abrigos que construímos também ajudaram muito, mas não são tão fáceis de transportar quanto uma blusa de moletom). A roupa também atende a outros objetivos, além de nos manter quentes e secos. Ela é importante símbolo social, transmitindo mensagens sobre quem somos.

Vista uma roupa quente

A origem da roupa, então, foi um acontecimento importante na pré-história humana. Infelizmente, também está envolta em mistério. A roupa é feita de material biodegradável – lã, peles, couro, fibras vegetais – e não costuma sobreviver ao tempo. Os mais velhos itens conhecidos de vestuário têm apenas alguns milhares de anos, mas sabemos que os seres humanos já usavam roupas muito antes disso: os siberianos que entraram no Alasca pela ponte terrestre de Beríngia, 15 mil anos atrás, no pico da última era glacial, provavelmente andavam vestidos. Recuando ainda mais no tempo, é difícil ima-

Calçado e preparado

O sapato intacto mais antigo data de cerca de 5.500 anos atrás. Foi encontrado em uma caverna da Armênia e é feito de uma única peça de couro de vaca amarrado com um cordão de couro. Os sapatos, no entanto, devem ter sido inventados mais cedo, e evidências indiretas dão respaldo a isso. Ossos de dedos de pés de 40 mil anos atrás achados em uma caverna da China revelam indícios de terem pertencido a alguém que usava sapatos de forma habitual.

Arqueólogos mediram a forma e a densidade dos ossos e os compararam com ossos de americanos do século XX, de inuítes do final da pré-história e de outros americanos nativos pré-históricos. Sapatos alteram nosso modo de andar. Os dedos se dobram muito menos, e os ossos experimentam menos força, o que leva a reveladoras diferenças anatômicas. Os pés dos modernos usuários de sapatos possuem dedos pequenos e frágeis, enquanto os americanos nativos que andavam descalços tinham dedos fortes, grandes. Inuítes que usavam sapatos situam-se em algum ponto entre os dois grupos. Os ossos chineses lembravam muito os dos inuítes, indicando que seus donos usavam sapatos regularmente.

Um velho sapato marrom, produzido 5.500 anos atrás.

ginar pessoas colonizando a Europa, 40 mil anos atrás, sem algo para mantê-las aquecidas.

Evidências arqueológicas nos informam que a roupa é provavelmente uma invenção antiga. Pinturas rupestres na França que mostram pessoas usando roupas foram datadas em 15 mil anos atrás, mas sua autenticidade foi posta em dúvida. As agulhas de costura mais antigas têm cerca de 40 mil anos, e raspadores para preparar peles de animais datam de meio milhão de anos, mas ambos podem ter sido usados para finalidades distintas da confecção de roupas. Quanto à época em que nossos ancestrais perderam os pelos, os indícios são ainda menos sólidos.

Felizmente, não precisamos da Arqueologia. Tanto andar nu quanto usar roupas foram datados com base em uma fonte um tanto improvável: piolhos. Para a maior parte das espécies de mamíferos, eles são um irritante fato da vida. A maioria dos primatas é infestada por uma variedade única, especializada, embora orangotangos e gibões, de alguma maneira, consigam escapar deles. Mas nós, humanos, com nossos cabelos despenteados e nossas roupas, somos abençoadas por três tipos: piolhos na cabeça, piolhos pubianos e piolhos das roupas, todos se alimentando de sangue. Somos os símios mais piolhentos. O lado bom disso é que esses insetos têm histórias para contar sobre nosso passado.

A primeira diz respeito à falta de pelos. Podemos presumir que também tivemos, um dia, uma única espécie de piolho ocupando nossos pelos, que se estendia da cabeça aos pés em um mesmo *habitat*. Eles foram os ancestrais do piolho moderno, o *Pediculus humanus*. Como perdemos a maior parte do pelo do corpo, seu *habitat* se encolheu. Mas apareceu um novo: os pelos pubianos. Esses pelos são mais ásperos que o da cabeça e espessos demais para o piolho fraco e delicado do couro cabeludo se apegar a ele. A espécie que se aproveitou foi a *Pthirus pubis*, o piolho pubiano. Eles são muito maiores e mais robustos que os piolhos da cabeça (e têm o apelido de *chatos*). Também gostam de viver na barba e no bigode, nas sobrancelhas, nos pelos das axilas e do peito e, vez por outra, na cabeça.

Podemos achar que o piolho pubiano se desenvolveu do piolho da cabeça, mas não foi o que aconteceu: seu parente vivo mais próximo é o piolho dos gorilas, o *Pthirus gorillae*. A certa altura, no passado, essa espécie saltou dos gorilas para os humanos. Como isso aconteceu exatamente é um tópico delicado: não precisamos entrar nos detalhes. Mas a genética nos conta que as duas espécies de piolhos divergiram cerca de 3,3 milhões de anos atrás, sugerindo que nossos ancestrais já haviam, então, isolado o pelo da cabeça do pelo pubiano. Isso acontece incrivelmente cedo, muito antes de se desenvolver o *Homo sapiens*. Nunca fomos peludos.

Fios da meada

E quanto às roupas? Quando começaram a cobrir sua nudez, os humanos pré-históricos criaram um novo nicho para os piolhos. Desta vez, o piolho da cabeça tomou a frente. Os piolhos da roupa são maiores e mais resistentes que os da cabeça, mas não há dúvida de que os dois estão intimamente relacionados.

Ainda assim, as diferenças entre eles são grandes o bastante para usarmos a genética e definir uma data para sua divergência. Análise recente concluiu que um ancestral comum das duas espécies de piolhos viveu há pelo menos 83 mil anos, talvez 170 mil anos. Parece que nossos ancestrais começaram a usar roupas antes de começarem a migrar da África para ocupar o mundo. Se assim foi, é tentador especular que a roupa foi um dos avanços tecnológicos que lhes permitiu fazer isso.

Como eram exatamente as primeiras roupas ou de que tipo de material eram feitas é uma incógnita. Mas, como sua invenção coincidiu com as primeiras movimentações da cultura simbólica, é razoável supor que a funcionalidade logo se fez acompanhar pela extravagância e moda. Belas peles, mas com elas vieram os piolhos.

A ORIGEM DE (QUASE) TODAS AS COISAS → CIVILIZAÇÃO → SOBRE HOMENS E PIOLHOS

Sobre homens e piolhos

A história evolutiva dos piolhos nos fornece informações sobre nossa própria evolução, inclusive sobre quando perdemos o pelo do corpo, começamos a usar roupas... e talvez tenhamos exagerado um pouco na intimidade com algum gorila.

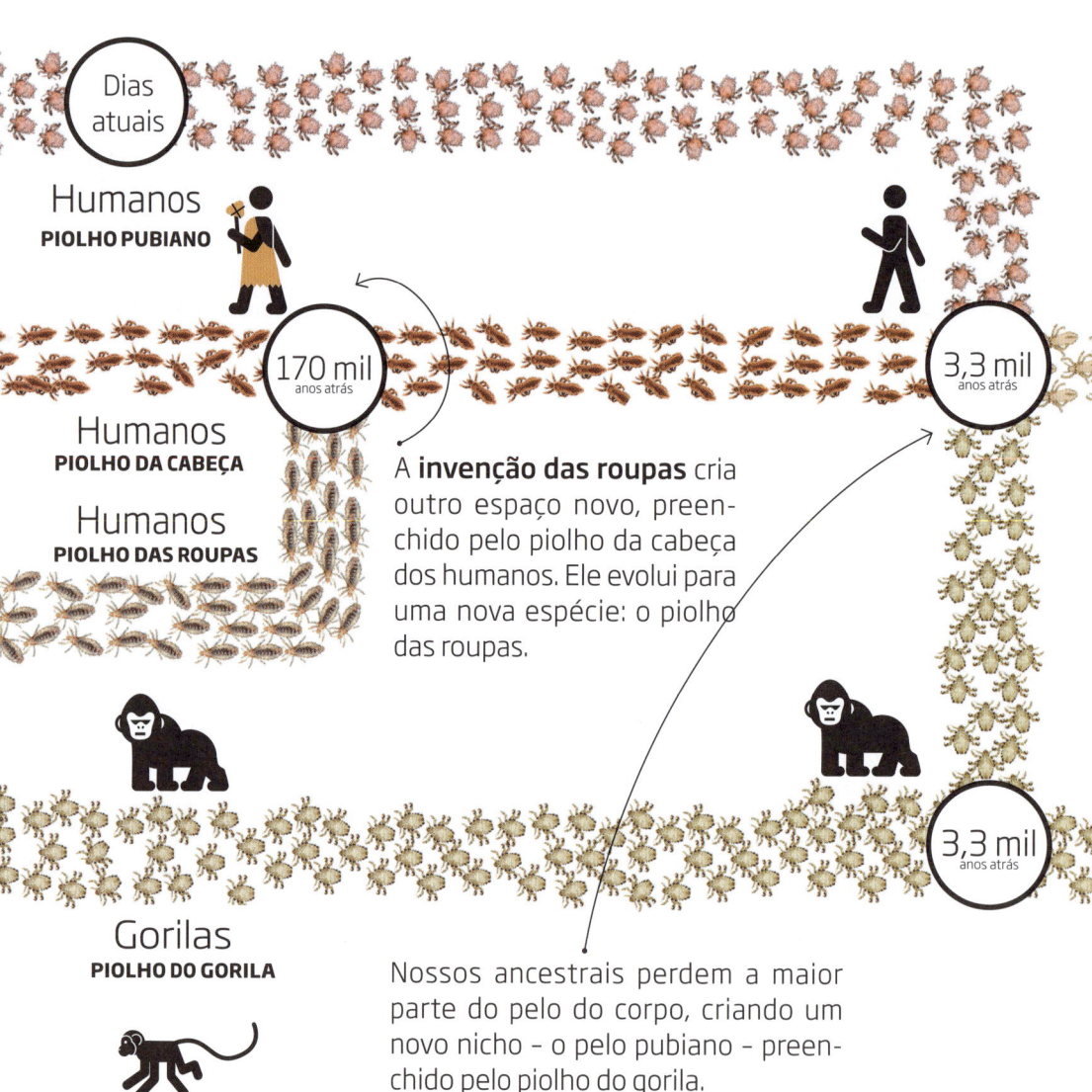

Dias atuais

Humanos
PIOLHO PUBIANO

170 mil anos atrás

Humanos
PIOLHO DA CABEÇA

Humanos
PIOLHO DAS ROUPAS

3,3 mil anos atrás

A **invenção das roupas** cria outro espaço novo, preenchido pelo piolho da cabeça dos humanos. Ele evolui para uma nova espécie: o piolho das roupas.

3,3 mil anos atrás

Gorilas
PIOLHO DO GORILA

Nossos ancestrais perdem a maior parte do pelo do corpo, criando um novo nicho – o pelo pubiano – preenchido pelo piolho do gorila.

Chimpanzés
PIOLHO DO CHIMPANZÉ

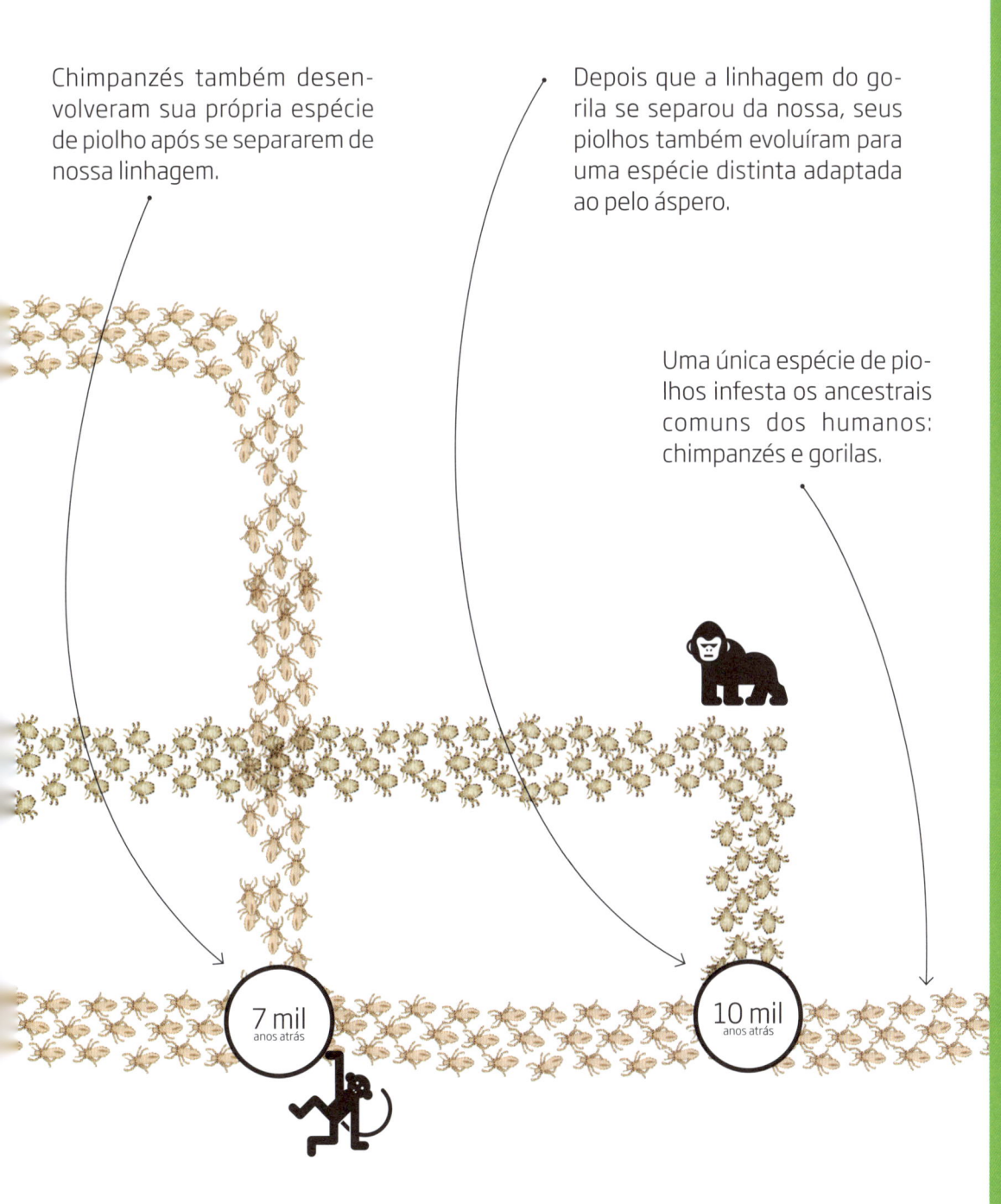

Chimpanzés também desenvolveram sua própria espécie de piolho após se separarem de nossa linhagem.

Depois que a linhagem do gorila se separou da nossa, seus piolhos também evoluíram para uma espécie distinta adaptada ao pelo áspero.

Uma única espécie de piolhos infesta os ancestrais comuns dos humanos: chimpanzés e gorilas.

7 mil anos atrás

10 mil anos atrás

A ORIGEM DE (QUASE) TODAS AS COISAS → CIVILIZAÇÃO → COMO FOI O PRIMEIRO SOM DE MÚSICA?

Como foi o primeiro som de música?

Na área mais remota das florestas do Congo vivem algumas das pessoas mais musicais da Terra. Os mbenzélé são caçadores-coletores que raramente deixam a floresta e não têm aparelhos de rádio ou TVs. O contato deles com pessoas de fora é mínimo, mas suas composições musicais – para voz, palmas e tambores – são comparadas à mais sofisticada música sinfônica, com extraordinárias harmonias e variedade de ritmos.

O exemplo dos mbenzélé é uma das melhores evidências de que a música é parte da natureza humana. Como a língua e a religião, está presente em todas as culturas. É uma das coisas que nos torna humanos e também um dos fenômenos mais difíceis de serem explicados.

Charles Darwin, que tinha algo revelador para dizer sobre a origem da maior parte dos traços humanos, descreveu a música como uma de nossas "mais misteriosas" faculdades. Sugeriu que ela começou como "protolinguagem musical" – espécie de simulação vocal de acasalamento semelhante ao canto dos pássaros –, que acabou se diferenciando em duas manifestações distintas: música e fala.

Outros sugeriram que a música é uma espécie de treino cerebral que torna diversas aptidões mentais, como a memória e a emoção, mais aguçadas. Ela também já foi descrita como "sobremesa auditiva", ou seja, experiência agradável que só nos atrai em função de certos hábitos mentais cultivados, como a identificação de padrões. Infelizmente, há pouca evidência para confirmar qualquer uma dessas ideias.

Encontrando nossas vozes

Uma das razões para isso é o fato de que as origens da música se perderam no tempo. Os mais antigos instrumentos musicais são restos de flautas de osso encontrados em cavernas europeias onde também havia pinturas. Datam de um período entre 42 mil e 15 mil anos atrás, quando a criatividade florescia.

Um dos instrumentos musicais mais antigos, a flauta *Divje Babe*, foi encontrada na região onde hoje está a Eslovênia, entre as ossadas de neandertais.

Algumas pessoas acreditam que a flauta foi feita e usada por eles, o que seria interessante – se os neandertais tinham um gosto pela música, nosso ancestral comum também deveria ter, o que faria com que as origens da música retrocedessem pelo menos meio milhão de anos. Mas não temos evi-

Animais dançarinos*

Muitos animais podem se mover no ritmo de uma batida. Talvez o mais famoso seja Snowball, uma cacatua com crista amarelada que ficou famosa em 2009 quando um vídeo do YouTube se tornou viral. Ele aparece dançando de forma exuberante – e num ritmo perfeito – ao som dos Backstreet Boys.

Ao buscar mais material como aquele na internet, os pesquisadores encontraram outras catorze espécies animais com senso de ritmo desenvolvido, incluindo araras, periquitos, elefantes-asiáticos e um jovem leão-marinho chamado Ronan. Havia mais 500 vídeos mostrando cachorros, patos e corujas movendo-se com a música, mesmo que não conseguissem se manter no ritmo. Muitos humanos também possuem essa característica, conhecida como "dança do papai".

---

* No original *Block-rockin' beasts*, alusão à música Block Rockin' Beats (Batidas/Ritmos Arrasa-Quarteirão) do conjunto inglês The Chemical Brothers. (N.T.)

dência física disso, o que não é surpresa, uma vez que se pode presumir que a música mais antiga tenha sido apenas cantada.

Uma via promissora para explorar as origens mais profundas da música são os animais. No geral, não há muito a explorar: a maioria deles é indiferente às melodias. Se oferecermos a macacos a opção entre música e silêncio, eles vão preferir sempre o silêncio. Macacos também não parecem diferenciar melodia de dissonância. Sob esse aspecto, assemelham-se a pessoas com amusia, raro transtorno neurológico que as despoja do que costuma ser uma apreciação instintiva da música. Para esses desafortunados, a música é um ruído tedioso, e as melodias se parecem umas com as outras; alguns deles não conseguem sequer distinguir entre música e alguém batendo em um cano com uma chave inglesa. No caso dos animais, talvez isso aconteça porque lhes falte o sistema cerebral que nos torna receptivos à música, o que sugere que a música é um fenômeno especificamente humano.

Cantos dos pássaros

O reino animal, no entanto, não é completamente surdo aos tons musicais. Muitos pássaros têm cantos complexos e podem aprender cantos novos. Os pardais de Java podem distinguir entre diferentes estilos de música: preferem as melodias de Bach à atonalidade de Schoenberg e ouvir Bach em vez do silêncio. Mas isso não os torna plenamente musicais.

O canto dos pássaros serve a uma estrita função. Está, no geral, confinado aos machos, e seu objetivo é atrair uma parceira e proteger território. Nós, ao contrário, criamos e ouvimos música por razões de todo tipo – sexo, contato e território estão entre elas, mas também fazemos música para enfatizar ou alterar nosso estado de espírito, cultuar deuses, encontrar novas motivações, ajudar na concentração ou mero prazer.

E os seres humanos também compõem novas músicas, inventam novos estilos, procuram novas experiências musicais. Os pássaros cantores, no entanto, até os mais flexíveis, estão limitados a um repertório central. A visão predominante é que, no fundo, a música é exclusiva da nossa linhagem – o que não nos diz muita coisa sobre suas origens.

Mas há um traço da música que parece penetrar com mais força no passado evolutivo: o ritmo. Ao contrário do tom e da harmonia, o ritmo se mostra compartilhado por todas as culturas musicais. Bebês humanos respondem ao ritmo muito antes de desenvolverem a receptividade à harmonia. E muitos animais não humanos são tocados por ele.

Nossos parentes vivos mais próximos são rítmicos. Chimpanzés selvagens batucam em objetos ressonantes, como troncos de árvores. E, quando pesquisadores deram uma bateria a bonobos do zoológico de Jacksonville, eles logo aprenderam a tocá-la.

Muitos desses animais são espécies sociais, o que alguns veem como uma pista. Pode haver um elo entre senso de ritmo e comportamento social – em especial a necessidade de coordenar ações. O ritmo age como uma espécie de cola social. Bonobos e chimpanzés vivem em grandes grupos que requerem que os indivíduos avaliem e respondam às ações dos pares. É possível que a necessidade de prever o *timing* dos movimentos coletivos e sincronizar as ações com os outros membros do grupo fortaleça os circuitos neurais relacionados ao ritmo.

Na batida

Nossos ancestrais também precisariam de coordenação social para atividades como fabricação de ferramentas, caça e preparo da comida. Com o tempo, esses comportamentos podem ter se tornado francamente rítmicos, já que obedecer às batidas de uma percussão ajuda as pessoas a coordenarem suas ações – basta olhar para as canções de trabalho e as de marinheiros.

Movimentos repetitivos e rítmicos também podem ter se desenvolvido para fortalecer os vínculos do grupo, aprofundando laços sociais cruciais para a sobrevivência humana.

Se esse modelo está correto, nossa musicalidade começou como senso de ritmo. No decorrer de milênios, ela se expandiu para algo muito mais sofisticado que o senso de ritmo de qualquer outro animal. Talvez nunca venhamos a compreender como ou por que foi assim, mas isso não deve nos impedir de desfrutar dos prazeres especiais associados à musicalidade. Imagens cerebrais mostram que a música ativa as mesmas áreas que respondem à comida, ao sexo e às drogas. Aproveite!

A ORIGEM DE (QUASE) TODAS AS COISAS → CIVILIZAÇÃO → HARMONIA PERFEITA

Harmonia perfeita

As primeiras duas notas em *Somewhere Over the Rainbow*.

Pares de notas soam agradáveis juntos se suas frequências – os comprimentos das cordas vibrantes que as produzem – estão relacionadas por razões simples de números inteiros. Essas relações matemáticas são descritas pelas curvas de Lissajous: quanto mais complexo o padrão, menos harmonioso o som.

MAIS CONSONÂNCIA **MAIS DISSONÂNCIA**

Oitava
1:2 (por exemplo: lá = 1, si = 2 (1:2))

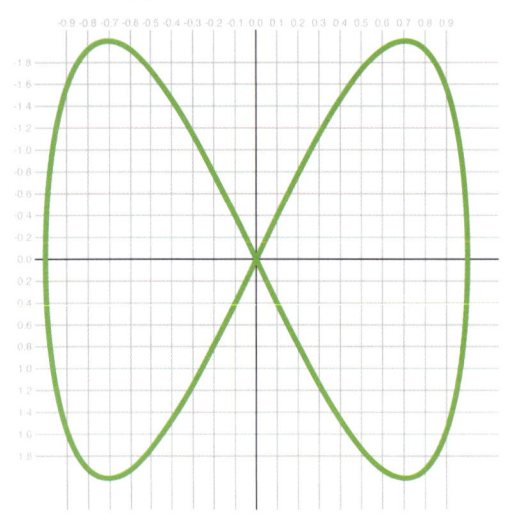

Quinta
3:2

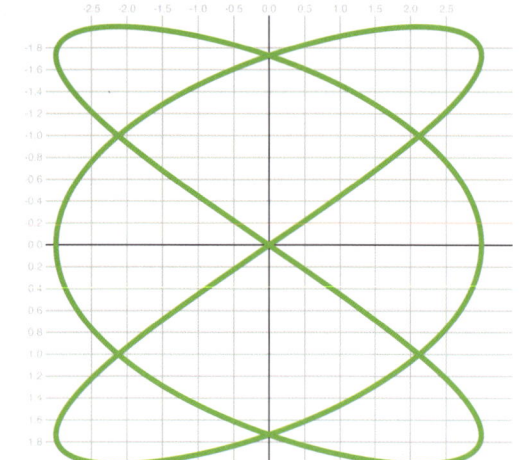

As duas notas iniciais em *Greensleeves*.

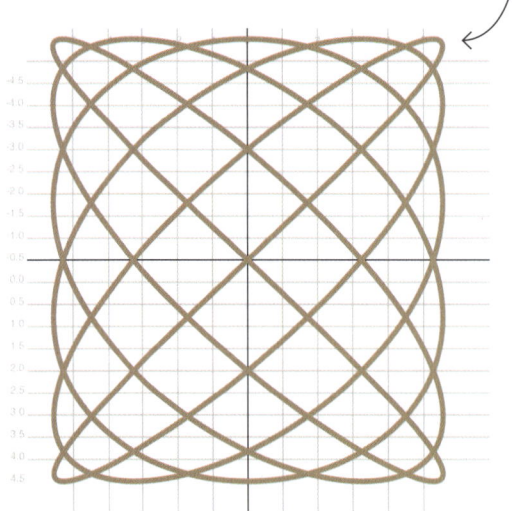

dó e ré em dó-ré-mi

Terça menor
6:5

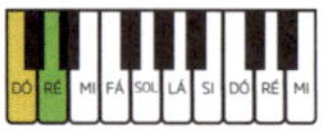

Segunda maior
9:8

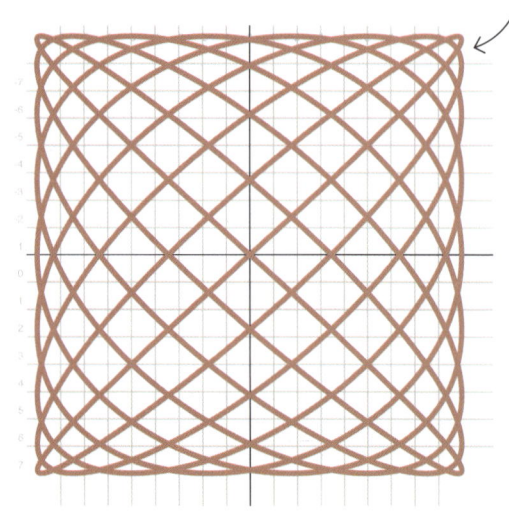

As duas notas iniciais em *Kumbaya*.

O salto do primeiro para o segundo *twinkle* em *Twinkle Twinkle Little Star*.

As primeiras duas notas em *Auld Lang Syne*.

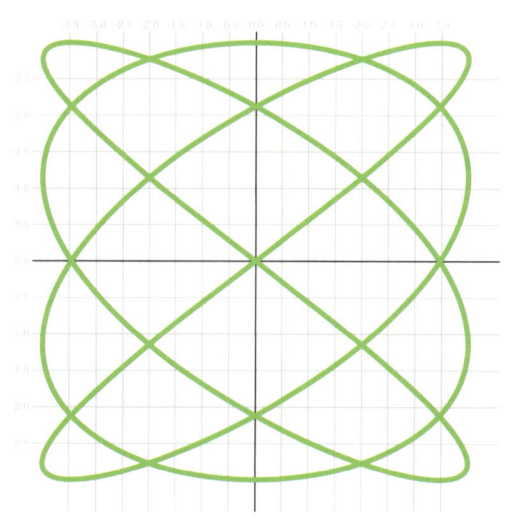

Quarta justa
4:3

Terça maior
5:4

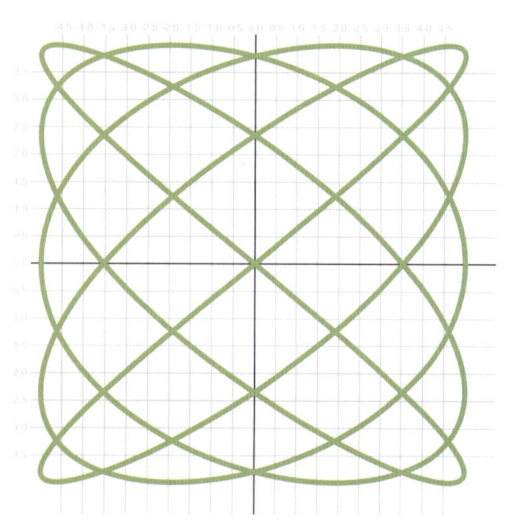

As duas notas iniciais no coro de *Take on Me*.

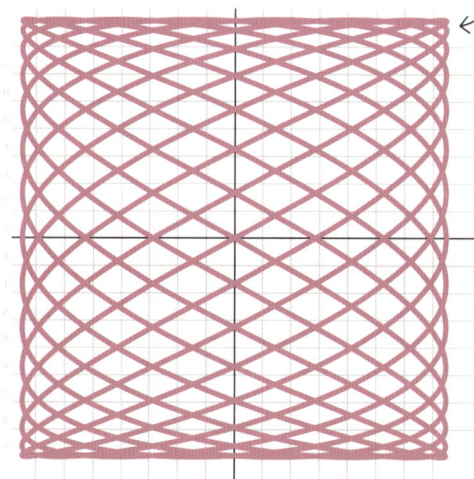

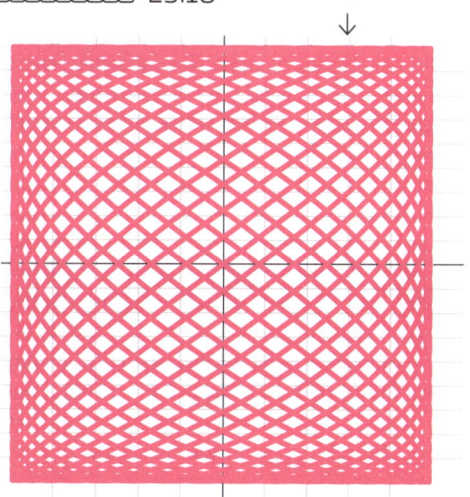

Sétima maior
15:8

Tritone
25:18

Ouvido na introdução de *Purple Haze*.

161

A ORIGEM DE (QUASE) TODAS AS COISAS → CIVILIZAÇÃO → QUEM INVENTOU O PAPEL HIGIÊNICO?

Quem inventou o papel higiênico?

A década de 1850 trouxe anos dourados para a limpeza doméstica. Foi nessa época que surgiram as máquinas de lavar louças e de lavar roupas. Mas nenhuma invenção foi tão revolucionária quanto a de Joseph C. Gayetty, da cidade de Nova York. Em um anúncio na *Scientific American*, ele a apresentou como "grandiosa e inigualável descoberta" e "a maior bênção de nossa era". As letras pequenas revelavam do que se tratava: o Papel Antisséptico de Gayetty, primeiro papel higiênico comercializado nos Estados Unidos.

Foi uma surpresa o efeito provocativo do anúncio de Gayetty. O rolo de papel higiênico pode ser considerado hoje um conforto essencial em casa, mas na década de 1850 a ideia de pagar caro por um mero "limpador de bunda" foi recebida por um coro de risos de deboche. O que havia de errado com as folhas de espigas de milho e as páginas rasgadas de jornais, revistas e catálogos que serviam tão bem e custavam tão pouco? Alguns catálogos publicados nos EUA tinham, inclusive, começado a ser produzidos com um buraco em um dos cantos, em uma aceitação tácita de que suas páginas estavam destinadas a serem penduradas no banheiro e usadas como papel higiênico.

Além da bunda

O papel de Gayetty recebeu comentários especialmente negativos por parte dos médicos. Segundo Richard Smyth, autor de *Bum Fodder: An Absorbing History of Toilet Paper* [Limpada de Bunda: Uma Absorvente História do Papel Higiênico], o que mais os preocupava era a afirmação de que o novo papel podia curar hemorroidas, e logo os protestos tomaram as páginas das principais revistas médicas.

Apesar da grandiosidade de suas pretensões, Gayetty não foi o inventor do papel higiênico. Os chineses estavam centenas de anos à frente. O papel circulava na China desde o século II, e não demorou muito para as pessoas começarem a usá-lo para limpar. Até mesmo o imperador Hongwu, déspota brutal que governou no século XIV, revelou seu lado sensível ao encomendar 15 mil folhas de papel higiênico extrafofinho e perfumado para a família imperial.

Os chineses também parecem ter sido os pioneiros em outro item muito importante de higiene pessoal, a escova de dentes. Muitas culturas antigas mastigavam certos gravetos para manter os dentes limpos – todas as culturas civilizadas parecem ter usado algum tipo de instrumento para a higiene dos dentes –, mas foi só no século XV, durante a dinastia Ming, que apareceram escovas de dentes propriamente ditas. Eram feitas de pelos grossos de porcos fixados a um cabo de madeira ou a um pedaço de osso. Europeus que viajavam pela China levavam essas escovas de dentes ao voltar para casa, e a tecnologia se propagou para o Ocidente.

A invenção do creme dental é ainda mais antiga. Egípcios, romanos e gregos usavam diversas substâncias para manter os dentes limpos, embora os ingredientes fossem um tanto básicos e abrasivos: cinzas, cascas de ovos, pedra-pomes, pó de carvão, cascas de árvores, sal, ossos esmagados e conchas de ostras. O sabão – inventado na Babilônia por volta de 2800 a.C. – também era usado com frequência. Os romanos adicionavam aromatizante para ajudar a combater o mau hálito. Os chineses parecem ter inventado o primeiro creme dental com sabor de menta muito antes do surgimento da escova de dentes.

Algumas folhas

A preferência chinesa por papel higiênico, no entanto, não teve boa difusão. O povo da Grã-Bretanha estava satisfeito com punhados de lã ou folhas. Os aristocratas utilizavam pedaços de roupas brancas. Ou melhor, faziam com que alguém os utilizasse em seu benefício: o manual de um servidor doméstico do século XIV aconselha o "cuidador da banqueta" a estar pronto para uma "esfregada de cu" no momento crítico.

Com o avanço da imprensa escrita, as pessoas logo se voltaram para as páginas de folhetos velhos e livros descartados. Como escreveu no século XVII o escritor Thomas Browne: "Aquele que escreve muitos livros e tem muitos filhos pode, em certo sentido, ser considerado um benfeitor público, porque contribui com soldados e para a limpeza do rabo".

Gayetty não era o único a tentar comercializar papel higiênico. Mas foi o produto dele que causou a maior tempestade. As folhas, Gayetty declarou, eram "delicadas como notas de dinheiro e robustas como papel almaço". Mas o que realmente irritou o sistema médico foi sua afirmação de que a tinta de impressão era venenosa e provocava hemorroidas, enquanto seu papel podia "curá-las e preveni-las". A afirmação não é verdadeira, o que não impediu que muitas empresas empurrassem o rolo de papel do banheiro como remédio até os anos 1930.

As revistas médicas se mantiveram no ataque. A *New Orleans Medical News* e a *Hospital Gazette* declararam: "Mr. Gayetty, da cidade de Nova York, descobriu que a mente do público está preparada para qualquer coisa, seja lá o que for, na forma de trapaça". O *Medical and Surgical Reporter* também acusou Gayetty de se aproveitar do público, dizendo, bem à vontade, que ele estava tentando "pegá-los com as calças arriadas". O *The Lancet* estava menos preocupado com o público do que com o destino dos cirurgiões que ganhavam uma vida confortável curando hemorroidas. "A ocupação deles vai agora por água abaixo. Não é preciso mais que um pedaço de papel com o nome 'Gayetty' estampado nele."

O cheiro do sovaco

O sovaco humano, conhecido pelos anatomistas como axila, parece quase especificamente destinado a cheirar mal. Ao contrário de outras regiões da pele, classificadas como secas, úmidas ou sebáceas (oleosas), a axila é ao mesmo tempo úmida e sebácea, em razão da alta densidade de suor e de glândulas sebáceas. Tem também muitas glândulas apócrinas, ou do odor, que bombeiam uma mistura de proteínas e lipídios. Esse ambiente úmido e rico é perfeito para bactérias, que colonizam a pele, gostam de uma refeição com sebo e outros nutrientes e excretam resíduos de mau cheiro conhecidos como odor corporal.

Os bilhões da higiene pessoal

Mesmo que não curasse hemorroidas, o público apreciou o conforto do papel higiênico, e isso logo gerou diversas imitações. A expectativa do consumidor, no entanto, não parecia ser muito alta. Na década de 1930, a Northern Tissue transformou no mote de um atrativo comercial o fato de seu papel "não conter farpas!". Hoje, a indústria do papel higiênico fatura anualmente 3,5 bilhões de dólares só nos Estados Unidos, com o indivíduo médio consumindo cerca de 20 mil folhas por ano. Se adicionarmos a isso os 3 bilhões de dólares gastos em creme dental e antisséptico bucal, fica claro que a higiene pessoal é um grande negócio nas duas extremidades do trato digestivo.

A ORIGEM DE (QUASE) TODAS AS COISAS → CIVILIZAÇÃO → LIMPANDO O PASSADO

Limpando o passado

O papel higiênico foi inventado na China medieval, mas não se espalhou para o resto do mundo. Uma infinidade de materiais foram usados como "limpadores de bunda"; na realidade, tudo que estivesse à mão.

CHINA IMPERIAL
Papel
O papel foi inventado por volta de 100 d.C., e registros históricos mostram que papel descartado já era usado para higiene no final do século VI. A primeira indústria de papel higiênico do mundo foi aberta no século XIV. Um documento de 1393 registra que 720 mil folhas gigantes de papel higiênico, medindo 61 por 91,5 centímetros, foram produzidas para a corte imperial Ming.

ÁSIA DO SÉCULO XIII
A mão
Muitas culturas usavam a mão esquerda para limpar e a direita para comer.

ARÁBIA DO SÉCULO IX
Pedrinhas
Os provérbios do profeta Maomé referem-se a "pedrinhas de limpeza". Especificam que deve haver um número ímpar de limpadas e que somente a mão esquerda pode ser usada para segurar as pedras.

ROMA ANTIGA
Xilospongium
Esponja embebida em vinagre, vinho ou água salgada colocada na ponta de uma vara.

VIKINGS
Lã de ovelha

GRÃ-BRETANHA MEDIEVAL
Algodão ou linho
Para membros da nobreza, a limpeza era realizada por um servidor especialista chamado "cuidador da banqueta".

PIONEIROS AMERICANOS
Folhas secas de espiga de milho

INUÍTE
Musgo no verão, neve no inverno

MARINHEIROS NO MAR
Corda
Ponta esfiapada da corda de um navio, mantida mergulhada em um balde com água do mar.

GRÃ-BRETANHA MEDIEVAL
Gravetos ou folhas
As pessoas comuns usavam uma "vareta de esponja" [vareta com uma esponja na ponta] mantida junto ao vaso ou um punhado de folhas. Uma piada da época era mais ou menos assim: Pergunta: "Qual é a folha mais limpa do bosque?". Resposta: "A folha espinhosa do azevinho, porque ninguém limpa a bunda com ela!".

PESCADORES DO SÉCULO XVIII
Conchas de mexilhão

AMERICANOS DO SÉCULO XIX
Catálogo da Sears Roebuck
Muitos catálogos foram impressos com um furo no canto superior esquerdo para que fosse fácil pendurá-los ao lado do vaso sanitário.

FRANÇA DO SÉCULO XVII
Bidê foi inventado
A instalação de bidês em banheiros novos é obrigatória na Itália desde 1975.

EUROPEUS DO SÉCULO XVIII
Páginas rasgadas de livros, revistas e almanaques

Fonte: *Bum Fodder: An absorbing history of toilet paper*, de Richard Smyth (Souvenir Press, 2012).

Capítulo 5

Conhecimento

170 Escrita

178 Medição

174 Zero

182 Contagem do tempo

186 Política

190 Química

194 Mecânica quântica

Quando começamos a escrever?

Se quisermos registrar todos os pensamentos que os seres humanos já tiveram, precisaremos de 26 formas abstratas, alguns pontos, rabiscos e traços, além de alguns espaços. Só isso.

A escrita é uma das maiores invenções na história humana – talvez a maior, já que tornou a história possível. Antes dela, todas as ideias eram transitórias, transmitidas oralmente ou condenadas a morrer. A escrita permitiu que elas fossem codificadas de forma independente do cérebro humano mortal e aprofundadas. Como o linguista Peter Daniels escreveu em um livro de 1996, *The World's Writing Systems* [Os Sistemas de Escrita do Mundo]: "A humanidade é definida pela linguagem; mas a civilização é definida pela escrita".

Na escala da existência humana, escrever é uma invenção recente. Os seres humanos falam línguas há pelo menos 100 mil anos, mas foi apenas há cerca de 35 mil anos que emergiram os rudimentos da escrita.

Esses primeiros signos são encontrados nas famosas cavernas com pinturas da Europa paleolítica. Entre os animais, há 26 símbolos abstratos, incluindo formas geométricas, ziguezagues, flechas e grupos de pontos, desenhados em estilo coerente. Eles se repetem em 146 cavernas da França que datam de até 10 mil anos atrás, e alguns são encontrados em outros locais mundo afora.

A escrita na parede

O que eles significavam, se é que significavam alguma coisa, se perdeu, mas para os pesquisadores que os estudam eles contêm tentadoras sugestões de escrita. Certos signos costumam se apresentar em pares – ocorrência típica dos primeiros sistemas de escrita, onde os símbolos combinados representam um novo conceito. Outros talvez representem parte de uma figura maior. As formas W encontradas na caverna de Chauvet parecem ser as presas de um mamute, sem o corpo. Esse recurso, conhecido como sinédoque, é comum em sistemas de escrita primitiva, que usam figuras para representar objetos e ideais.

Deixando de lado os símbolos das cavernas, os primeiros textos pictográficos conhecidos datam do neolítico, período de explosiva inovação cultural. Um deles é um conjunto de 16 símbolos gravados em cascos de tartaruga encontrados em túmulos de Jiahu, China, que remontam a cerca de 8.500 anos. Há também o texto de Vinča – dezenas de símbolos recorrentes inscritos em centenas de artefatos encontrados na região sudeste da Europa. Ambas as inscrições se parecem com uma forma de escrita, mas o fato de serem indecifráveis torna impossível ter certeza disso.

A primeira verdadeira escrita capaz de registrar toda a complexidade da linguagem falada emergiu nas cidades da Suméria, 5.300 anos atrás. Gravado em tabuinhas de argila com o auxílio de uma palheta rombuda, o cuneiforme começou como um sistema de contabilidade para documentar coisas como as rações de cerveja pagas aos trabalhadores – invenção necessária para uma sociedade que se tor-

O cérebro alfabetizado

Ler é uma das coisas mais incríveis que fazemos. Ao contrário da linguagem falada, que o cérebro humano está pré-programado para adquirir, aprender a ler requer anos de esforço deliberado. O cérebro tem de ser ensinado a usar módulos cognitivos que se desenvolveram por outras razões (como padrões de reconhecimento, por exemplo) para converter sequências de símbolos abstratos em linguagem. Escrever é, ao mesmo tempo, difícil e não intuitivo. O tempo e o esforço necessários explicam por que a alfabetização em massa é um fenômeno tão recente.

Mesmo hoje, 15% das pessoas do mundo não sabem ler nem escrever.

nava cada vez mais complexa. Consistindo originalmente de pictogramas – digamos, um frasco para representar uma cerveja –, por volta de 4.600 anos atrás os signos evoluíram e passaram a representar sílabas, o que tornou possível que fossem usados para escrever a língua falada. A palavra para flecha, por exemplo, era *ti* e assim o pictograma de uma flecha passou a representar a sílaba *ti*, em palavras como *til*, que significava "vida". Esse tipo de escrita é chamado de silabário; algumas línguas modernas, como o japonês, são escritas dessa maneira.

Conheça seus ABCs

Dois outros sistemas de escrita surgiram mais ou menos na mesma época: os hieróglifos egípcios e as inscrições do Vale do Indo, na região hoje conhecida como Índia e Paquistão. Hieróglifos são, em geral, logográficos, o que significa que cada símbolo representa uma palavra completa. Mas também contêm os primeiros elementos de um alfabeto, onde os símbolos representam sons específicos.

Mas esses são apenas alguns entre centenas de sistemas de escrita que surgiram e se foram à medida que as civilizações emergiram e decaíram. A variedade é espantosa. Além de silabários, logogramas e alfabetos, há também abjads, que, como o árabe, não têm vogais.

Algumas línguas são lidas da esquerda para a direita, outras da direita para a esquerda, e algumas das duas maneiras. Certas escritas dão meia-volta no final de cada linha e continuam na direção oposta. São conhecidas pela incrível palavra *boustrophedon*, que significa "à maneira de um boi girando".

Nosso alfabeto latino originou-se há cerca de 4 mil anos, em um texto usado para registrar uma língua no antigo Egito. Desenvolveu-se a partir de um sistema pictográfico; a letra "A", por exemplo, é derivada do desenho invertido da cabeça de um touro, chamado de "alf".

A escrita foi adotada e adaptada pelas cidades-Estados na costa do Mediterrâneo e foi difundida pela região por comerciantes fenícios. O alfabeto fenício tem 22 letras e é provável que tenha sido o primeiro sistema puramente alfabético.

Cerca de 3 mil anos atrás, foi tomado de empréstimo e adaptado pelos gregos. Mais tarde, foi a vez dos romanos, que abriram mão de algumas letras e adicionaram letras novas. Hoje, o alfabeto romano é usado por aproximadamente 5 bilhões de pessoas e é o mais comum dos cerca de 35 abecedários com ampla utilização em todo o mundo. Graças a ele e a outros, podemos ter acesso aos pensamentos e às experiências de pessoas que viveram e morreram séculos atrás.

Muitas peças antigas de escrita, no entanto, continuam como se fossem livros proibidos, porque o alfabeto é indecifrável. Isso inclui a escrita do Vale do Indo, a protoelamita do Irã, a linear A da civilização minoica de Creta e o Rongorongo da Ilha de Páscoa. Além disso, muitas línguas faladas nunca foram escritas. Hoje, embora sejam faladas cerca de 7 mil línguas, só uma fração delas tem tradição de registro escrito.

Achados e perdidos

Algumas escritas foram deliberadamente inventadas para preencher lacunas. A coreana Hangul foi criada na década de 1440; a cherokee foi inventada nos anos 1820. A adição mais recente é o kodava, idioma falado (e agora cada vez mais escrito) por 200 mil pessoas na Índia. A escrita foi inventada em 2005.

Manter um sistema de escrita em funcionamento requer muito esforço, e a lista de sistemas de escrita que desapareceram não é pequena. No geral, no entanto, há aumento muito grande no emprego da escrita à medida que as pessoas recorrem cada vez mais a telefones móveis e a computadores para se comunicar. Os historiadores do futuro terão acesso a muito mais material de nossos pensamentos, embora se vai ou não valer a pena lê-los seja outra questão. OMG! RBTL!*

---

* OMG é *Oh, my God* [Ó, meu Deus] e RBTL, *Read between the lines* [Ler nas entrelinhas]. (N.T.)

A primeira escrita?

Cavernas francesas são conhecidas pela arte rupestre pré-histórica. Mas 146 locais que datam de 35 mil a 10 mil anos atrás também possuem 26 símbolos que parecem letras pintadas nas paredes. Não sabemos o que os símbolos significavam, se é que significavam alguma coisa, mas pode ser que sejam pictogramas representando objetos.

Linha
70% dos locais de 35 mil a 10 mil anos atrás.

Ponto
42% dos locais de 35 mil a 10 mil anos atrás.

Ângulo aberto
42% dos locais de 35 mil a 10 mil anos atrás.

Oval
30% dos locais de 35 mil a 10 mil anos atrás.

Peniforme
(em forma de pena) 25% dos locais. Surgiu pela primeira vez 25 mil anos atrás.

Círculo
20% dos locais de 35 mil a 10 mil anos atrás.

Quadrângulo
20% dos locais de 35 mil a 10 mil anos atrás.

Triângulo
20% dos locais de 35 mil a 10 mil anos atrás.

Flabeliforme
(em forma de leque) 18% dos locais de 35 mil a 10 mil anos atrás.

Semicírculo
18% dos locais de 35 mil a 10 mil anos atrás.

Jogo da velha
17% dos locais de 35 mil a 10 mil anos atrás.

Claviforme
(em forma de clava) 15% dos locais de 35 mil a 10 mil anos atrás.

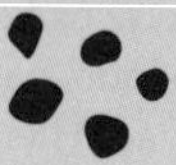

Cúpula
15% dos locais de 35 mil a 10 mil anos atrás.

Dedo na flauta
15% dos locais de 35 mil a 10 mil anos atrás.

Mão negativa
15% dos locais de 30 mil a 13 mil anos atrás.

Cruciforme
13% dos locais de 35 mil a 10 mil anos atrás.

Tectiforme
(em forma de telhado) 10% dos locais de 25 mil a 13 mil anos atrás.

Aviforme
(em forma de pássaro) Menos de 10% dos locais de 30 mil a 13 mil anos atrás.

Mão positiva
7% dos locais de 30 mil a 13 mil anos atrás.

Serpentiforme
7% dos locais de 30 mil a 13 mil anos atrás.

Pectiforme
(em forma de pente) 5% dos locais. Surgiu pela primeira vez 25 mil anos atrás.

Ziguezague
Sete locais de 20 mil a 13 mil anos atrás.

Cordiforme
(em forma de coração) Três locais de 30 mil e 15 mil anos atrás.

Escalariforme
(em forma de escada) Três locais. Surgiu pela primeira vez 25 mil anos atrás.

Espiral
2 locais de 25 mil e 15 mil anos atrás.

Reniforme
(em forma de rim) Rara. 35 mil a 13 mil anos atrás.

Alguns dos símbolos também aparecem em outras partes do mundo, levando alguns estudiosos a se perguntarem se os primeiros humanos desenvolveram um sistema de comunicação simbólica.

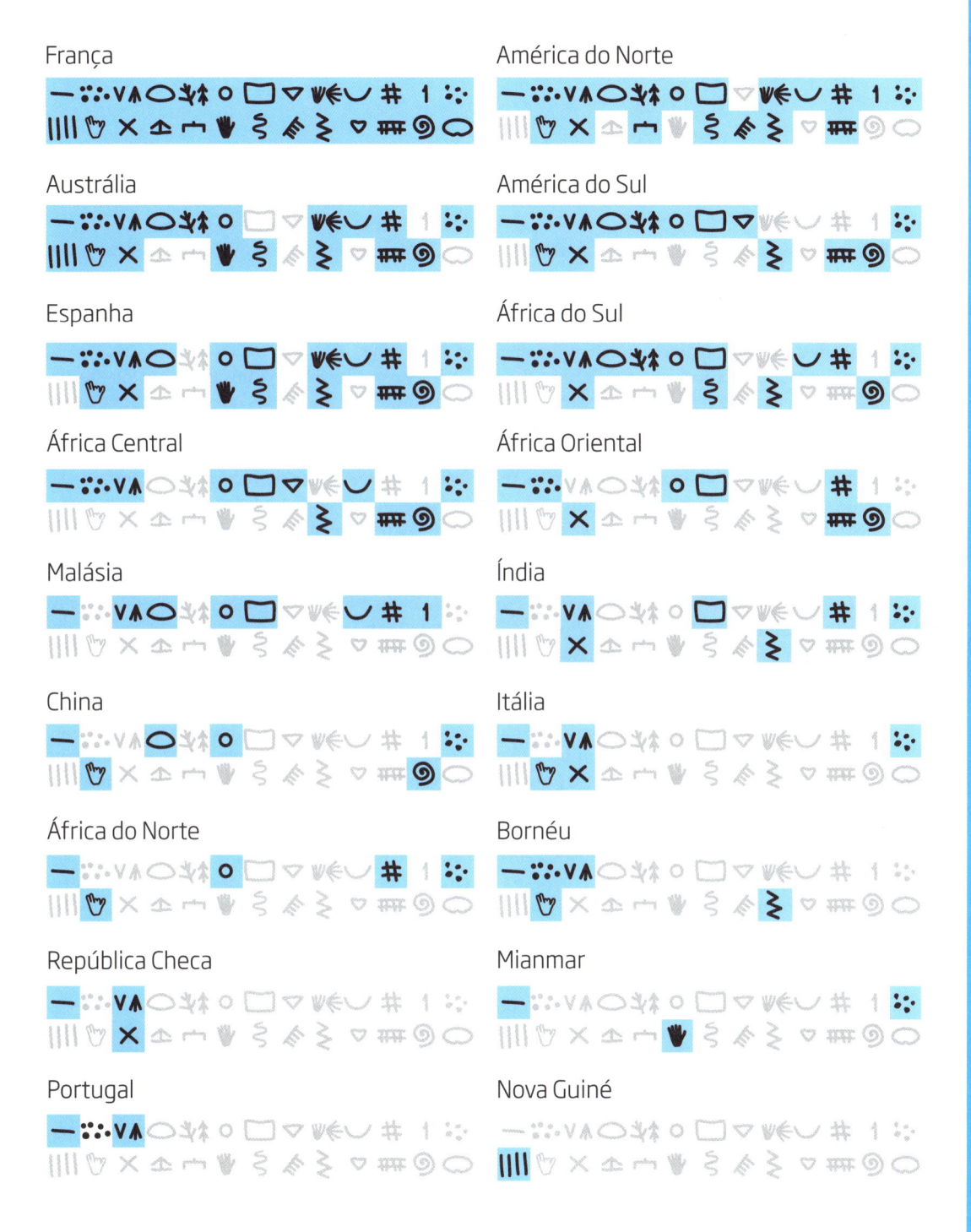

França

América do Norte

Austrália

América do Sul

Espanha

África do Sul

África Central

África Oriental

Malásia

Índia

China

Itália

África do Norte

Bornéu

República Checa

Mianmar

Portugal

Nova Guiné

Como descobrimos o nada?

Um homem possuía sete cabras. Trocou três por milho, deu uma a cada uma das três filhas como dote e perdeu uma em algum lugar. Com quantas cabras ele ficou?

Isso não é pegadinha. Curiosamente, porém, durante boa parte da história, os humanos não tinham os recursos matemáticos para responder a essa pergunta. Há evidências de contagem que remontam a cinco milênios. No entanto, mesmo pela estimativa mais generosa, uma concepção matemática do nada – o zero – existe há menos da metade desse tempo.

A história do zero é a história da contagem e da matemática. Mas é uma história emaranhada de dois diferentes zeros: zero como símbolo para representar o nada e zero representando um número que pode ser usado em cálculos e tem as próprias propriedades matemáticas. É natural pensar que os dois são iguais. Não são.

Zero, o símbolo, foi o primeiro a aparecer. É o zero familiar de um número como "2016".

Para saber o que 2016 significa, precisamos entender o conceito de "sistema de numeração posicional". Felizmente, isso não é difícil. Qualquer aluno de escola fundamental que tenha dominado centenas, dezenas e unidades entendeu isso. O 6 em 2016 denota seis, o 1 significa dez e o 2 significa dois mil. O papel do zero é crucial: ele nos informa que não há "centenas" requeridas nesse número. Sem sua presença, seria fácil confundirmos 2016 com 216 ou 2160.

O primeiro sistema de numeração posicional foi empregado para calcular a passagem das estações e dos anos na Babilônia a partir de cerca de 1800 a.C. Usava a base 60 (não a base 10 com que estamos familiarizados), de modo que um hipotético aluno babilônico de escola fundamental teria de aprender sobre os 3600, os 60 e as unidades. O sistema funcionava bem, mas tinha uma falha evidente: se não houvesse nada para colocar em uma coluna, os babilônicos simplesmente deixavam uma lacuna. Isso abria a porta para a confusão numérica.

Por volta de 300 a.C., presume-se que, para eliminar esses erros, os babilônicos introduziram um novo símbolo, ↗↗, para indicar uma coluna vazia. Este foi o primeiro zero. Sete séculos mais tarde, do outro lado do mundo, ele foi novamente inventado pelos sacerdotes astrônomos dos maias.

Como um espaço reservado em um sistema de contagem, o zero é, sem a menor dúvida, um conceito útil. Mas nem os babilônicos nem os maias perceberam quanto poderia ser útil como número, efetivamente.

É certo que o zero não é um acréscimo totalmente bem-vindo ao panteão dos números. Sua aceitação abre a porta a todo tipo de novidades conceituais que, se não forem manejadas com cuidado, podem fazer o sistema inteiro desmoronar. Ao contrário de qualquer outro número, adicionar um zero a alguma coisa (ou removê-lo) não altera nada. Mas qualquer número multiplicado por zero se reduzirá a zero. E nem vamos entrar em minúcias sobre o que acontece quando dividimos um número por zero.

Evitando o vazio

A Grécia clássica, a civilização seguinte a testar o conceito, não se entusiasmou com a ideia. O pensamento grego estava preso à ideia de que os números expressavam formas geométricas; e que forma corresponderia a algo que não existia? A visão de mundo grega também via os planetas e as estrelas incorporados a uma série de esferas celestiais concêntricas, todas centradas na Terra e postas em movimento por um "motor impassível". Como nessa cosmologia não havia lugar para o vazio, a conclusão foi que o zero era um conceito ateu. E essa imagem seria mais tarde cooptada com avidez pela filosofia cristã.

A filosofia oriental, enraizada em ideias de ciclos eternos de criação e destruição, não se mostrou tão apreensiva. O próximo grande posto de reabastecimento na jornada do zero encontra-se no *Brāhmasphuṭasiddhānta*, tratado sobre a relação da matemática com o mundo físico escrito na Índia por volta de 628 d.C. pelo astrônomo Brahmagupta.

Brahmagupta foi a primeira pessoa que tratou os números como quantidades abstratas, distintas

Significando nada

O conceito de zero foi inventado na Índia catorze séculos atrás, mas parece que os matemáticos da época conseguiam, de alguma forma, trabalhar sem o símbolo "0". Em 662 a.C., o estudioso sírio Severus Sebokht escreveu que os grandes matemáticos indianos faziam cálculos "por meio de nove sinais" – presumivelmente 1 a 9. O primeiro registro que temos de um número zero aparece 214 anos mais tarde – um símbolo que era um ovo achatado, parecido com nosso símbolo, em uma inscrição em um templo de Gwalior, no norte da Índia.

A inscrição refere-se a um pedaço de terra com 270 hastas de comprimento. Uma hasta é o equivalente indiano a um côvado.*

da realidade física ou geométrica. Isso lhe permitiu refletir sobre novas questões, por exemplo o que acontece quando subtraímos de um número um número de maior tamanho. Em termos geométricos, isso é um absurdo: que área sobra quando uma área maior lhe é subtraída? Todavia, assim que os números se tornaram entidades abstratas, uma nova possibilidade se abriu – o mundo dos números negativos.

De nada a herói

O resultado foi o conceito de uma linha numérica contínua que se estende em ambas as direções até onde podemos ver, com números tanto positivos quanto negativos. No meio dessa linha, na fronteira entre positivo e negativo, estava *sunya*, o nada. Esse novo número foi logo representado como zero, o símbolo. Marcou o nascimento do sistema numérico puramente abstrato, hoje usado em todo o mundo, e logo gerou um novo modo de fazer matemática: a álgebra.

A notícia levou muito tempo para chegar à Europa. Foi só em 1202 que o matemático italiano Fibonacci apresentou detalhes do novo sistema de contagem e demonstrou sua superioridade sobre o ábaco para a realização de cálculos complexos. Comerciantes e banqueiros foram convencidos com rapidez, mas não as autoridades. Em 1299, a cidade de Florença baniu o numeral zero; avaliaram a possibilidade de aumentar em dez vezes o valor de um número meramente adicionando um zero ao final dele um convite aberto à fraude.

Foi necessária a revolução copernicana – a revelação, despedaçando as esferas cristalinas, de que a Terra se move ao redor do Sol – para que a matemática europeia começasse aos poucos a ser sacudida e liberta, do século XVI em diante, das algemas da cosmologia aristotélica.

Assim, uma melhor compreensão do zero tornou-se o pavio da revolução científica que veio a seguir. Eventos subsequentes confirmaram como o zero é essencial para a matemática e tudo que se baseia nela. Olhando para o zero, hoje colocado sem estardalhaço em um número, é difícil entender como ele um dia pôde ter causado tanta confusão e angústia. Definitivamente, um caso de muito barulho por nada.

---

* O côvado ou cúbito é uma medida antiga de comprimento usada por várias civilizações. Baseava-se no comprimento do antebraço, da ponta do dedo médio até o cotovelo. (N.T.)

A ORIGEM DE (QUASE) TODAS AS COISAS → CONHECIMENTO → HERÓIS...

Heróis...

Na famosa série de números de Fibonacci, cada número subsequente corresponde à soma dos dois anteriores.

Índia, cerca de 628
... da aritmética

Brahmagupta foi a primeira pessoa a definir regras para somar, subtrair, multiplicar e dividir com zero.

Zero mais um número positivo é positivo.
Zero mais um número negativo é negativo.
Zero mais **zero** é **zero**.

Zero menos um número positivo é negativo.
Zero menos um número negativo é positivo.
Zero menos **zero** é **zero**.

Um número multiplicado por **zero** é **zero**.
Um número dividido por **zero** é **zero**.

Agora vemos isso como incorreto

Pérsia, cerca de 780-850
... da álgebra

Al-Khwarizmi ajudou a difundir o sistema numérico hindu, que introduziu o zero como um círculo para assinalar colunas vazias. Também desenvolveu os métodos de solucionar problemas que chamamos de álgebra.

٠	0
١	1
٢	2
٣	3
٤	4
٥	5
٦	6
٧	7
٨	8
٩	9

Quando nenhum número aparece no lugar das dezenas, um pequeno círculo deve ser usado "para manter as fileiras". Esse círculo foi chamado ṣifr, ou "vazio", em árabe. Ṣifr acabou se tornando zero.

Itália, cerca de 1170-1250
... da estimativa

Fibonacci popularizou o sistema numérico árabe-hindu na Europa, mostrando os usos práticos do símbolo zero nos ofícios e no comércio.

França, 1596-1650
... da geometria analítica

René Descartes criou um sistema de coordenadas que representa pares de números como um ponto no espaço e equações como linhas, unificando geometria e álgebra.

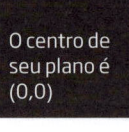

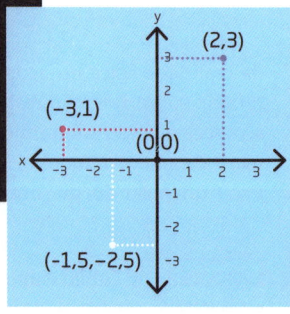

O centro de seu plano é (0,0)

Inglaterra, 1642-1726
... do cálculo

Isaac Newton desenvolveu um novo ramo da matemática, chamado cálculo, para compreender movimentos e mudança observando os pequenos intervalos e reduzindo-os em direção ao zero.

Newton estava tentando compreender por que os planetas orbitando uma estrela seguiriam trajetória elíptica.

Seus métodos são usados para pôr observatórios e sondas espaciais em órbitas estáveis.

Alemanha, 1736-1813
... da astronomia

Joseph-Louis Lagrange calculou as posições no espaço onde as atrações gravitacionais de objetos próximos se cancelam umas às outras e a força líquida é zero.

Alemanha, 1646-1716
... dos números binários

Gottfried Leibniz desenvolveu o cálculo independentemente de Newton e publicou seus métodos primeiro. Também inventou números binários, que usam apenas os algarismos 1 e 0 e são a base dos computadores modernos.

Um conjunto vazio não tem membros, assim como um saco vazio nada contém. Ele pode ser usado para definir todos os outros números formando conjuntos contendo o conjunto vazio.

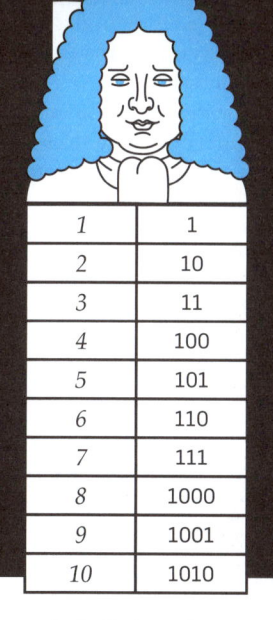

Alemanha, 1848-1925
... da Teoria dos Conjuntos

Gottlob Frege atacou o problema de como definir números sem objetos. Sua resposta foi partir de um conjunto contendo nada: o conjunto vazio ou zero.

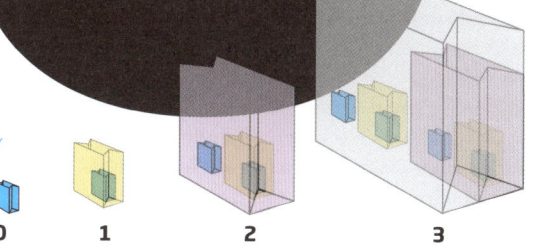

1	1
2	10
3	11
4	100
5	101
6	110
7	111
8	1000
9	1001
10	1010

Começando da direita, colunas em números binários representam uns, dois, quatros, oitos, assim por diante, em vez das mais familiares potências de dez.

0   1   2   3

A ORIGEM DE (QUASE) TODAS AS COISAS → CONHECIMENTO → QUANDO COMEÇAMOS A MEDIR AS COISAS?

Quando começamos a medir as coisas?

Só podemos cuidar do que podemos medir. Esse ditado é muito comum em países de língua inglesa, usado nas mais diversas situações, do consumo à ciência. E sempre foi assim: todas as culturas antigas parecem ter inventado sistemas para medir a distância, o peso, o volume, a área e o tempo. A história está entulhada de unidades, algumas delas agora obsoletas: alqueires, côvados, arrobas, varas, quintais, e assim por diante.

A medição é uma ciência exata, como deveríamos esperar que fosse. Qualquer sistema tem de estar baseado em unidades padronizadas aceitas por todos e fáceis de serem empregadas. É por isso que tinham referência no corpo humano: um côvado, por exemplo, era a distância do cotovelo à ponta do dedo médio. No Reino Unido ainda são usadas unidades originadas dessa forma, como o pé (*foot* = 30,48 cm) e a mão (*hand* = 10,16 cm).

Outra abordagem foi o uso relativamente uniforme de fenômenos naturais: pedras preciosas, por exemplo, eram pesadas em sementes de alfarroba [*carob seeds*], que acabaram se tornando quilates [*carats*].

Essas unidades foram úteis até certo ponto, mas acabaram se mostrando muito variáveis. Os padrões, então, passaram a ser registrados em pedra ou metal e armazenados em prédios do governo, como a Acrópole. Lá poderíamos encontrar definições precisas de unidades como o dáctilo (dedo) ou o kochliarion (colher).

Medidas revolucionárias

A era moderna da Metrologia nasceu na tempestade da Revolução Francesa. Ansiosos para estabelecer uma nova identidade nacional, seus líderes queriam varrer todos os vestígios do sistema antigo, incluindo uma irracional coleção de pesos e medidas. O resultado foi o esmerado e harmonioso sistema métrico.

O sistema original consistia de apenas duas unidades: o quilograma e o metro. O quilograma era definido como a massa de um litro de água à temperatura de derretimento do gelo, o que o ligava de modo instantâneo ao metro (um litro é um cubo com lados de 10 cm).

O metro foi definido como um décimo-milionésimo da distância do Polo Norte ao equador. Não surpreende que estabelecer sua verdadeira extensão não tenha sido um feito banal. Foram necessários sete anos de subidas em torres de igrejas de Dunquerque a Barcelona, triangulando a distância entre elas e observando a posição da estrela polar para calcular a distância do polo ao equador.

Ambas as unidades foram, mais tarde, consagradas em metal: um cilindro de platina pesando exatamente 1 quilograma e uma barra de platina com exatamente 1 metro de comprimento.

Era o sistema mais preciso e científico já concebido, mas ainda dependia de quantidades variáveis. Antes mesmo de o metro ser adotado como padrão internacional, em 1875, houve resmungos de que a medida era muito vaga. O físico James Clerk Maxwell, por exemplo, argumentou que a instabilidade era inerente a unidades definidas de acordo com as dimensões da Terra, porque sua superfície estava em constante mudança.

Na década de 1870, o matemático estadunidense Charles Sanders Peirce teve uma percepção decisiva: o metro poderia ser definido pelo comprimento

Dedos, cotovelos e gravetos

Um **côvado** era medido como o comprimento do antebraço, da ponta do dedo médio à base do cotovelo.

A **vara** era uma unidade de comprimento com 5,0292 metros, útil na medição de áreas. Um acre equivale a 160 varas quadradas.

178

> **Medição impossível**
> A unidade do SI definida de forma mais imprecisa é o ampere, unidade de corrente elétrica, "essa corrente constante que, se mantida em dois condutores paralelos retos de comprimento infinito, de desprezível seção transversal circular, e colocada 1 metro à parte no vácuo, produziria entre esses condutores uma força igual a 2×10^{-7} newtons por metro de comprimento". Você entendeu isso? Se não entendeu, tudo bem: é uma medição impossível de fazer. Onde vamos conseguir condutores de comprimento infinito?

de onda da luz. Isso plantou a ideia de basear a medição em constantes fundamentais da natureza. Dessa minúscula semente brotou o sistema atual de medição científica, o *Système International d'Unités*, conhecido em geral como SI.

Levou tempo, no entanto. Só em 1960 os guardiães da medida finalmente entraram em ação. Deixaram a barra de platina na prateleira e a substituíram por um metro baseado no espectro de emissão de um átomo de criptônio-86. Este, por sua vez, foi suplantado em 1983 pela definição do metro como a distância que a luz viaja em 1/299.792.458 de um segundo.

O ano de 1960 viu o nascimento do sistema SI. Assim como no caso do metro, ele definia um padrão internacional para seis outras "unidades-base": quilogramas, segundos, kelvins, amperes, mols e candelas (que medem a intensidade da luz). Essas unidades-base podem ser combinadas para criar todas as outras unidades de medida, como joules, hertz, watts e ohms. Existem 20 delas, chamadas "unidades derivadas".

Mas os problemas da Metrologia não pararam aí. Cinco das sete unidades-base ainda apresentavam definições insatisfatórias. O segundo, por exemplo, estava vinculado à rotação da Terra, que varia um pouco. Isso foi fixado em 1967, mas as outras quatro eram – e ainda são – problemáticas. Se o sistema SI fosse uma pessoa, diríamos que enfrentava um problema de peso, de desordens nos mols, de temperatura insalubre e de nítida falta de centelha.

Problemas sérios. As unidades de medida precisam ser as mesmas para todos, em qualquer lugar, quer se esteja comprando verduras ou mexendo com a física de partículas. Não ter um sistema universal pode levar ao desastre, como quando a NASA, em 1999, perdeu aquele *Mars Climate Orbiter*, de 125 milhões de dólares, depois de uma confusão entre unidades métricas e imperiais [as usadas no Reino Unido].

O problema mais pesado é o quilograma, que ainda é definido por um objeto físico – o cilindro de uma liga de platina-irídio fundida na década de 1870.

Cerca de 40 outros quilogramas foram lançados ao mesmo tempo. Alguns são mantidos na sede do Bureau Internacional de Pesos e Medidas, em Sèvres, perto de Paris, outros em laboratórios de normas ao redor do mundo. De vez em quando, uns são comparados com outros. Em 1949, os metrologistas descobriram que o protótipo e seus companheiros tinham divergido em cerca de 50 microgramas, erro um tanto grave. Houve nova checagem em 1989, e o problema persistia.

Para sempre o mesmo

O problema do quilograma transborda para o mol, a unidade que os químicos utilizam para medir a quantidade de uma substância. Ele é definido como o número de átomos em 0,012 quilogramas de carbono 12. Bingo!

A unidade de temperatura, o kelvin, também não é adequada para os fins a que se propõe. É definida como 1/273,16 de 0,01 °C, o ponto triplo de água do mar purificada onde gelo, líquido e vapor podem coexistir. Isso é bom para a maioria dos propósitos, mas, por razões técnicas, torna difícil medir temperaturas muito altas ou muito baixas. O ampere tem problemas ainda mais graves.

Os meteorologistas estão bem cientes dos problemas e mostram empenho em vincular todas as unidades básicas a constantes invariáveis da natureza. Quando a renovação finalmente chegar, a medição terá fundamentos rigorosos pela primeira vez na história.

A ORIGEM DE (QUASE) TODAS AS COISAS → CONHECIMENTO → UMA UNIDADE PARA TUDO

Uma unidade para tudo

Toda a realidade física pode ser quantificada com a utilização de apenas sete medidas básicas. As unidades-base são também combinadas para criar unidades derivadas.

CÓDIGO
- UNIDADES-BASE
- UNIDADES DERIVADAS SEM NOMES ESPECIAIS
- UNIDADES DERIVADAS COM NOMES ESPECIAIS

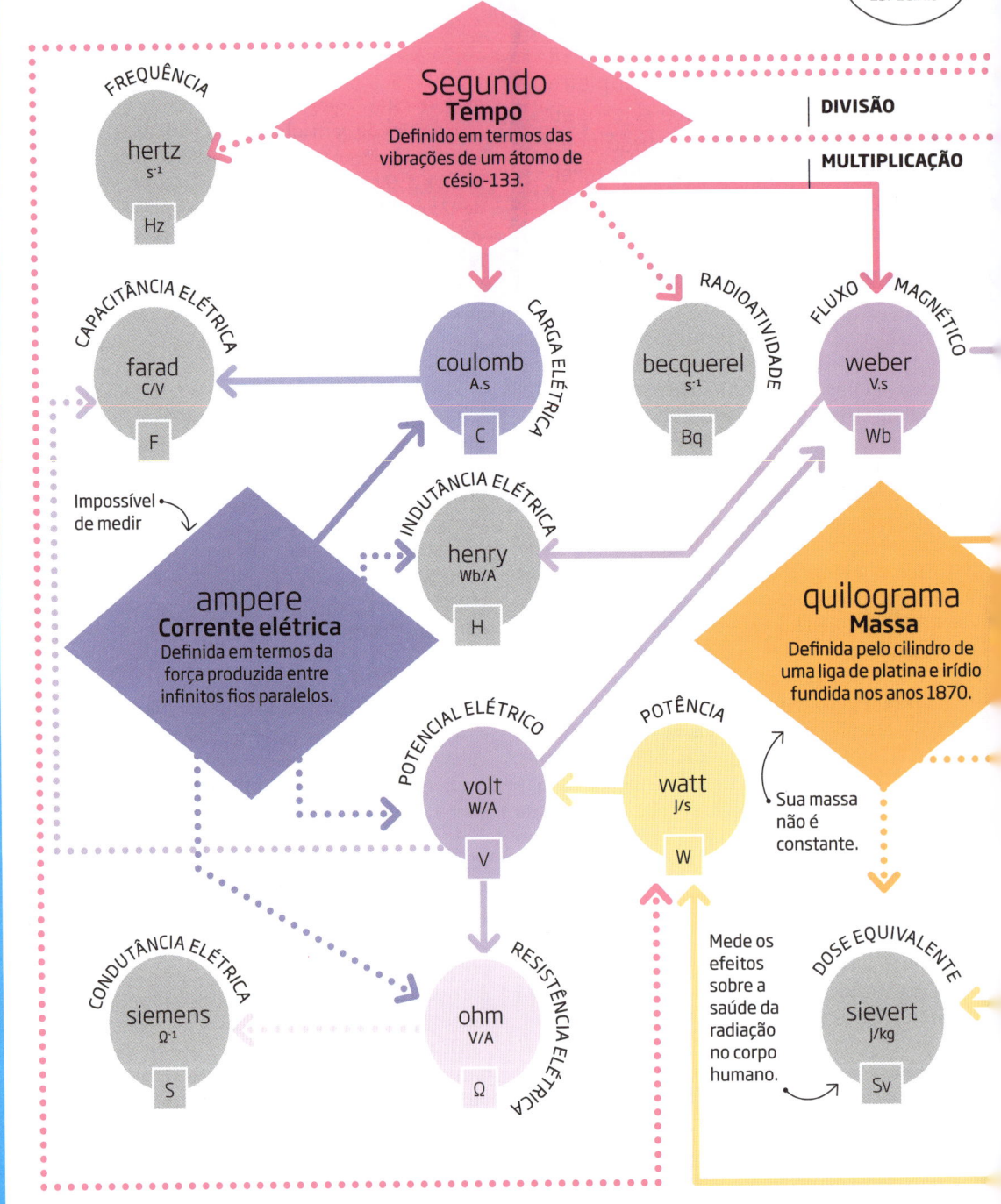

DIVISÃO
MULTIPLICAÇÃO

Segundo — Tempo
Definido em termos das vibrações de um átomo de césio-133.

FREQUÊNCIA: **hertz** s^{-1} — Hz

CAPACITÂNCIA ELÉTRICA: **farad** C/V — F

CARGA ELÉTRICA: **coulomb** A.s — C

RADIOATIVIDADE: **becquerel** s^{-1} — Bq

FLUXO MAGNÉTICO: **weber** V.s — Wb

INDUTÂNCIA ELÉTRICA: **henry** Wb/A — H

Impossível de medir

ampere — Corrente elétrica
Definida em termos da força produzida entre infinitos fios paralelos.

quilograma — Massa
Definida pelo cilindro de uma liga de platina e irídio fundida nos anos 1870.

Sua massa não é constante.

POTENCIAL ELÉTRICO: **volt** W/A — V

POTÊNCIA: **watt** J/s — W

CONDUTÂNCIA ELÉTRICA: **siemens** $Ω^{-1}$ — S

RESISTÊNCIA ELÉTRICA: **ohm** V/A — Ω

DOSE EQUIVALENTE: **sievert** J/kg — Sv

Mede os efeitos sobre a saúde da radiação no corpo humano.

180

ATIVIDADE CATALÍTICA
katal (mol/s) — kat

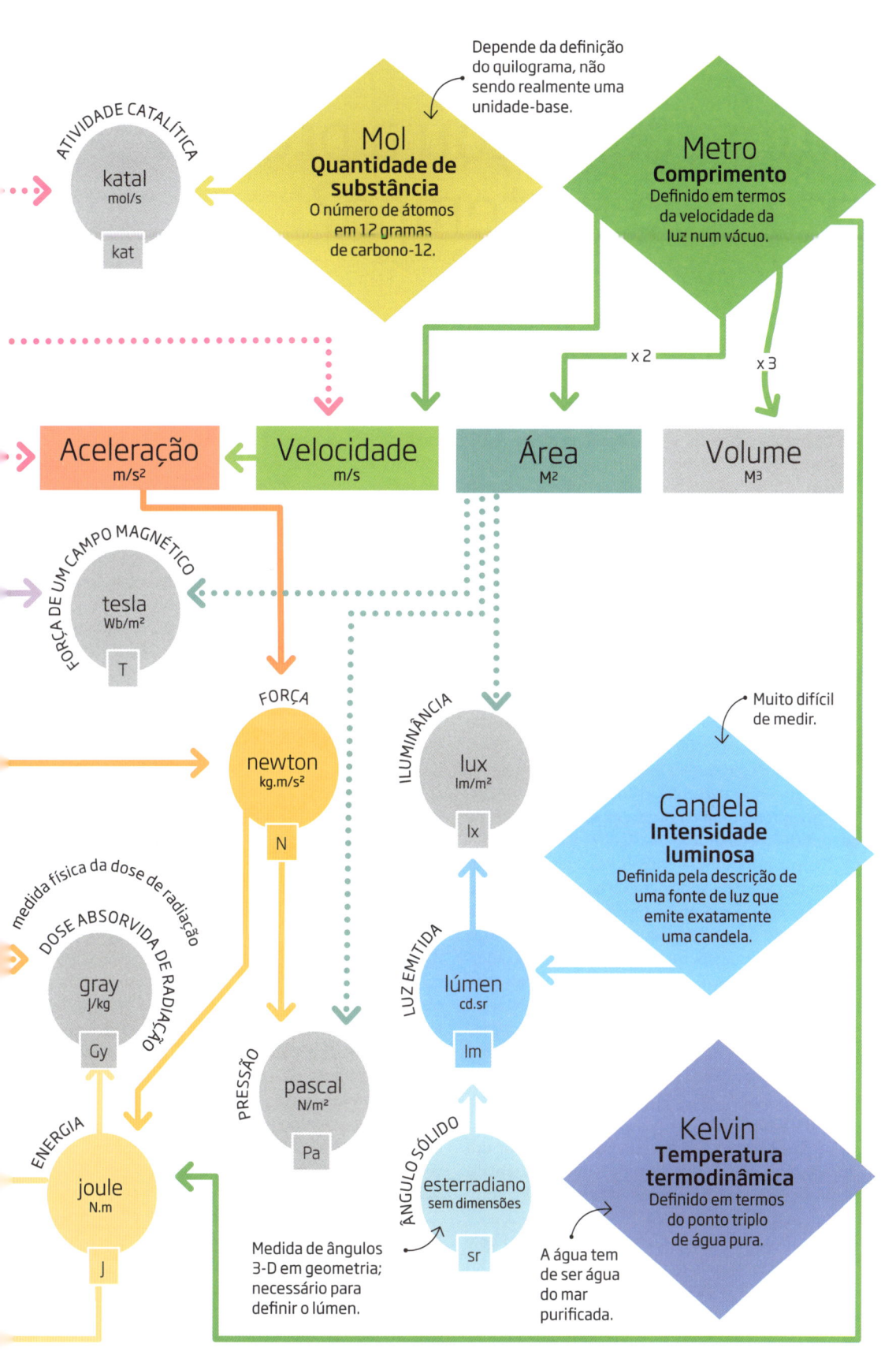

Mol
Quantidade de substância
O número de átomos em 12 gramas de carbono-12.

Depende da definição do quilograma, não sendo realmente uma unidade-base.

Metro
Comprimento
Definido em termos da velocidade da luz num vácuo.

×2 ×3

Aceleração
m/s²

Velocidade
m/s

Área
M²

Volume
M³

FORÇA DE UM CAMPO MAGNÉTICO
tesla (Wb/m²) — T

FORÇA
newton (kg.m/s²) — N

ILUMINÂNCIA
lux (lm/m²) — lx

Muito difícil de medir.

Candela
Intensidade luminosa
Definida pela descrição de uma fonte de luz que emite exatamente uma candela.

DOSE ABSORVIDA DE RADIAÇÃO
medida física da dose de radiação
gray (J/kg) — Gy

LUZ EMITIDA
lúmen (cd.sr) — lm

PRESSÃO
pascal (N/m²) — Pa

ENERGIA
joule (N.m) — J

ÂNGULO SÓLIDO
esterradiano (sem dimensões) — sr

Medida de ângulos 3-D em geometria; necessário para definir o lúmen.

Kelvin
Temperatura termodinâmica
Definido em termos do ponto triplo de água pura.

A água tem de ser água do mar purificada.

Quem começou a prestar atenção no tempo?

Se você olhar para o ponteiro dos segundos do relógio, pode ver uma coisa estranha. Em vez de andar para a frente, ele, às vezes, parece congelar um momento... antes de voltar à ação. Essa ilusão de "tempo congelado" é provocada pelo *design* do nosso sistema visual: ele desliga quando movemos os olhos com rapidez, e o cérebro preenche o que acha que deve ter perdido. Isso, sem dúvida, resume nossos problemas para medir o tempo.

Em termos gerais, o tempo é um fenômeno ilusório. Ele voa, se arrasta e às vezes parece parar. Nós o experimentamos como uma implacável correia transportadora de "momentos presentes" que se estendem do passado para o futuro, mas não temos certeza se ele de fato existe. Talvez o tempo seja uma propriedade fundamental do Universo, como espaço ou massa, mas pode ser uma ilusão criada por nosso cérebro.

Contudo, esse caráter escorregadio não nos impediu de tentar defini-lo. Humanos sendo humanos inventaram meios cada vez mais precisos de identificá-lo e medi-lo.

Nossos mais antigos ancestrais certamente repararam na experiência do agora e no previsível ciclo de dias, estações e anos. No entanto, durante a maior parte da pré-história humana, os elementos naturais de contagem do tempo – amanhecer, anoitecer, fases da Lua, e assim por diante – eram suficientemente precisos. Monumentos megalíticos como Stonehenge podem ter sido tipos de calendários usados para prever a passagem das estações, mas sobre isso só podemos especular.

Batendo ponto

A primeira tentativa que conhecemos de criar um sistema formal de contagem do tempo remonta a cerca de 4 mil anos, quando os antigos egípcios apresentaram a ideia de dividir o dia em unidades menores. Os primeiros relógios de sol descobertos no Vale dos Reis mostram que a porção iluminada do dia foi dividida em doze porções iguais, presume-se que para monitorar o tempo de trabalho dos operários que construíam as tumbas. Se assim foi, também eles teriam passado pela experiência de um tempo parecendo se arrastar, em especial no auge do verão. A "proto-hora" teria variado de acordo com a extensão do dia, com uma hora no auge do verão 16 minutos modernos mais longa que uma hora no auge do inverno. Talvez tenha sido para resolver esse problema que os antigos egípcios inventaram o relógio de água, que marcava o tempo de forma independente do Sol e dividia um dia em 24 porções iguais.

A grande inovação seguinte foi a criação de subdivisões mais refinadas. Os primeiros a sair do marasmo foram os babilônicos, por volta de 300 a.C. Eles cortaram o dia em três lotes de 60, criando unidades correspondentes a 24 minutos, 24 segundos e 0,4 segundo.

Saem os segundos

O sistema que usamos foi inventado por volta do final do primeiro milênio d.C., quando o sábio persa Al-Biruni pegou o conceito egípcio do dia de 24 horas e o subdividiu duas vezes por 60, criando minutos e segundos – chamados assim porque vêm da segunda divisão por 60.

O segundo continua sendo a unidade fundamental de tempo. Durante séculos, manteve vínculo com o ciclo solar, definido como 1/86.400 de um dia. Mas aos poucos os cientistas foram percebendo que essa definição revivia o problema encontrado pelos antigos egípcios. O dia não é sempre exatamente da mesma extensão. Como a força gravitacional da Lua e do Sol estão aos poucos diminuindo a rotação da Terra, há cem anos o dia era um pouco mais curto e daqui a cem anos será um pouco longo. Instabilidades atmosfera e do chacoalhar do núcleo da Terra também indicam que a rotação do planeta pode diminuir ou acelerar de maneira imprevisível.

Para a rotina cotidiana, isso não é problema. Todavia, com tantas outras unidades de medida dependentes do segundo, um segundo variável não era aceitável. Os cientistas acabaram chegando a uma solução semelhante à dos egípcios, embora mais sofisticada que a da água pingando.

Em 1967, após anos de um debate muitas vezes obscuro, o Comitê Internacional de Pesos e Medidas aprovou uma nova definição do segundo. Daí em diante seria o "segundo atômico", definido por um número específico de vibrações de um átomo de césio. Essa decisão foi uma ruptura no vínculo histórico entre Astronomia e tempo.

Mas a Astronomia ainda torna sua aleatória presença sentida a cada poucos anos. Podemos medir com um relógio atômico a passagem do tempo em tudo que quisermos, mas o dia continua se prolongando de forma imperceptível, levando o tempo atômico e o tempo da Terra a uma separação gradual.

Um salto no desconhecido

Da perspectiva humana, a diferença é negligenciável, 2 ou 3 minutos por século. Mas para a ciência isso significa enorme imprecisão. Então, em 1972, nasceu o sistema do segundo intercalado [*leap second*]. Astrônomos acompanham a rotação da Terra usando o ponto de referência mais estritamente fixo que possam encontrar – quasares a bilhões de anos-luz de distância. Quando uma variação no giro da Terra ameaça fazer o tempo da Terra se desviar mais de 0,9 segundo do tempo atômico, emitem um aviso para que seja adicionado ou subtraído 1 segundo. Até agora a ordem foi sempre adicionar. O resultado é a Hora Universal Coordenada [UTC – *Coordinated Universal Time*].

Enquanto isso, prossegue o esforço para chegar a divisões do tempo cada vez mais sutis. Os relógios atômicos têm precisão espantosa: a imprecisão do primeiro confiável, inventado em 1955, seria de 1 segundo em trezentos anos.

Esse desempenho já foi superado muitas vezes. Em 2013, cientistas dos EUA construíram um relógio atômico que, se estivesse funcionando desde a Explosão Cambriana, há 542 milhões de anos, não teria ganhado ou perdido mais que meio segundo. A tecnologia mais recente promete ainda mais. Uma nova geração de *tickers*, conhecidos como relógios ópticos, logo será tão refinada que, se alguém tivesse cronometrado cada segundo desde o Big Bang, 13,8 bilhões de anos atrás, eles ainda tocariam na hora certa.

Tempo profundo

Um dos avanços mais difíceis de nossa medição do tempo, em termos conceituais, foi perceber exatamente quanto de tempo existe. Da perspectiva de uma vida, um milênio é mais ou menos concebível. Mas 13,8 bilhões de anos está além da compreensão. O "tempo profundo" é tão contrário à lógica do senso comum que só foi descoberto cerca de 4 mil anos depois da invenção da contagem do tempo.

Até meados do século XVIII, supunha-se que o Universo tivesse alguns milhares de anos de idade. Então os geólogos foram aos poucos percebendo que essa concepção era contrariada por várias ordens de grandeza. As rochas que estudavam pareciam eternas e imutáveis, embora fosse uma ilusão. Os estratos sedimentares, os fósseis e as linhas de falha apresentavam evidências de mudanças de lentidão inimaginável, que ocorriam em estonteantes extensões de tempo.

O relógio de água egípcio foi o primeiro dispositivo a separar a contagem do tempo da Astronomia.

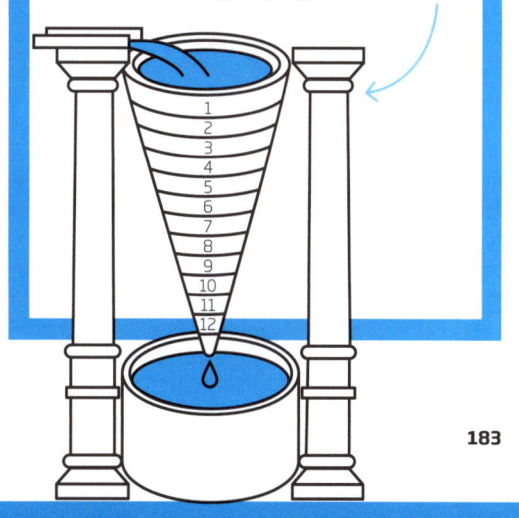

A ORIGEM DE (QUASE) TODAS AS COISAS → CONHECIMENTO → O PODER DO 12

O poder do 12

Muitos sistemas arcaicos de medição estavam baseados no número 12. Os sistemas duodecimais foram, de forma geral, desbancados pelo decimal, mas sobrevivem na contagem do tempo.

Esquema de pirâmide
Os egípcios foram provavelmente a primeira civilização a usar a contagem de tempo duodecimal. Os primeiros relógios de sol encontrados no Vale dos Reis mostram que a porção iluminada do dia era dividida em 12 partes iguais.

Não está claro por que escolheram o 12. Pode ter origem nos céus: os astrônomos egípcios dividiam o céu noturno em 12 porções iguais.

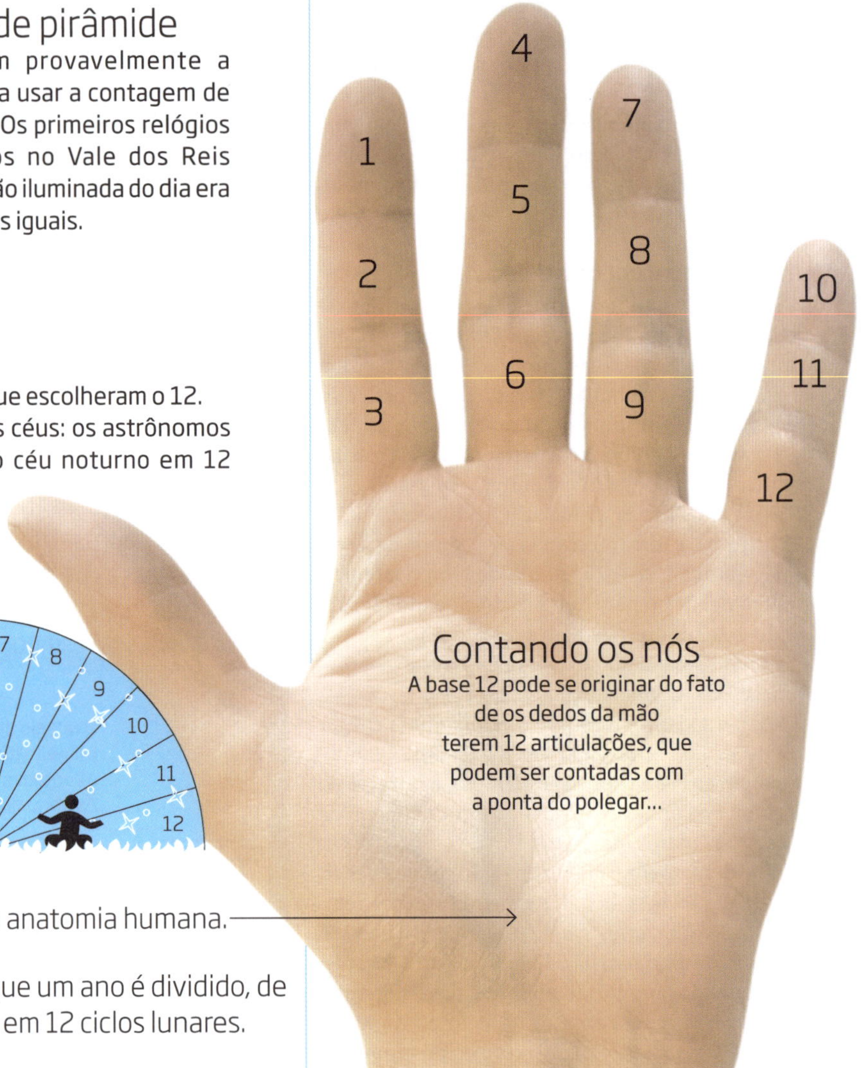

Contando os nós
A base 12 pode se originar do fato de os dedos da mão terem 12 articulações, que podem ser contadas com a ponta do polegar...

Pode ter origem na anatomia humana.

Ou talvez seja porque um ano é dividido, de forma aproximada, em 12 ciclos lunares.

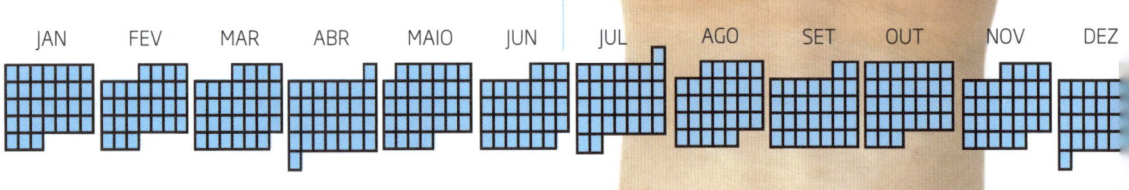

JAN FEV MAR ABR MAIO JUN JUL AGO SET OUT NOV DEZ

2 olegadas m um pé

12 pence [singular: penny] antigos em um shilling

12 onças troy em uma libra troy

12 signos do zodíaco

12 semitons em uma oitava

36 polegadas em uma jarda

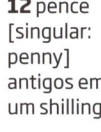

36 galões de cerveja em um barril

Muitos itens são vendidos por dúzias.

12 ... 24 ... 36 ... 48 ... 60 ...
Blocos de 12 aparecem em todo tipo de medidas

1 × 12
Um ano tem 12 meses

2 × 12
Um dia tem 24 horas

5 × 12
60 minutos em 1 hora, 60 segundos em 1 minuto

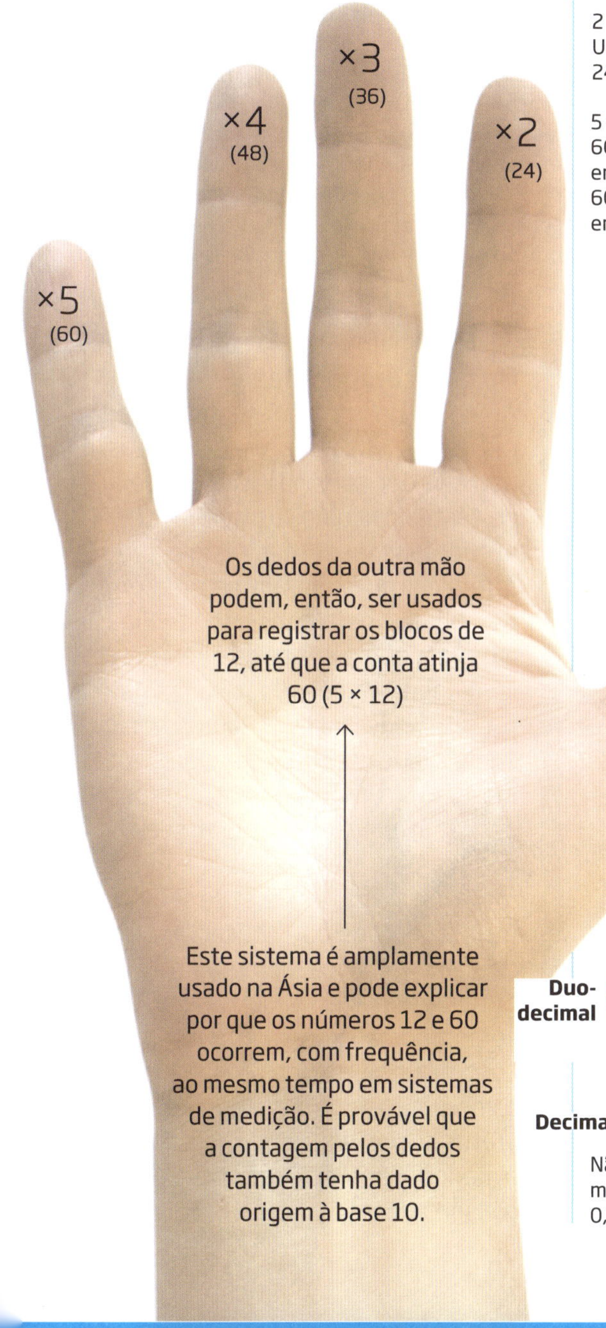

×3 (36)
×4 (48)
×2 (24)
×5 (60)
×1 (12)

Os dedos da outra mão podem, então, ser usados para registrar os blocos de 12, até que a conta atinja 60 (5 × 12)

Este sistema é amplamente usado na Ásia e pode explicar por que os números 12 e 60 ocorrem, com frequência, ao mesmo tempo em sistemas de medição. É provável que a contagem pelos dedos também tenha dado origem à base 10.

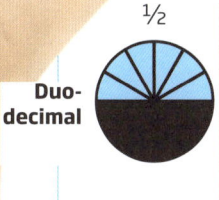

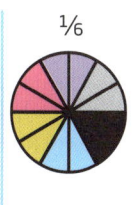

A semana de 70 horas

Revolucionários franceses tentaram decimalizar o tempo, dividindo os dias em períodos de 10 horas de 100 minutos com 100 segundos cada. A ideia não pegou.

O número mágico

12 é divisível com precisão por 2, 3, 4 e 6, o que o torna útil para sistemas de pesos e medidas em que unidades maiores precisam ser partidas em metades, terças e quartas partes.

	½	⅓	¼	⅙
Duodecimal				
Decimal	0,5	0,333333	0,25	0,166667

Não é tão fácil dividir o número 10 em pedaços menores, o que requer frações incômodas, como 0,3, se repetindo periodicamente.

Quando começamos a discutir política?

Se você já viu políticos rivais se digladiando em torno de um tema e pensou "eles parecem viver em mundos diferentes", não esteve muito longe de acertar. Suas desavenças são mais profundas que a ideologia: elas são biológicas.

Os seres humanos são animais políticos. A despeito de uma moderna associação com políticos profissionais e governo, a política realmente não passa do debate perpétuo sobre como organizar a sociedade e sobre como distribuir poder e recursos. Essa discussão é travada há milênios. Exatamente como nós, bandos nômades de caçadores-coletores precisam tomar essas decisões.

Nas sociedades pré-modernas, a política consistia, em grande parte, de lutas pelo poder entre os senhores da guerra. No entanto, quando as sociedades se tornaram mais civilizadas, as lutas assumiram caráter mais democrático. E o que tende a emergir é algo que foi observado pela primeira vez na França, na última década do século XVIII. Durante aqueles dias revolucionários, a sociedade francesa se dividiu ao longo de uma nítida área de fratura. Um lado apoiava a monarquia, a igreja e as outras instituições do *Ancien Régime*. O outro apoiava a revolução. Os tradicionalistas sentavam-se do lado direito da assembleia legislativa, e a facção revolucionária ficava no lado esquerdo.

Lutas pelo poder

Em maior ou menor grau, todas as políticas antes e depois disso reproduzem essa linha divisória fundamental. A política pode ser compreendida como uma luta entre dois impulsos concorrentes: defender o *status quo* ou derrubá-lo. Tente pensar em um moderno sistema político que não seja definido por uma luta entre direita e esquerda, conservadores e progressistas. De onde vem essa divisão, que parece ser universal entre os seres humanos?

A sabedoria convencional diz que a inclinação política é algo que escolhemos de forma consciente e racional com base em evidências e argumentos. Se divergirmos, é porque tiramos conclusões diferentes. Pesquisas recentes, no entanto, sugerem que essa visão está longe de encerrar a discussão. A política está no sangue, e diferenças políticas estão profundamente enraizadas em uma base biológica. Não só isso: elas estão muito além do controle consciente.

Pesquisas sobre as raízes biológicas da persuasão política apareceram pela primeira vez nos anos 1950, quando o mundo lutava para entender o fenômeno do totalitarismo. São lembradas principalmente por identificar algo denominado "personalidade autoritária". A ideia, no entanto, de que isso se aplicava a mais que uma minúscula

Nossas companhias
Algumas das evidências mais claras de que nossas crenças políticas não são decisões conscientes vêm de testes psicológicos que medem atitudes inconscientes – isto é, preferências que operam sem serem percebidas pela consciência. Elas mostram que pessoas de diferentes ideologias também diferem em nas preferências sociais. Como regra, conservadores tendem a preferir mais que os progressistas pessoas de status elevado e grupos sociais dominantes, como brancos e heterossexuais. Progressistas se sentem mais à vontade que conservadores na companhia de membros de minorias étnicas e sexuais – embora seja importante ressaltar que, inconscientemente, os progressistas também preferem grupos de alto status social, mas essa preferência é menos acentuada que no caso dos conservadores.

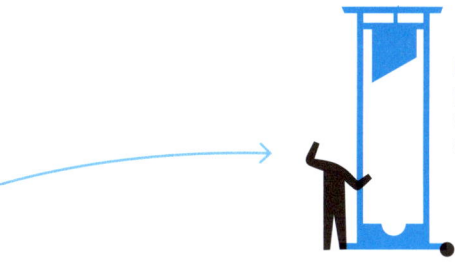

Discussões políticas podem fazer as pessoas perderem a cabeça. Foi muito apropriado que os rótulos "esquerda" e "direita" tenham se originado na Revolução Francesa.

fração da população foi contestada, e o interesse pelo tema diminuiu.

Mas os pesquisadores se depararam com algo interessante. Estudos modernos descobriram que a personalidade, de fato, influencia a crença política. Ao bisbilhotar escritórios e dormitórios, os psicólogos descobriram que conservadores e progressistas tendiam a organizar seus espaços de modo diferente. Os conservadores privilegiavam a arrumação, o convencionalismo, a posse de um número maior de objetos indicativos de ordem. As áreas progressistas são mais desarrumadas e têm mais objetos relacionados à busca de novos conhecimentos.

Labirinto moral

Os pesquisadores concluíram que essas diferenças exteriores eram manifestações de traços interiores da personalidade – abertura à experiência e atenção a detalhes, duas das "cinco grandes" dimensões que conhecidamente contam com forte base genética.

Vários estudos relacionados mostraram que os conservadores têm maior necessidade de "fechamento cognitivo", o que os faz querer transformar incertezas em certezas e ambiguidade em clareza.

Outra área onde têm sido encontradas diferenças biológicas é a dos julgamentos morais. Os progressistas julgam o sofrimento e a desigualdade como elementos moralmente ofensivos, enquanto os conservadores estão mais preocupados com o desrespeito à autoridade e à tradição, e com os sinais de "impureza" sexual ou espiritual. Mais uma vez, essas diferenças têm surpreendentes raízes biológicas, e têm sido relacionadas à facilidade com que as pessoas ficam indignadas.

Como regra, os conservadores ficam mais facilmente irritados por certos estímulos, como o cheiro de peidos. A indignação tende a tornar pessoas de todas as convicções políticas mais implacáveis diante de um comportamento moralmente suspeito, mas os conservadores reagem de forma mais severa. Isso pode explicar diferenças de opinião sobre temas como o casamento homossexual e a imigração ilegal. Conservadores tendem a sentir forte repulsa a essas violações do *status quo* e, portanto, julgam-nas inaceitáveis em termos morais. Os liberais se incomodam com menos facilidade e são menos propensos a julgá-las tão severamente.

Também foram encontradas diferenças no modo como as pessoas veem o mundo, por exemplo a reação delas a sustos. Conservadores têm reflexo de sobressalto mais pronunciado a ruídos altos, piscando mais depressa e suando mais. Também mostram reações mais fortes a imagens ameaçadoras: as olham mais imediatamente e por mais tempo. Conservadores estão mais propensos a relatar que veem o mundo como um lugar perigoso.

De modo bastante controverso, os cientistas começaram a procurar raízes genéticas para essas diferenças. Durante vinte e cinco anos, fomos informados sobre a alta possibilidade de que as atitudes políticas fossem herdadas. Gêmeos idênticos são muito mais propensos a compartilhar opiniões políticas que gêmeos fraternos, o que sugere que não é apenas o ambiente compartilhado que influencia, mas também genes compartilhados.

Direita, esquerda e centro

Mais recentemente, os geneticistas começaram a olhar para determinados genes que podem contribuir para a ideologia. Não se trata de sugerir que existam genes "para" progressismo ou conservadorismo, mas um gene de interesse é a variante 7R do gene do receptor D4 da dopamina, DRD4, que tem sido associado a um comportamento de busca de novidades e a tendências políticas de esquerda.

A pesquisa foi criticada por reduzir as nuances de opinião política a um binômio simplista e a tratar o conservadorismo com desordem da personalidade. O mundo real é mais complexo, com pontos de vista dispostos em um espectro e inúmeras vertentes de opinião dentro das amplas igrejas de esquerda e direita. Além disso, há outras tradições políticas que não se encaixam no modelo, em particular o pensamento libertário.

Há, no entanto, evidências substanciais de que a política é movida mais por diferenças na base biológica que por diferenças de opinião. Então, em vez de ficarmos com raiva dos nossos oponentes políticos, devíamos sentir pena deles: a verdade é que não há como deixarem de estar tão total, extrema e estupidamente errados.

A ORIGEM DE (QUASE) TODAS AS COISAS → CONHECIMENTO → CÉREBRO ESQUERDO, CÉREBRO DIREITO

Cérebro esquerdo, cérebro direito

Podemos achar que escolhemos nossas crenças políticas, mas na verdade foram elas que nos escolheram. Predisposições biológicas levam a maioria das pessoas a se inclinarem de forma instintiva para a esquerda ou para a direita.

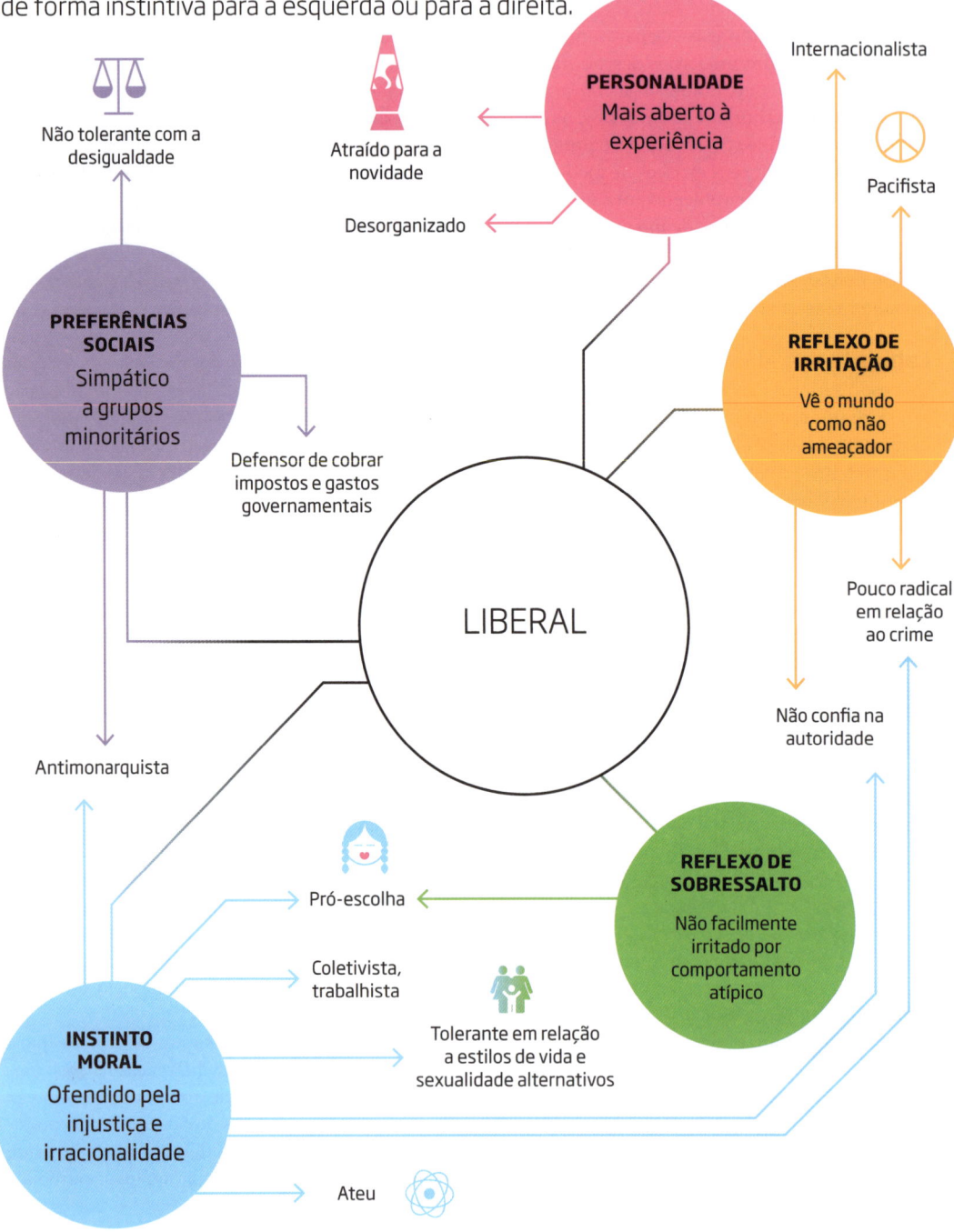

LIBERAL

PERSONALIDADE
Mais aberto à experiência
- Atraído para a novidade
- Desorganizado
- Internacionalista
- Pacifista

PREFERÊNCIAS SOCIAIS
Simpático a grupos minoritários
- Não tolerante com a desigualdade
- Defensor de cobrar impostos e gastos governamentais

REFLEXO DE IRRITAÇÃO
Vê o mundo como não ameaçador
- Pouco radical em relação ao crime
- Não confia na autoridade

REFLEXO DE SOBRESSALTO
Não facilmente irritado por comportamento atípico
- Tolerante em relação a estilos de vida e sexualidade alternativos

INSTINTO MORAL
Ofendido pela injustiça e irracionalidade
- Antimonarquista
- Pró-escolha
- Coletivista, trabalhista
- Ateu

188

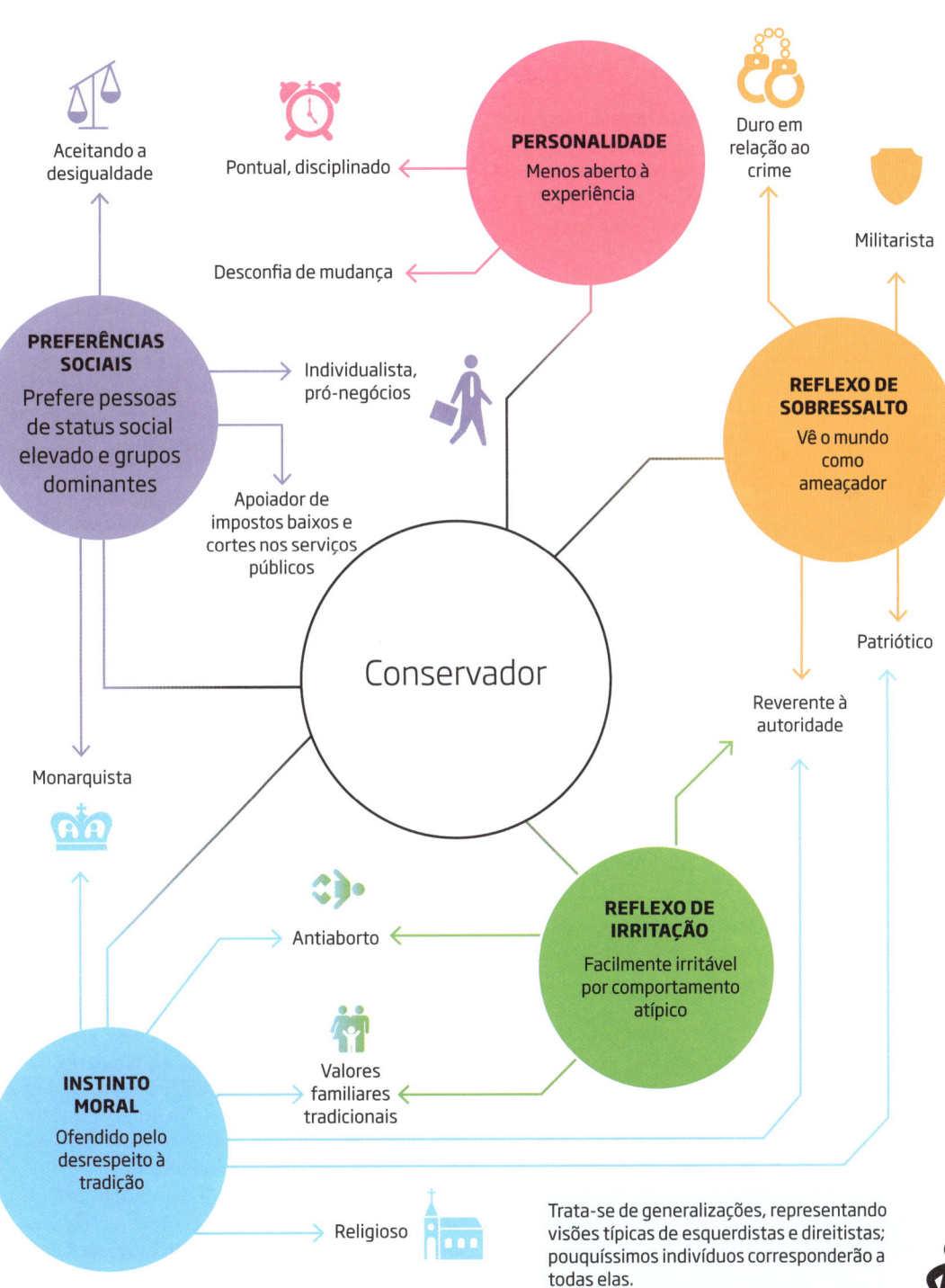

Conservador

PERSONALIDADE
Menos aberto à experiência
- Pontual, disciplinado
- Desconfia de mudança

PREFERÊNCIAS SOCIAIS
Prefere pessoas de status social elevado e grupos dominantes
- Aceitando a desigualdade
- Individualista, pró-negócios
- Apoiador de impostos baixos e cortes nos serviços públicos
- Monarquista

REFLEXO DE SOBRESSALTO
Vê o mundo como ameaçador
- Duro em relação ao crime
- Militarista
- Patriótico
- Reverente à autoridade

REFLEXO DE IRRITAÇÃO
Facilmente irritável por comportamento atípico
- Antiaborto
- Valores familiares tradicionais

INSTINTO MORAL
Ofendido pelo desrespeito à tradição
- Religioso

Trata-se de generalizações, representando visões típicas de esquerdistas e direitistas; pouquíssimos indivíduos corresponderão a todas elas.

Quando a alquimia se tornou ciência?

É provável que as pessoas que faziam queijo não tenham ficado muito impressionadas, mas o restante do mundo lhe deve gratidão eterna. Era 17 de fevereiro de 1869 e o químico russo Dmitri Mendeleev devia fazer um trabalho de consultoria em uma fábrica de queijos de São Petersburgo. Mas cancelou o compromisso e passou o dia em casa fazendo anotações de modo frenético. À noite, já tinha o esboço de uma das teorias científicas mais bem-sucedidas de todos os tempos: a tabela periódica dos elementos.

O momento de descoberta de Mendeleev foi o ponto culminante de séculos de trabalho na tentativa de entender e controlar os processos de mudança material. O que acontece quando uma vela queima? Por que uma pitada de sal desaparece dentro de um copo de água? O chumbo pode ser transformado em ouro? Agora reconhecemos que essas perguntas são feitas no domínio da Química, que tem a reputação de ser uma ciência sóbria e meio chata. Mas a origem dela foi bem diferente disso.

Os primeiros passos foram dados por filósofos na antiga Grécia. Aristóteles declarou que tudo era feito de quatro elementos: água, fogo, ar e água. Os materiais tinham determinadas qualidades em razão da proporção que continham desses elementos. Um metal, por exemplo, era feito de terra e água, mas, quando aquecido, parte da terra se transformava em fogo.

Metais e tinturas

Aristóteles morreu em 322 a.C., uma década depois de Alexandre, o Grande, conquistar o Egito e fundar uma nova capital, Alexandria. Artesãos imbuídos da filosofia aristotélica começaram a incursionar pela metalurgia e pelo tingimento. Chamaram seu ofício de *khymeia*, que significa "misturas". A tradição foi mais tarde passada para estudiosos islâmicos, que a chamaram *al-khimya*. O conhecimento deles acabou abrindo caminho em direção à Europa medieval, onde praticantes de magia o cercaram de misticismo e o chamaram de *alquimia*, ou simplesmente *quimia*.

O principal objetivo dos alquimistas era a pedra filosofal, substância que poderia transmutar metais comuns em ouro e prata, curar qualquer doença e trazer a chave para a vida eterna. Também eram artesãos que usavam sua experiência na manipulação e transformação de insumos para produzir medicamentos, vidros e explosivos.

Mas a alquimia não era uma ciência. A reviravolta veio em 1661, quando o filósofo Robert Boyle publicou um livro inovador chamado *The Skeptical Chymist*, que aplicava métodos científicos recém-descobertos à *quimia*. Boyle argumentava que não se podia apenas afirmar que a matéria era feita de quatro elementos; era preciso prová-lo, com experimentos que pudessem ser reproduzidos.

Domesticando os elementos

O homem que os levou a cabo era aristocrata francês, Antoine Lavoisier. Ele aceitou o desafio de Boyle e saiu à procura dos elementos básicos, conceito que definiu como qualquer coisa que não pudesse ser decomposta ainda mais. Em 1789, Lavoisier publicou uma lista de 33 "elementos", muitos dos quais são realmente elementos, como hoje entendemos o conceito. Vários outros foram logo descobertos. A ideia de que cada elemento tinha um átomo próprio e específico tornou-se popular, assim como a ideia de que os elementos se combinavam entre si para formar compostos.

Na época de Mendeleev, eram conhecidos 63 elementos. Sua inovação foi organizá-los em grupos por peso atômico e, assim, revelar alguns padrões em suas propriedades. O grupo 1, por exemplo, era todo constituído de metais leves, que reagem violentamente com a água. O grupo 7 incluía os gases flúor, cloro e bromo, que existem como moléculas compostas de dois átomos. Esse não era o único padrão. Dentro de cada grupo, a reatividade dos elementos se alterava à medida que os átomos ficavam mais pesados. No grupo 1, a reatividade aumenta quando os átomos ficam mais pesados. No grupo 7 acontece o contrário.

A tabela periódica é a teoria unificadora da Química. Ela não explicava apenas observações, mas também fazia previsões. Onde não havia elemento

Magia newtoniana

Não havia apenas místicos entre os alquimistas medievais da Europa, mas também estudiosos respeitáveis. O mais respeitável de todos era Isaac Newton. Nos anos 1680, ele escreveu um dicionário de termos alquímicos chamado *Index Chemicus*.

Parece estranho pensar que alguém que encaramos como grande cientista possa ter se deixado seduzir por coisas sem sentido, mas na época não havia distinção clara entre ciência e magia. No entanto, quando Newton morreu, em 1727, a alquimia tornara-se uma arte obscura. Newton deixou uma enorme biblioteca de notas e estudos não publicados, muitos sobre alquimia. Ao serem postumamente examinados por Thomas Pellet, membro da Royal Society, ele decidiu suprimi-los, marcando-os com a instrução: "Impróprios para impressão".

com as propriedades corretas, Mendeleev deixava, de forma ousada, uma lacuna, afirmando que um novo elemento seria descoberto para preenchê-la. Ele estava certo. Por exemplo, havia um espaço logo abaixo do silício. Mendeleev chamou-o de "ekasilicon", e, quinze anos mais tarde, ele foi descoberto pelo químico alemão Clemens Winkler, que o chamou de germânio.

Alquimia moderna

Não demorou muito para que a causa subjacente dos padrões fosse descoberta: o elétron. A partícula foi descoberta em 1896, mas os experimentos cruciais foram feitos por Hans Geiger e Ernest Marsden uma década mais tarde. Eles dispararam uma rajada de núcleos de hélio em um pedaço de papel-alumínio. O fato de muitos núcleos passarem sem serem detectados os surpreendeu, levando à conclusão de que átomos de ouro eram, na maior parte, espaços vazios. A interpretação dada por eles, que mais tarde se revelou correta, foi que os elétrons orbitavam o núcleo, deixando enormes extensões de nada entre eles.

As órbitas dos elétrons explicam as propriedades químicas e físicas de um elemento. A reatividade, por exemplo, depende da facilidade com que um átomo ganha ou perde um elétron.

Mas o elétron é uma faca de dois gumes. Apesar de toda a regularidade que introduziu, o esquema a que os químicos recorrem para entender seus efeitos é apenas uma aproximação. Na verdade, elétrons são objetos quânticos com propriedades estranhas: podem estar em dois lugares ao mesmo tempo ou "abrir um túnel" no espaço.

À medida que a revolução quântica se acelerava, os cientistas começaram a investigar detalhadamente o núcleo atômico. Uma de suas principais descobertas foi que os elementos podiam ser "transmutados" de um para outro por reações nucleares – algo que parecia proibido pelas leis da Química. Ninguém dava a última palavra, mas em 1951 o químico Glenn Seaborg pegou um metal comum, o bismuto, e converteu-o em ouro.

Elementar...

... meu caro Mendeleev. A "tentativa de um sistema dos elementos" do químico russo, publicada em 1869, revelou notável precisão.

Elementos ordenados VERTICALMENTE ↓ por peso atômico crescente e HORIZONTALMENTE → por similaridades nas propriedades químicas

H 1 — Hidrogênio · Peso atômico como compreendido na época

			Ti 50 Titânio	Zr 90 Zircônio	? 180 –
			V 51 Vanádio	Nb 94 Nióbio	Ta 182 Tântalo
			Cr 52 Cromo	Mo 96 Molibdênio	W 186 Tungstênio
			Mn 55 Manganês	Rh 104.4 Ródio	Pt 197.4 Platina
			Fe 56 Ferro	Ru 104.4 Rutênio	Ir 198 Irídio
			Ni/Co 59 Níquel/Cobalto	Pd 106.6 Paládio	Os 199 Ósmio
			Cu 63.4 Cobre	Ag 108 Prata	Hg 200 Mercúrio

Metais terrestres alcalinos

Be 9.4 Berílio	Mg 24 Magnésio	Zn 65.2 Zinco	Cd 112 Cádmio	Mercúrio deveria estar aqui

Grupo do boro: B 11 Boro | Al 27.4 Alumínio | ? 68 Eka-Alumínio | Ur 116 Urânio | Au 197? Ouro

Agora apenas U

Grupo do carbono: C 12 Carbono | Si 28 Silício | ? 70 Eka-Silício | Sn 118 Estanho

Grupo do nitrogênio: N 14 Nitrogênio | P 31 Fósforo | As 75 Arsênico | Sb 122 Antimônio | Bi 210? Bismuto

Grupo do oxigênio: O 16 Oxigênio | S 32 Enxofre | Se 79.4 Selênio | Te 128? Telúrio

Descoberto em 1875 e chamado gálio

Halogênios: F 19 Flúor | Cl 35.5 Cloro | Br 80 Bromo | I 127 Iodo

Metais alcalinos: Li 7 Lítio | Na 23 Sódio | K 39 Potássio | Rb 85.4 Rubídio | Cs 133 Césio | Tl 204 Tálio

Metais terrestres alcalinos: Ca 40 Cálcio | Sr 87.6 Estrôncio | Ba 137 Bário | Pb 207 Chumbo

Descoberto em 1886 e chamado germânio

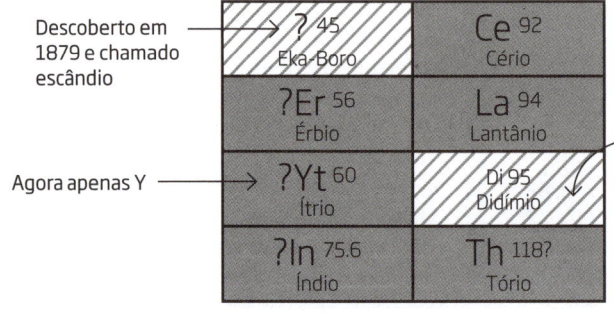

Pesos atômicos tão próximos que Mendeleev não conseguiu separá-los

Elementos problemáticos que Mendeleev não conseguiu encaixar

? 45 Eka-Boro	Ce 92 Cério
?Er 56 Érbio	La 94 Lantânio
?Yt 60 Ítrio	Di 95 Didímio
?In 75.6 Índio	Th 118? Tório

Descoberto em 1879 e chamado escândio

Agora apenas Y

Descobriu-se não ser um elemento, mas uma combinação de dois outros, praseodímio e neodímio

Mendeleev usava pontos de interrogação para elementos desconhecidos que ele (de forma correta) previa que seriam descobertos.
Este elemento foi descoberto em 1922 e chamado *háfnio*.

A tabela de 1869 foi criada pelo químico russo Dmitri Mendeleev usando os 63 elementos conhecidos na época. Em um feito notável, Mendeleev acertou ou quase acertou 52 deles e só errou quatro (mais os sete com os quais não soube o que fazer).

Tabela periódica dos elementos atualmente

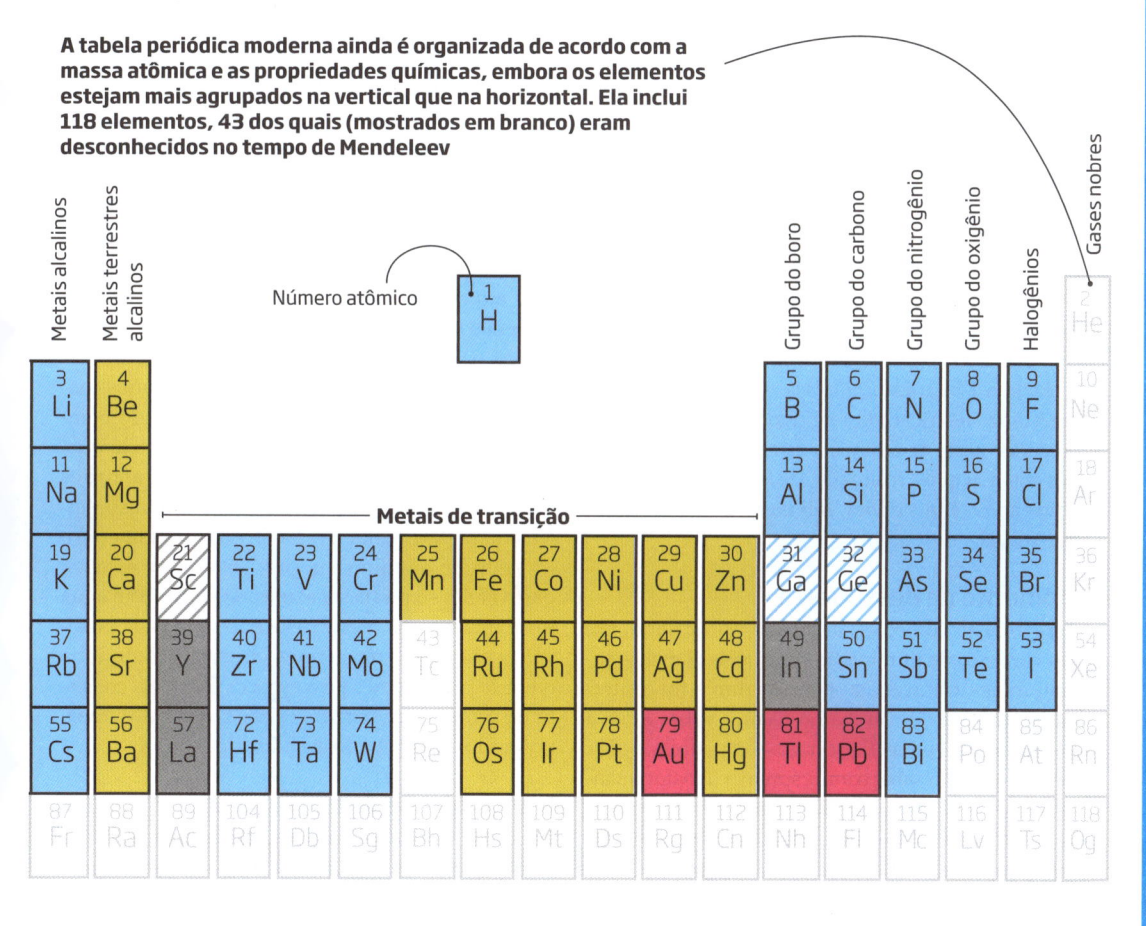

A tabela periódica moderna ainda é organizada de acordo com a massa atômica e as propriedades químicas, embora os elementos estejam mais agrupados na vertical que na horizontal. Ela inclui 118 elementos, 43 dos quais (mostrados em branco) eram desconhecidos no tempo de Mendeleev

Mendelévio, homenageando Mendeleev em 1955

Como descobrimos que a realidade é tão estranha?

Em 1874, quando um prodígio da ciência de 17 anos chamado Max Planck disse a seu professor universitário que queria dar início à carreira de físico, o homem mais velho adiantou alguns conselhos. "Nesse campo, quase tudo já foi descoberto", declarou ele, "e só falta tapar alguns buracos."

O fato é que ele não deixava de ter razão – embora os buracos fossem buracos de coelho que causariam espanto até mesmo a Lewis Carroll. Poucos anos depois, tentativas de tapá-los haviam dado origem a uma nova compreensão do Universo, revolucionária, mas alucinante. E o homem que primeiro se embrenhou por eles, embora com relutância, foi Planck.

Hoje a Mecânica Quântica é nossa mais bem-sucedida descrição da realidade. Ela nos permite entender tudo, de átomos a estrelas. E ela também nos ensinou que a realidade, de forma fundamental e profunda, é misteriosa, talvez até mesmo incompreensível.

Momento da descoberta

A revolução começou, de forma apropriada, em um contexto de iluminação. Em 1894, Planck – então professor universitário em Berlim – foi contratado para fazer um trabalho técnico sobre a nova invenção de Thomas Edison. As companhias de luz elétrica queriam saber como espremer a maior quantidade possível de luz branca com a menor quantidade possível de energia, e Planck começou a investigar a relação entre a temperatura do filamento e a cor da luz.

Isso acabou levando à confirmação de um conhecido quebra-cabeças chamado problema da radiação do corpo negro, que descrevia a relação entre a temperatura de um objeto, como um pedaço de metal, e a cor da luz emitida por ele (corpo negro é uma entidade teórica ao mesmo tempo absorvente perfeito e emissor de radiação eletromagnética). Medições experimentais tinham descoberto uma enorme anomalia que a Física não conseguia resolver: por mais quente que ficassem, os corpos negros quase não emitiam luz ultravioleta. Isso ficou conhecido como a catástrofe ultravioleta.

Em dezembro de 1900, Planck, então com 42 anos, postou-se diante da Associação Alemã de Física e propôs uma solução: a energia, em vez de ser um fenômeno contínuo que pode existir em quantidades de qualquer tamanho, existe apenas em nódulos discretos. Chamou cada uma dessas unidades de *quantum*. Na época, Planck não percebeu que estava engatinhando em direção a um buraco sem saída. Mas sua conclusão – que descreveu como "ato de desespero" – inspirou toda uma geração mais nova de físicos ansiosos para se aprofundar no assunto.

Um deles era um desconhecido de 25 anos chamado Albert Einstein. Ele estava tentando compreender o efeito fotoelétrico, fenômeno pelo qual muitos metais cospem elétrons quando banhados por certas frequências de luz, não importa sua intensidade. Os quanta de Planck eram exatamente o conceito de que Einstein precisava. Ele percebeu que o efeito só podia ser explicado se também a luz fosse quantizada. Nesse caso, não seria mais possível pensar a luz em termos clássicos, como uma onda se propagando pelo espaço. Ela devia consistir de um fluxo de partículas, cada uma delas transportando determinado *quantum* de energia.

Nem uma coisa nem outra

Era uma ideia difícil para os físicos engolirem, pois havia evidências inequívocas de que a luz era uma onda. Em particular, projetar uma luz através de duas fendas produzia um padrão de interferência que era a reprodução exata de dois diferentes conjuntos de ondulações numa lagoa. O único meio de chegar a uma conclusão era atirar pela janela noções do senso comum e aceitar a ideia de que a luz era tanto uma onda quanto uma partícula.

Na década de 1920, ficou claro que a dualidade onda-partícula estava por toda parte. Isso deixava os físicos da velha escola em agitação silenciosa. E o pior ainda estava por vir.

Gato na caixa

Nos anos 1920, a interpretação da Mecânica Quântica de Copenhague tornou-se o meio mais popular de chegar a um acordo com a estranheza do mundo quântico, mas nem todos se sentiram à vontade com suas implicações. Erwin Schrödinger chamou atenção para o absurdo dela com um famoso, mas muito mal compreendido, experimento do pensamento. Imagine um gato trancado em uma caixa com um frasco de veneno que tenha 50% de possibilidade de quebrar. Segundo a Mecânica Quântica, até a caixa ser aberta, ambos os resultados são igualmente possíveis. Até que alguém espreite lá dentro, o gato está, ao mesmo tempo, vivo e morto.

Em 1927, o teórico alemão Werner Heisenberg percebeu que as consequências da dualidade onda-partícula impunham um limite fundamental para a quantidade de informação que poderíamos obter sobre o mundo. Quanto mais precisamente medíssemos a localização de uma partícula, por exemplo, menos ficaríamos sabendo sobre seu momento. No mundo quântico, as partículas não são como bolas de sinuca; não possuem duas propriedades separadas chamadas localização e momento, mas uma mistura das duas que não pode ser dissociada.

O princípio da incerteza de Heisenberg continua sendo uma das previsões mais ilógicas da teoria quântica. E, à medida que se desenvolviam, suas ideias se tornavam cada vez mais desarticuladas da realidade cotidiana.

Teatro do absurdo

Muitos acharam o trabalho do rival austríaco, Erwin Schrödinger, mais palatável. Ele concordava que era impossível descrever uma partícula como se ela habitasse um ponto fixo no espaço. O melhor que poderíamos fazer era atribuir um conjunto de probabilidades a todas as posições possíveis onde ela poderia existir. Por essa lógica, uma partícula só se fixaria em uma localização específica quando alguém se desse ao trabalho de olhar para lá.

Esse conceito de superposição de estados que só entram em colapso quando estão sendo observados tornou-se um princípio fundamental da Interpretação de Copenhague da Mecânica Quântica, formulada por Heisenberg e Niels Bohr. Ele também levou a outro conceito importante, mas totalmente bizarro: entrelaçamento quântico, a superposição de duas partículas a grande distância uma da outra.

Tais absurdos tiveram peso considerável entre os pioneiros do *quantum*. Como disse o próprio Bohr, "quem não fica chocado ao se deparar pela primeira vez com a teoria quântica não tem a menor possibilidade de tê-la compreendido".

Mas eles se mostraram justificados, e em grande estilo. Uma nova era de experimentos confirmou, inclusive, até as mais atordoantes previsões. No entanto, embora a compreensão tenha avançado a passos largos, nossa perplexidade continua tão grande quanto no princípio. É natural haver buracos, mas eles podem jamais ser preenchidos.

Pelo buraco do coelho

Os primeiros pioneiros da Mecânica Quântica no século XX reescreveram as regras da realidade, mas nenhum deles jamais chegou de fato a um acordo com a estranheza fundamental daquilo que havia descoberto.

1900
Max Planck

começa acidentalmente uma revolução ao propor que a energia só pode existir em certas quantidades chamadas *quanta*. Mas ele não acredita realmente nisso: é apenas prestidigitação matemática para tentar explicar alguns confusos resultados experimentais.

"Na realidade, não cheguei a pensar muito no assunto."

Prêmio Nobel de Física em 1918

1905
Albert Einstein

aplica com sucesso as ideias de Planck à luz e a teoria quântica começa a tomar forma. Mas Einstein nunca chega a aceitá-la de fato como realidade.

"A mecânica quântica é, sem dúvida, imponente. Mas uma voz interior me diz que ainda não é a realidade."

Prêmio Nobel de Física em 1921

1913
Niels Bohr

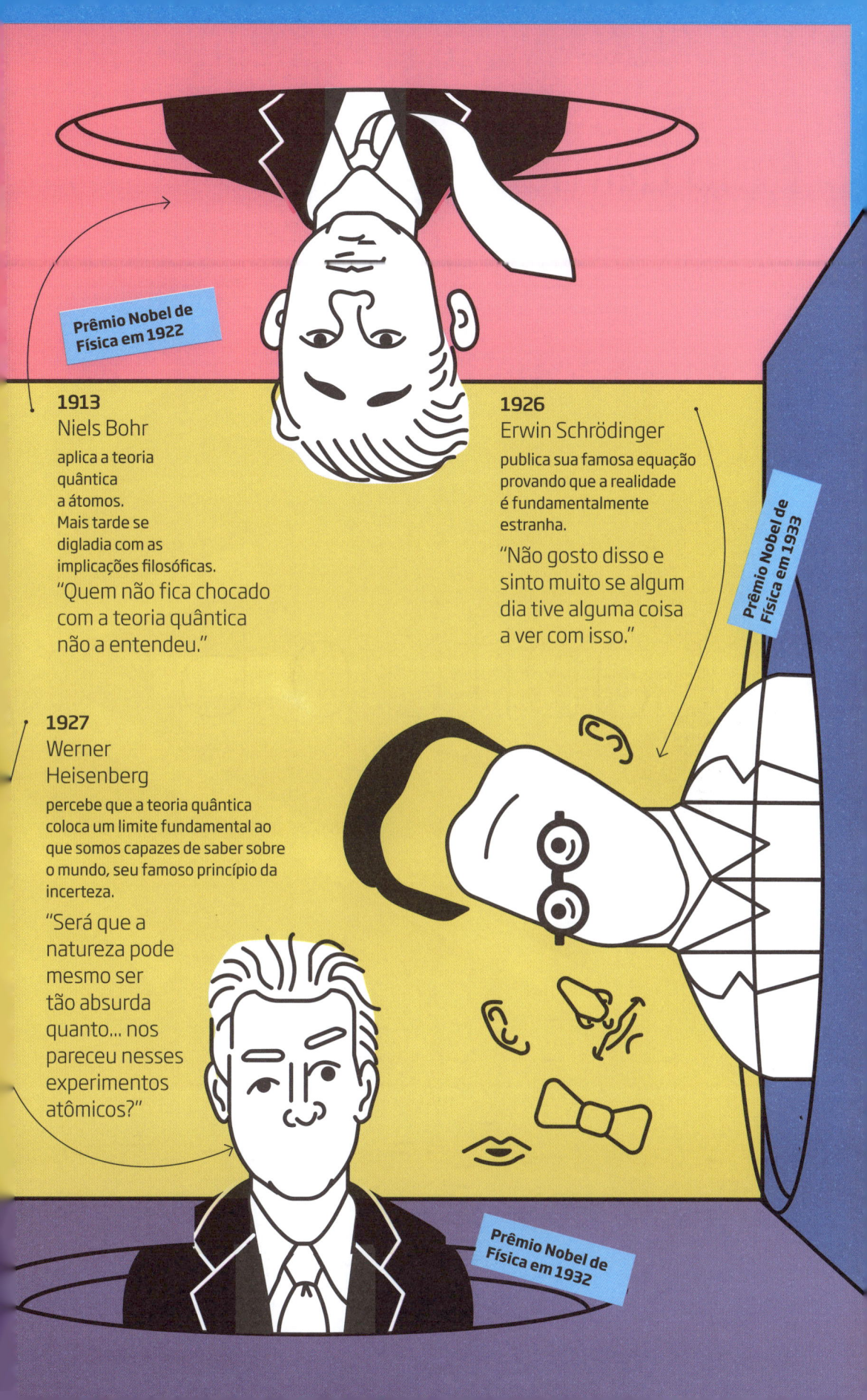

aplica a teoria quântica a átomos. Mais tarde se digladia com as implicações filosóficas.

"Quem não fica chocado com a teoria quântica não a entendeu."

Prêmio Nobel de Física em 1922

1926
Erwin Schrödinger

publica sua famosa equação provando que a realidade é fundamentalmente estranha.

"Não gosto disso e sinto muito se algum dia tive alguma coisa a ver com isso."

Prêmio Nobel de Física em 1933

1927
Werner Heisenberg

percebe que a teoria quântica coloca um limite fundamental ao que somos capazes de saber sobre o mundo, seu famoso princípio da incerteza.

"Será que a natureza pode mesmo ser tão absurda quanto... nos pareceu nesses experimentos atômicos?"

Prêmio Nobel de Física em 1932

Capítulo 6

Invenções

202 Roda

210 Voo

206 Rádio

214 Teclado Qwerty

218 Computadores

242 Ciência dos foguetes

238 Internet

234 Antibióticos

222 Raios X

230 Armas nucleares

226 Descobertas acidentais

Por que a roda demorou tanto tempo para ser inventada?

Uruk, 5.500 anos atrás. A cidade suméria é uma visão esplêndida, o maior e mais próspero assentamento humano já visto. É nitidamente urbano, com dezenas de milhares de habitantes, grandes construções, muralhas, mercados e bairros residenciais distantes do centro.

É o que sabemos a partir das ruínas da cidade. Mas chama a atenção a ausência de um dos equipamentos essenciais de uma cidade moderna: a roda.

É difícil imaginar que uma cidade moderna possa funcionar sem carros, táxis, ônibus, caminhões, bicicletas e tuk-tuks para transportar mercadorias e pessoas. Mas aparentemente Uruk não girava sobre rodas. O único indício que temos delas é um punhado de gravuras que parecem vagamente retratar carroças de quatro rodas; estão gravadas em tabuinhas de argila de datação precária. Por outro lado, existem muitos pictogramas de engenhocas que parecem trenós, sugerindo que Uruk era uma cidade impulsionada por veículos projetados para serem arrastados pelo chão.

Se as rodas eram mesmo raras ou inexistentes na Suméria, isso nos faria coçar um pouco a cabeça. A tecnologia parece ser de uma obviedade gritante, muito fácil de produzir, de utilidade evidente e de todo madura para ser inventada. As rodas de oleiro já eram, nessa época, uma tecnologia antiga. A cidade tinha ruas planas, lisas o bastante para um trenó ser arrastado por elas e teriam sido ideais para rodas. Asnos, bois e outros animais de carga que pudessem puxar carroças já haviam sido domesticados, e complexas redes de comércio haviam brotado por toda a região. O trabalho com os metais estava se tornando comum. Não era a Idade da Pedra, pelo amor de Deus!

Talvez simplesmente ainda não tenhamos encontrado os restos das carretas e carroças de Uruk. É provável que os primeiros veículos fossem feitos de madeira e corda, materiais que não são bem preservados no registro arqueológico. Não obstante, as primeiras descrições incontestáveis de veículos com rodas na Suméria datam de mil anos mais tarde. Aparecem em uma caixa de madeira decorada que retrata carruagens de quatro rodas puxadas por burros. A conclusão óbvia a partir dessas evidências é de que não eram as rodas as responsáveis por fazer o mundo de Uruk girar.

Mais estranho ainda é o fato de que, na época em que os sofisticados sumérios pareciam estar lutando para inventar o óbvio ululante, pessoas de locais de relativo atraso já estavam na estrada. Sob uma tumba de 5.500 anos em Flintbek, Alemanha, os arqueólogos encontraram um par de sulcos paralelos, sinuosos, que devem ter sido os rastros de uma cambaleante carreta com rodas. A mesma cultura – o povo dos vasos em forma de funil – fez potes decorados com motivos que se pareciam muito com carroças de quatro rodas.

Os primeiros restos físicos de uma roda de verdade vêm também da atrasada Europa. Descoberta em uma área pantanosa na região onde ficava a Eslovênia no início do século XXI, a roda dos Pântanos de Liubliana é uma combinação de eixo e roda feita de madeira datada de cerca de 5.150 anos atrás. Não se sabe o que estava engatado nela; talvez um carrinho de mão. Mais para leste, nas estepes da região onde era a Ucrânia, por volta do ano 2000, foram encontradas rodas e carretas completas em túmulos de 5 mil anos atrás.

Falando sobre uma revolução

Não sabemos se a tecnologia da antiga carroça da Europa foi trazida de outro lugar ou inventada de forma independente. Mas há uma série de indícios de que a roda foi implantada muito cedo na Europa. Os idiomas, como os ossos ou o DNA, contêm traços do passado distante. Do mesmo modo como biólogos podem reconstruir o ancestral comum de duas espécies examinando os genes e os traços físicos que elas compartilham, os linguistas são capazes de reconstruir línguas extintas. O termo em inglês *name* [nome], por exemplo, deriva do latim *nomen*, que também levou ao *nom* francês e ao *nombre* espanhol.

A criação de uma árvore genealógica das línguas da Europa moderna mostra que a maioria delas, e

Por que os animais não têm rodas

A evolução desenvolveu vários tipos de soluções sofisticadas para o problema da locomoção: os pássaros voam, lulas têm propulsão a jato, lagartixas escalam paredes e pulgas têm pernas equipadas com molas. Mas nenhum animal jamais desenvolveu rodas. Por que não? O motivo é que a evolução avança pouco a pouco e não tem previsão: só aparece com designs úteis no aqui e agora. Cada pequeno passo para o voo ou a propulsão a jato foi melhor que o que viera antes. Mas não há passo de avanço para uma roda que fosse útil em si mesma. Para não mencionar que não há como criar um apêndice que possa girar livremente enquanto continua sendo abastecido por vasos sanguíneos e nervos.

alguns idiomas não europeus, compartilham uma origem comum: uma língua, hoje extinta, chamada protoindo-europeia. É provável que ela tenha surgido em algum ponto da Ásia e sido trazida para a Europa por alguma população migrante.

O vocabulário original reconstruído pelos linguistas contém cinco palavras relacionadas à roda. Duas significam literalmente "roda", uma significa "eixo", uma quarta se refere a um gancho usado para prender animais a uma carreta, e a última é um verbo para a ação de realizar o transporte em um veículo. Tantos termos para se referir à roda mostra que ela era algo importante na vida de quem a mencionava.

O protoindo-europeu foi datado em cerca de 5.500 anos atrás, sugerindo que a roda já era uma tecnologia antiga quando a roda de Liubliana foi feita. Além disso, um grupo dos falantes desse idioma eram os yamnas, o povo que construiu os túmulos com as carroças encontrados na Ucrânia.

A evidência genética sugere que, por volta de 4.500 anos atrás, os yamnas se expandiram para oeste, chegando à Europa Central e fundando algumas das culturas dominantes do neolítico tardio e da Idade do Cobre do continente, incluindo a vasta cultura da Cerâmica Cordada (batizada em homenagem ao nome da cerâmica que a distingue), que se estendia do Mar do Norte à Rússia central.

Na carroça

Os yamnas eram criadores de gado. Até cerca de 5.500 anos atrás, seus assentamentos se limitavam aos vales do rio de sua terra natal – o único lugar onde tinham fácil acesso à água para eles e seus animais. Mas sua chegada à Europa combina com a ideia de que haviam dominado a tecnologia das carroças. Com carroças, podiam levar água e comida para onde quisessem, e o registro arqueológico mostra que começaram a ocupar vastos territórios.

A roda se espalhou rapidamente. Em torno de 4.500 anos atrás, carruagens leves e rápidas de duas rodas apareceram pela primeira vez e logo começaram a ser usadas em guerras. A roda também inspirou invenções mais pacíficas, como as rodas-d'água, as rodas dentadas e as rodas dos teares, as rocas. Demorou um pouco para que a roda fosse inventada, mas desde então a civilização tecnológica entrou em um círculo virtuoso.

A ORIGEM DE (QUASE) TODAS AS COISAS → INVENÇÕES → COM RODAS, PÉ NA ESTRADA

Com rodas, pé na estrada

Mas para ir até onde? Em um teste de uma hora entre inovadores veículos com rodas do passado, aqui está como cada um se sairia.

PRIMEIRA BICICLETA MOVIDA A PEDAL
Década de 1860

PRIMEIRA LOCOMOTIVA A VA
Cerca de 1800

CARRO DE LEITE ELÉTRICO, SEGWAY

CARRUAGEM DE DUAS RODAS
Inventada 4 mil anos atrás. Foi, por milênios, a coisa mais rápida sobre rodas.

CARRO DE CORRIDA DE FÓRMULA 1
A primeira corrida de Fórmula 1, que ocorreu em 1946, foi vencida por um Alfa Romeo 158 Alfetta com velocidade máxima de 310 km/h.

ESCALA
1 quilômetro por hora

Primeiro veículo com rodas, inventado há 5.500 anos.

RODINHAS

CARRO DE BOI COM 4 RODAS

CARRINHO DE MÃO

Primeiro registro na China, em cerca de 100 d.C.

← PRIMEIRA MOTO
A Daimler Reitwagen de 1884 tinha velocidade máxima de 11 km/h.

DILIGÊNCIA
Meados do século XVII: 10 dias de Londres a Liverpool.

BATH CHAIR*

SKATE

BICICLETA DE RODA GRANDE
Particularmente veloz, mas de assustadora instabilidade.

MODELO T DA FORD
À venda em 1908 - velocidade máxima em torno de 70 km/h.

MOTIVA A DIESEL, NOS ANOS 1950

---

* Cadeira com rodas para deficientes físicos ou idosos projetada por James Heath, da cidade de Bath, na Inglaterra. (N.T.)

Quando começamos a falar pelas ondas do rádio?

Pontecchio, Itália, dezembro de 1895. Um jovem aristocrata italiano acorda a mãe nas primeiras horas da manhã para mostrar sua nova criação. Em um dispositivo que construíra em segredo no sótão da casa deles, perto de Bolonha, Guglielmo Marconi envia uma mensagem em Código Morse. No outro extremo do sótão, um sino toca a mensagem. O contato sem fio estava criado.

Para olhos modernos, familiarizados com televisão, telefones celulares e Wi-Fi, isso pode parecer um feito meio medíocre. Mas a invenção de Marconi, uma máquina que podia transmitir sinais através das ondas aéreas e não por meio de um cabo, foi um dos mais importantes avanços tecnológicos do século XX. Tão importante que vários outros inventores tentaram reivindicar sua autoria – muitas vezes, com alguma razão para tanto.

Recebido e entendido

O segredo do sucesso de Marconi foi combinar duas invenções que já existiam para criar uma nova. A primeira foi o transmissor, baseado no equipamento de laboratório usado pelo físico alemão Henrich Hertz para demonstrar que era possível criar ondas eletromagnéticas. A outra foi o coesor, dispositivo receptor inventado pelo físico francês Édouard Branly para detectar o eletromagnetismo ambiente, como aquele criado por um relâmpago. Após a experiência no sótão, Marconi foi um homem preso a uma (trans)missão. Logo passou a enviar sinais que cobriam longas distâncias ao ar livre. Em 1896, mudou-se para Londres, solicitou uma patente da invenção e, no ano seguinte, fundou a Wireless Telegraph & Signal Company, que realizou as primeiras conexões internacionais de rádio e lançou as bases para a radiodifusão do rádio comercial. Em 1909, foi-lhe concedida uma parcela do Prêmio Nobel em reconhecimento pelas "contribuições ao desenvolvimento da telegrafia sem fio".

Marconi é amplamente reconhecido como o inventor do rádio, mas na realidade apenas aproveitou uma onda de inovações e acabou levando todo o crédito por elas. Não foi o primeiro engenheiro a perceber a possibilidade da transmissão sem fio nem o único a trabalhar nela. Tivesse o destino dado algumas reviravoltas e os livros de História contariam uma história diferente.

Um cientista que sem a menor dúvida merece mais reconhecimento é o físico alemão Karl Ferdinand Braun, que compartilhou o Prêmio Nobel com Marconi, embora os dois não tivessem trabalhado juntos. Braun inventou muitas das tecnologias que seriam mais tarde utilizadas por Marconi, e este último admitiu ter "tomado de empréstimo" algumas de suas ideias.

Outro sério rival foi o extravagante gênio Nikola Tesla. Em 1893, dois anos antes da demonstração feita por Marconi no sótão, Tesla fez uma palestra bastante divulgada no Franklin Institute, na Filadélfia, quando descreveu, em termos teóricos, como

Estamos no ar?

Não demorou muito para os empresários perceberem que a invenção de Marconi, que permitia a transmissão sem fio do Código Morse, tinha potencial para mercado de massa. Em 2 de novembro de 1920, a primeira estação de rádio comercial do mundo, a KDKA de East Pittsburgh, na Pensilvânia, entrou no ar. Transmitiu os resultados das eleições presidenciais daquele dia e depois lançou um clamor de expectativa por um feedback dos ouvintes: "Agradeceríamos se quem está ouvindo essa transmissão se comunicasse conosco, pois queremos muito saber até onde essa transmissão está chegando e como está sendo recebida".

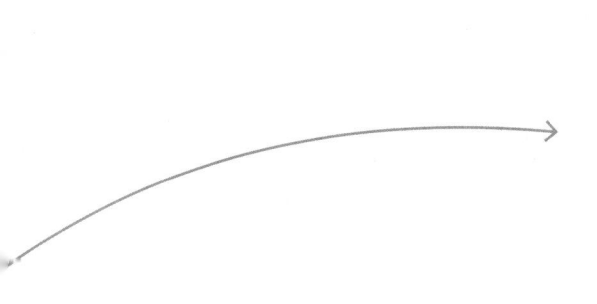

Siemens D-Zug, precoce receptor comercial de rádio apresentado em 1924.

construir um transmissor e receptor sem fio. Mas nesse estágio ele não tinha qualquer equipamento. Tratava-se, disse, de "um sério problema de engenharia elétrica que algum dia tinha de ser enfrentado". Tesla tentou cumprir sozinho a tarefa e acabou registrando uma patente em 1897, mas Marconi já garantira o prêmio para si.

Uma coisa é ter um verdadeiro gênio no seu pé; ter dois é outra completamente diferente. Por volta da mesma época em que Marconi trabalhava no sótão, o brilhante neozelandês Ernest Rutherford fazia avanços no Canterbury College, em Christchurch. Mas a sorte estava ao lado de Marconi: em 1895, Rutherford mudou-se para Cambridge, para dar continuidade a seu trabalho, mas se viu de mãos atadas quando, de repente, seu laboratório decidiu concentrar todos os esforços nos raios X recém-descobertos.

À frente de seu tempo

Tesla e Rutherford entraram na História por outras razões, mas outros rivais de Marconi foram esquecidos quase por completo. Um deles foi o físico inglês Oliver Lodge, que talvez tenha a reivindicação mais convincente de ter passado à frente de Marconi. Em agosto de 1894, Lodge transmitiu sem fio um código Morse do Clarendon Laboratory, em Oxford, para o museu de Oxford, a 60 metros de distância. Seu equipamento tinha notável semelhança com o que Marconi "inventou", embora o italiano negasse ter qualquer conhecimento acerca da existência dele.

É provável que Lodge tenha sido vítima da própria modéstia: ele disse que seu trabalho era "uma forma muito infantil de radiotelegrafia" e só tentou patentear suas ideias em 1897, quando Marconi já garantira a propriedade intelectual do invento.

Talvez a mais enfática reivindicação de crédito pela invenção tenha ocorrido oito anos após a morte de Marconi. Em 7 de maio de 1945, uma seleta audiência reuniu-se no Teatro Bolshoi, em Moscou, para ouvir que dali em diante a data seria comemorada como o "Dia do Rádio", em homenagem ao físico russo Aleksandr Popov, do Colégio de Engenharia Naval perto de São Petersburgo. A audiência foi informada de que não havia dúvidas de que, cinquenta anos antes, Popov realizara a primeira transmissão sem fio durante uma reunião da Sociedade de Física e Química da Rússia.

Máquina de propaganda

Segundo um relato do evento, realizado pelo cientista soviético Victor Gabel e publicado em *Wireless World*, em 1925, Popov transmitira sem fio as palavras "Heinrich Herz" em Morse. A transmissão era anterior à patente de Marconi, tornando Popov o inventor oficial do rádio.

Se o fato é realmente verídico, não resta dúvidas sobre quem teria inventado a nova tecnologia. O único relato da reunião é o de Gabel; o editor da revista estava cético, mas não deixou de publicá-lo. O próprio Popov nunca reivindicou prioridade sobre Marconi nem parece tê-lo reconhecido como rival. Os dois se encontraram em 1902 e tornaram-se grandes amigos.

Mas a modéstia de Popov foi mais que compensada pelo alarde do Estado soviético – talvez estimulado pela filiação de Marconi ao partido fascista da Itália. Quando o artigo da *Wireless World* foi publicado, em 1925, a máquina de propaganda da URSS entrou em ação. A essa altura a ciência e a tecnologia soviéticas estavam se atrasando bastante em relação ao Ocidente, fato que Stálin queria ocultar do público. Além de darem a Popov o crédito pela invenção do rádio, foi dito que a televisão e os aeroplanos tinham sido inventados por cientistas russos. A propaganda funcionou: um livro didático russo chamado *Fundamentos do rádio*, publicado em 1963, nem sequer menciona Marconi.

Seja lá quem for merecedor do crédito, pode-se dizer que a invenção da telegrafia sem fio criou o mundo moderno. As transmissões de TV começaram em 1928, o radar ajudou a vencer a Segunda Guerra Mundial, e a tecnologia fundamental de hoje, o smartphone, teve origem em um rádio bidirecional.

A ORIGEM DE (QUASE) TODAS AS COISAS → INVENÇÕES → TRANSMITINDO PARA AS ESTRELAS

Transmitindo para as estrelas

Sinais de rádio da Terra estão viajando para o espaço à velocidade da luz. Mesmo programas recentes, transmitidos há pouco mais de dez anos, já alcançaram planetas potencialmente habitáveis.

ESTAMOS AQUI
TERRA

WOLF 1061 c
GLIESE 667 C c, e & f
GLIESE 682 c
KAPTEYN b
GLIESE 422 b
TAU CETI e
GLIESE 832 c
GLIESE 180 c & b
HD 40307

10 ANOS-LUZ
20 ANOS-LUZ
30 ANOS-L

Esta é uma edição extraordinária, uma notícia importante. Um avião colidiu com o World Trade Center.

Essa é a história do Guia do Mochileiro das Galáxias, talvez o livro mais notável, certamente o mais bem-sucedi

Aqui um boletim especial de Dallas, Texas. Três tiros foram disparados hoje contra a comitiva d

É informado do quartel-general de Der Fuehrer que nosso Fuehrer Adolf Hitler

Por ma

GLIESE 3293 c

GLIESE 163 c

...o interesse do grande públi...

50 ANOS-LUZ

presidente Kennedy. O presidente está cumprindo um roteiro de dois dias de palestras no Texas. Vamos agora...

60 ANOS-LUZ

lutando até o último suspiro contra o bolchevismo, tombou esta tarde pela Alemanha em seu quartel-general operacional na Chocolataria do Reich.

70 ANOS-LUZ

incrível que possa parecer, estranhos seres que pousaram hoje à noite em Nova Jersey são a vanguarda de um exército invasor de Marte.

80 ANOS-LUZ

primeira transmissão comercial de rádio.

90 ANOS-LUZ

...agradeceríamos se quem estiver ouvindo essa transmissão se comunicasse conosco, pois queremos muito saber até onde a transmis...

100 ANOS-LUZ

110 ANOS-LUZ

Marconi transmite Código Morse para a letra "s" de Cornwall para a Terra Nova
ponto ponto ponto... *

K2-18 b

---

* Os cálculos das distâncias em que as ondas de rádio viajaram foram realizados tomando por base o ano de 2015. (N.T.)

209

A ORIGEM DE (QUASE) TODAS AS COISAS → INVENÇÕES → QUEM FOI A PRIMEIRA PESSOA A VOAR?

Quem foi a primeira pessoa a voar?

Se estivermos passando por Chard, pequena cidade em Somerset, Inglaterra, podemos ficar espantados ao ver placas nos dando as boas-vindas do "lugar onde nasceu o voo motorizado". Sem acreditar em nossos olhos, vamos para o centro da cidade. Na rua principal, veremos uma estátua de bronze homenageando o primeiro avião do mundo.

Toda cidade precisa reivindicar alguma fama, mas será que a fama da origem da aviação já não pertence a Kitty Hawk, na Carolina do Norte, onde os irmãos Wright finalmente tornaram realidade o sonho secular da humanidade de voar como os pássaros?

Sim e não. Não há dúvidas de que Kitty Hawk merece seu lugar na história da aviação, mas Chard também merece. Em junho de 1848, o inventor John Stringfellow realizou o que parecia impossível, quando seu avião a vapor voou por toda a extensão de uma fábrica de rendas abandonada no centro da cidade.

Stringfellow, então, só não assumiu uma verdadeira aura de imortalidade por um detalhe: ele próprio não voava. Seu avião era o que chamamos de drone. Só quando Orville Wright, em 1903, cumpriu em 12 segundos seu voo de 37 metros em Kitty Hawk é que os humanos, por fim, imitaram os pássaros e realizaram o voo motorizado com algo mais pesado que o ar.

A história da aviação está cheia de quase acidentes e de pioneiros quase esquecidos. Mas como Orville e Wilbur reconheceram, tudo isso pavimentou o caminho para o sucesso deles. Um dos precursores mais influentes foi o cientista inglês George Cayley, que talvez tivesse se saído melhor que o contemporâneo Stringfellow e realizado um voo pilotado por um ser humano incríveis cinquenta anos antes de Wilbur e Orville... se a tecnologia dos motores já estivesse disponível para tanto.

Quando Cayley era jovem, os cientistas e o público acreditavam que, além de ser impossível voar como um pássaro, o simples fato de tentá-lo era estupidez. Isso não desencorajou Cayley, embora seus contemporâneos achassem que ele estivesse louco. Em 1799, o cientista inglês publicou o projeto de um avião e também a mais antiga descrição das forças aerodinâmicas presentes em uma asa que permitiria que o avião voasse. Seu tratado em três partes, *Navegação aérea*, publicado em 1809 e 1810, foi recebido com ceticismo.

Cayley não se importou. Realizara diversos experimentos que confirmavam seus cálculos e estava convencido de que resolvera o problema do voo motorizado. Cayley construiu máquinas voadoras

Ficamos à deriva!

Os humanos sempre desejaram voar e, em outubro de 1783, finalmente conseguiram. Não temos certeza absoluta de quem foi o primeiro – teria sido Jacques-Étienne Montgolfier ou seu colaborador, Pilâtre de Rozier. Mas, fosse quem fosse, ele subiu na cesta de um balão de ar quente perto de Paris e subiu aos céus.

Foi uma façanha espetacular, porém não deixou de trazer certo anticlímax. Sim, os humanos sempre haviam desejado voar – mas como os pássaros. Balançar de um lado para o outro num balão de ar quente – uma embarcação mais leve que o ar, sem motor – realmente não contava. Um mês depois, Rozier fez voar o primeiro balão sem corda presa ao chão, que flutuou suave, durante 25 minutos, sobre Paris. Em 1785, participou de outro feito pioneiro da aviação: tornou-se a primeira pessoa a morrer em um acidente aéreo, quando seu balão estourou e caiu do céu perto de Calais.

O primeiro desastre aéreo fatal foi em 1785, quando o balão de Pilâtre de Rozier caiu do céu perto de Calais.

cada vez mais sofisticadas, culminando em um planador completo, no qual seu neto, George, voou por um vale pouco profundo, perto de Scarborough, em Yorkshire, em 1853.

A máquina que voa como pássaro

A aeronave tinha asas fixas e cauda rudimentar, além de leme na parte traseira para navegar. Cayley percebera a importância crucial da cauda dos pássaros para sua capacidade de voar e que isso, portanto, também seria essencial para uma máquina voadora. O que faltava era um motor – um dispositivo que passara muitos anos tentando, sem êxito, desenvolver. Sempre do tipo perseverante e otimista, optou por um planador.

Os irmãos Wright também citavam dois outros pioneiros como influências importantes em seu feito. Um deles era o alemão Otto Lilienthal, que fez planadores com asas extremamente curvas na superfície superior, como as de um pássaro, que atingiam níveis de sustentação com que nenhum outro pesquisador sonhara. Lilienthal fez inúmeros voos em planadores saltando de vários locais de largada, incluindo uma colina especialmente construída, de 15 metros de altura, que ficava perto de sua casa, nos arredores de Berlim. Mas ele pagou o preço supremo por suas experiências, quebrando fatalmente o pescoço quando um de seus planadores entrou em estol e se espatifou, em 1896.

O outro pioneiro foi o astrônomo estadunidense Samuel Langley. Em 1896, ele construiu um modelo de aeronave movida por um pequeno motor a vapor. Voava mais de 1 quilômetro até esgotar o combustível. Mas Langley nunca foi capaz de fazer uma aeronave grande o bastante para transportar um piloto humano, porque motores a vapor convencionais eram pesados demais. Esse problema dos potenciais homens voadores só pôde ser resolvido com o desenvolvimento de motores pela tecnologia da indústria de automóveis, com a criação do motor de combustão interna a gasolina.

Em outubro de 1903, Langley desistira do motor a vapor e tentava lançar um avião movido a gasolina do telhado de uma casa flutuante no Rio Potomac, em Washington DC. Suas tentativas falharam miseravelmente, em particular porque ele não dera atenção suficiente à necessidade de controlar a aeronave depois que ela estivesse no ar. Logo em seguida, o aparelho a gasolina dos irmãos Wright decolou. Ao contrário de Langley, os Wrights tinham feito o dever de casa no que se refere ao controle, aprendendo com as experiências de outros – e, é claro, com os pássaros.

Um dos progressos mais inteligentes dos Wrights foi desenvolver formas para controlar a tendência da aeronave a rodar – seu movimento sobre um eixo transversal que atravessa a fuselagem. Em vez de fazer o piloto jogar seu peso de um lado para o outro como Lilienthal fizera em um planador fatalmente precário, os Wrights projetaram asas que vergavam sob o comando do piloto, criando, de imediato, mais sustentação de ambos os lados do avião.

Leve-me voando até a Lua

Esse passo foi importante porque um grande problema a ser resolvido era pilotar a aeronave sem perda catastrófica de sustentação. Além disso, o Flyer* tinha um aerofólio móvel montado na frente, chamado elevador, que controlava o arremesso (o movimento para cima e para baixo do nariz), e um leme traseiro para controlar guinadas ou movimentos de um lado para o outro. Juntos, esses recursos deram ao aeroplano dos Wrights controle de movimento em três dimensões, fator crucial que nenhum dos influentes predecessores considerara de maneira adequada.

O breve voo de Orville continua sendo uma das maiores conquistas da história da tecnologia. Apenas sessenta e seis anos depois, a NASA estava pousando seres humanos ao solo lunar e pessoas embarcavam rotineiramente em aviões que atravessavam o mundo. Voar é agora tão rotineiro, profissional e desprovido de glamour que é fácil esquecer quanto nossos ancestrais esperaram por essa conquista. Para eles, voar em uma cabine abarrotada na classe econômica de uma empresa aérea de baixo custo teria sido quase um milagre.

---

* O Wright Flyer foi a primeira aeronave construída pelos irmãos Wright. (N.T.)

Mundo encolhendo

Destinos que, um século atrás, estavam a dias ou meses de distância de navio ou trem são agora acessíveis em algumas horas a bordo de um avião.

AMAZÔNIA PERUANA 1464

MELBOURNE 840 HORAS DE LONDRES

NAVIOS A VAPOR DA BOOTH STEAMSHIP COMPANY

YOKOHAMA 480
No final dos anos 1890, a correspondência viajava os quase 10 mil quilômetros entre Yokohama e Londres em exatos 20 dias, por navio e trem.

RIO DE JANEIRO 672

BUENOS AIRES 840

ROTA DO ROYAL MAIL [correio do Reino Unido]

O Nord Express começou a circular em 1896, ligando Paris a São Petersburgo por linha férrea.

SÃO PETERSBURGO 48
TENERIFE 120
LISBOA 96
PARIS 8
LONDRES

CIDADE DO CABO 432

900 | 800 | 700 | 600 | 500 | 400 | 300 | 200 | 100

(CERCA DE 40 DIAS)

PORT SAID 312
Port Said fica na entrada norte do Canal de Suez, inaugurado em 1869, encurtando as rotas para a Ásia em cerca de 7 mil km.

GIBRALTAR 120

BOMBAIM 432

MALTA 216

NOVA YORK 120

ROTA DA COMPANHIA DE NAVEGAÇÃO MARÍTIMA DA NOVA ZELÂNDIA.

ST. THOMAS (ILHAS VIRGENS) 336

SÃO FRANCISCO 216
Trens a vapor viajavam de Nova York a São Francisco em apenas 83 horas. Antes da ferrovia, a viagem demorava cerca de seis semanas de navio, contornando o Cabo Horn. Os tempos de navegação foram reduzidos de forma espetacular com a abertura do Canal do Panamá, em 1914.

CINGAPURA 624

WELLINGTON 984

ROTA DA NAVEGAÇÃO A VAPOR DA COMPANHIA P&O (PENINSULAR E ORIENTAL)

HONG KONG 1056

1900
Um mês de viagem a partir de Londres

MELBOURNE 22

Um voo de ida e volta entre Londres e Melbourne cria efeito de aquecimento equivalente a 16,8 toneladas de CO_2 por passageiro.

YOKOHAMA 12 HORAS PARTINDO DE LONDRES

RIO DE JANEIRO 14

BUENOS AIRES 16

• **SÃO PETERSBURGO** 3,5

DISTÂNCIA EM HORAS DE LONDRES

• **TENERIFE** 5
• **LISBOA** 3
CIDADE DO CABO 11

• **PARIS** 1,5
LONDRES
2 3 4 5 6 7 8 9 10 11 12 13 14 15 16 17 18

• **GIBRALTAR** 3
PORT SAID 8
BOMBAIM 9

• **MALTA** 4

Em 1919, o primeiro serviço aéreo comercial regular do mundo deu início a voos diários entre o aeródromo Hounslow Heath, em **Londres**, e Le Bourget, em Paris

HONG KONG 12

CINGAPURA 13
O destino mais longínquo para um voo sem escalas saindo de Londres.

NOVA YORK 8
O Concorde completava essa rota em 3 horas e meia. Por causa da diferença de fuso horário, os passageiros chegavam antes da hora em que haviam partido.

2016
Um dia de viagem a partir de Londres.

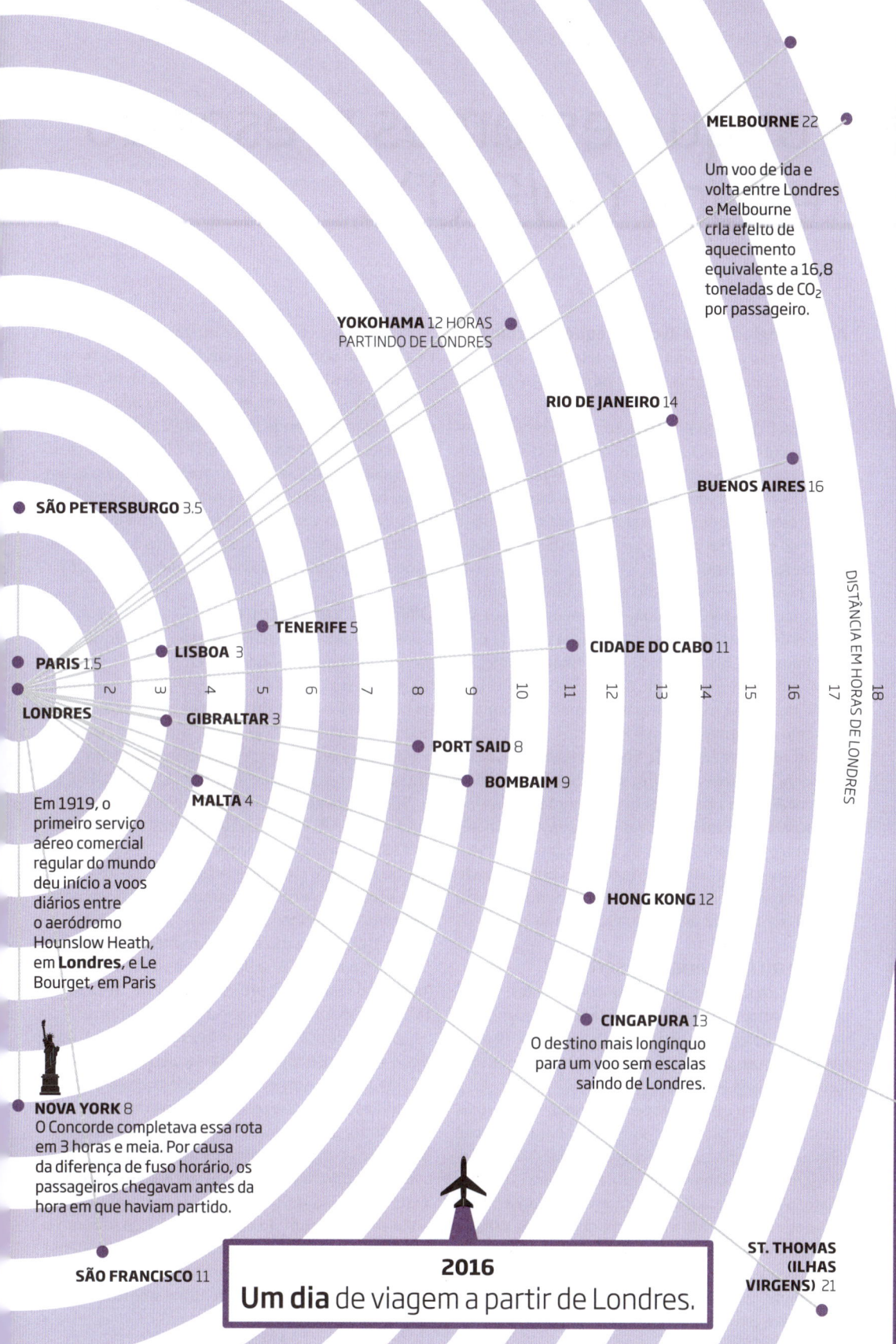

ST. THOMAS (ILHAS VIRGENS) 21

• **SÃO FRANCISCO** 11

Por que estamos presos ao teclado QWERTY?

A tecnologia contribui com frequência com novas palavras para nossa língua: televisão, mouse e iPod, para citar algumas. Mas nenhuma tem, de fato, origens como as da palavra QWERTY.

Apesar de representarem uma das tecnologias mais onipresentes do mundo, usada todo dia por bilhões de pessoas, raramente paramos para refletir sobre os teclados dos computadores. Mas há algo muito estranho por trás desse elemento tão familiar no nosso dia a dia: por que as letras estão organizadas dessa maneira?

A relação de amor e ódio que o mundo mantém com o teclado QWERTY começou em uma pequena oficina de Milwaukee, em 1866. Foi lá que um editor chamado Christopher Latham Sholes começou a trabalhar em uma invenção que esperava o tornasse rico: uma máquina para numerar automaticamente as páginas dos livros.

Um inventor amigo de Sholes, chamado Carlos Glidden, juntou-se a ele. Em julho de 1867, Glidden leu por acaso a breve descrição de uma "máquina de escrever" na revista *Scientific American*. A matéria parece ter inspirado os dois a mudar de curso e criar "uma máquina com a qual... um homem pode imprimir seus pensamentos duas vezes mais rápido do que seria capaz de fazê-lo escrevendo".

Piano ou máquina de escrever?

Um ano depois, eles possuíam três patentes. Teríamos, no entanto, grande dificuldade em reconhecer a criação deles como máquina de escrever. Ela parecia mais um piano com teclas de ébano e marfim, uma para cada letra.

A máquina estava propensa a travar, e as linhas datilografadas tendiam a sair do alinhamento, mas Sholes usou-a para escrever a potenciais investidores. Um deles, James Densmore, adquiriu de imediato, às escuras, a quarta parte das patentes. Mas quando chegou a Milwaukee para dar uma olhada em seu investimento a impressão que teve não foi nada boa e ele declarou que a coisa era "inútil". Densmore, no entanto, acreditava na ideia de forma geral e estimulou Sholes a continuar.

O que aconteceu depois é um tanto obscuro. Sholes registrou outra patente, em 1872, que mostra que o teclado de piano fora descartado em favor de fileiras de teclas circulares, mas o projeto não especificava exatamente onde ficava cada uma das letras.

Então, quase do nada, QWERTY (quase) apareceu. Em agosto de 1872, a *Scientific American* publicou um artigo brilhante sobre a "máquina de escrever de Sholes", ilustrado com uma gravura da máquina que mostrava um teclado de quatro fileiras com uma segunda fileira começando com a sequência QWE.TY.

QWERTY vem inteiro

Densmore fez uma demonstração da máquina de escrever a engenheiros da E. Remington & Sons, fábrica de armas de Nova York que estava expandindo os negócios com a produção de utensílios domésticos. A Remington assinou um contrato para produzir a máquina e apresentou um protótipo com um teclado ligeiramente diferente: QWERTUIOPY.

Sholes não gostou e exigiu que o Y fosse recolocado entre o T e U. A Remington concordou e QWERTY surgiu pela primeira vez. A Remington pôs no mercado sua Type Writer nº 1 em 1874, que logo se tornou a primeira máquina de escrever bem-sucedida em termos comerciais.

Em 1890, havia mais de 100 mil teclados QWERTY em uso nos EUA, evidenciando uma clara evolução em relação ao projeto inicial da década de 1870. Mas de onde veio esse arranjo das letras?

Uma explicação muitas vezes repetida é que o teclado fora projetado para "desacelerar o datilógrafo", de modo a impedir a aglomeração das hastes das teclas, , falha que se repetira em *designs* anteriores. Isso foi supostamente alcançado mantendo separados os pares mais comuns de letras.

No entanto, isso não pode ser verdade. E e R, a segunda dupla de letras mais comum em inglês, estão próximos um do outro. T e H, que formam o par mais comum, são quase vizinhos. Uma análise estatística em 1949 descobriu que um teclado QWERTY tem mais pares próximos que um teclado configurado ao acaso.

Os dedos mais rápidos do Oeste

Os inventores da máquina de escrever planejaram criar "uma máquina com a qual... um homem possa imprimir seus pensamentos duas vezes mais rápido do que seria capaz de fazê-lo escrevendo". Por um lado, foram bem-sucedidos. Escrever à mão raramente produz mais que 30 palavras por minuto, e mesmo datilógrafos sem grande habilidade superam essa marca. Mas, por outro lado, fracassaram. Mesmo os datilógrafos mais rápidos não conseguem ultrapassar a velocidade da taquigrafia.

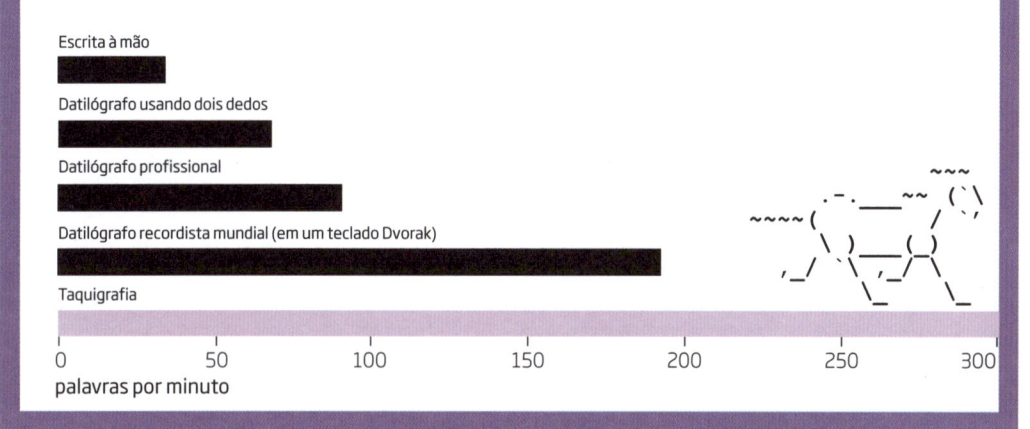

- Escrita à mão
- Datilógrafo usando dois dedos
- Datilógrafo profissional
- Datilógrafo recordista mundial (em um teclado Dvorak)
- Taquigrafia

0   50   100   150   200   250   300
palavras por minuto

Outro mito urbano é que isso permitia que os vendedores impressionassem os clientes datilografando com rapidez "TYPE WRITER QUOTE" [Datilografar a citação de escritor ou cotação da máquina de escrever] na fileira de cima. É uma ideia interessante – e, de fato, parece improvável que as letras que dão nome ao teclado tenham aparecido juntas por acaso – mas ela não tem comprovação histórica.

Talvez uma razão mais convincente, embora prosaica, seja a de que o teclado não passa de um novo arranjo, meio casual, do teclado original, que se parecia com um piano. É provável que nunca venhamos a saber. Um século após Sholes ter finalizado o teclado, o historiador Jan Noyes, da Loughborough University, publicou extensa análise concluindo: "Parece que... não há razão óbvia para a colocação das letras no traçado do QWERTY".

O pior *design* possível

Uma coisa está clara: o teclado não foi projetado pensando em datilógrafos que não olham para o teclado. Como Noyes apontou: "O teclado QWERTY original foi projetado para uma operação 'catando milho', não para digitar sem olhar". A digitação sem olhar para o teclado foi invenção posterior.

Isso pode explicar as bem-conhecidas deficiências práticas do QWERTY. Na década de 1930, quando máquinas de escrever e digitação se tornaram mais comuns, pesquisadores começaram a questionar sua utilidade. Um crítico feroz do modelo, o psicólogo educacional August Dvorak (primo distante do compositor), realizou um teste com uma equipe de engenheiros com 250 variações de teclado e concluiu que o *design* do QWERTY foi um dos piores arranjos possíveis.

Ele tinha segundas intenções. Em 1936, Dvorak patenteara uma alternativa, o Teclado Simplificado Dvorak. Ele alegava que seu modelo era mais fácil de dominar, mais rápido de usar e exigia menos esforço das mãos. Mas o teclado não decolou. O fato é que, desde que se transformou no padrão, o teclado QWERTY superou dezenas, talvez centenas, de concorrentes supostamente superiores. Passou sem rupturas das máquinas de escrever mecânicas para os computadores, deles para as telas sensíveis ao toque e é onipresente onde quer que o alfabeto latino seja usado.

Porém, apesar da má reputação, o QWERTY não é assim tão mau: um estudo de 1975 descobriu que um digitador experiente é capaz de alcançar mais de 90% da velocidade de digitação teoricamente máxima.

A verdadeira razão de sua teimosa persistência é a inércia: pensemos no custo de projetar, testar e fabricar uma alternativa – e depois reciclar bilhões de pessoas para usá-la. Como precisamos teclar letras em máquinas, o QWERTY veio para ficar.

A ORIGEM DE (QUASE) TODAS AS COISAS → INVENÇÕES → SOPA DE LETRINHAS

Sopa de letrinhas

O confuso arranjo das letras do teclado QWERTY é produto de anos de experimentação.

O inventor Christopher Latham Sholes publicou as primeiras patentes de uma "máquina para escrever".

1868
O teclado de piano

Um teclado alfabético no estilo piano com duas fileiras de letras e números.

1 3 5 7 9 N O P Q R S T U V W X Y Z
2 4 6 8 . A B C D E F G H I J K L M

No início daquele ano, uma nova patente foi publicada mostrando um teclado com três fileiras de teclas circulares. Ela não especificava quais letras deveriam ser colocadas em cada uma das teclas.

Verão de 1872
Quatro fileiras boas, duas fileiras más

Um artigo na *Scientific American* mostra um novo padrão de teclado com as primeiras sugestões do QWERTY.

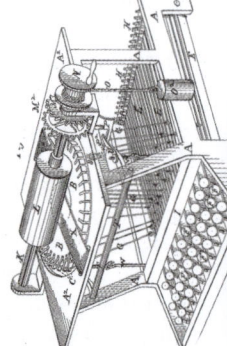

2 3 4 5 6 7 8 9 - '
  Q W E . T Y I U O
  A S D F G H J K L M
& Z C X V B N ? ; R P

É mito urbano que as teclas foram dispostas dessa maneira para manter separadas letras que costumam vir juntas e, assim, impedir que o mecanismo trave. O par mais comum em inglês é TH.

Não se sabe por que Sholes originalmente colocou o ponto final neste lugar. Logo ele foi transferido para o canto inferior direito.

1873
O primeiro QWERTY

A companhia Remington compra os direitos e produz um protótipo, a primeira aparição de um teclado quase moderno.

A Remington queria pôr o Y na extremidade da fileira superior, mas Sholes insistiu que ele ficasse ao lado do T.

2 3 4 5 6 7 8 9 - , —
Q W E . T Y U I O P :
A S D F G H J K L M
& Z C X V B N ? ; '

Existem poucas palavras em inglês que podem ser escritas usando apenas a fileira superior do teclado. Uma delas é *typewriter*, máquina de escrever. Parece improvável que seja apenas uma coincidência.

O teclado QWERTY foi inventado antes das técnicas de digitação sem olhar para o teclado e agora é muito criticado, apontado como um dos piores padrões possíveis para a digitação rápida sem olhar para as teclas.

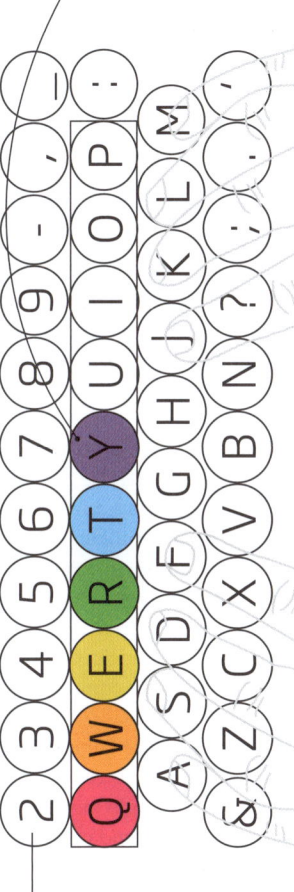

1878
O QWERTY completo

O *layout* é novamente ajustado, ao que parece por nenhuma outra razão a não ser escapar das patentes de Sholes.

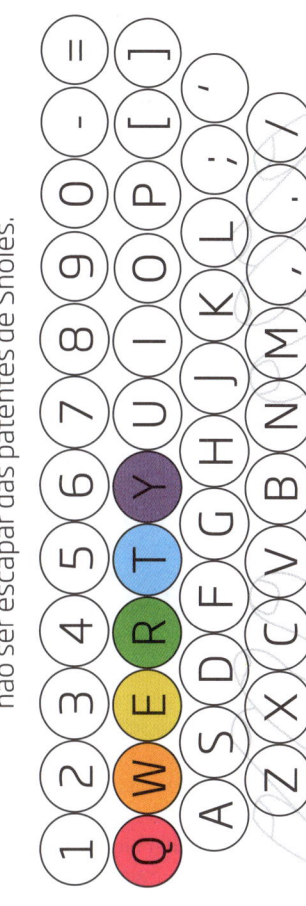

1 2 3 4 5 6 7 8 9 0 - =
Q W E R T Y U I O P [ ]
A S D F G H J K L ; ' `
Z X C V B N M , . /

Como aproveitamos a eletrônica para fazer matemática?

Se você falasse a palavra "computador" setenta anos atrás, ninguém pensaria em uma máquina sobre uma mesa, mas, sim, em uma pessoa atrás de uma mesa com lápis e papel nas mãos. Naquele tempo, computadores eram pessoas – geralmente mulheres – que executavam cálculos trabalhosos para atender à demanda mundial por análise de dados.

O fruto de seus trabalhos eram livros com tabelas matemáticas, ferramenta indispensável naquela época. Sempre que precisavam executar cálculos complexos, cientistas, engenheiros, navegadores de bordo, banqueiros ou avaliadores de riscos recorriam a essas tabelas.

Esses talvez tenham sido os livros mais tediosos já publicados – a leitura de uma lista telefônica teria sido fascinante comparada a eles –, mas isso não incomodou um matemático chamado Charles Babbage. Ele era um homem de recursos que gostava de se intrometer em muitas searas científicas e colecionava, entre outras coisas, tabelas matemáticas impressas e uma implacável enumeração de erros contidos nessas tabelas.

Por mais úteis que fossem, as tabelas estavam crivadas de erros. Um contemporâneo de Babbage descobriu que uma seleção aleatória de 40 volumes de tabelas continha 3.700 erros identificados. Dada a importância das tabelas para a florescente Revolução Industrial, isso deixou Babbage muito preocupado.

Em 1821, Babbage e seu amigo John Herschel passaram uma divertida noite juntos desentocando erros. Encontraram muitos. Babbage escreveu mais tarde: "A certa altura, as discordâncias eram tão numerosas que exclamei: 'Gostaria muito que esses cálculos pudessem ter sido executados por uma máquina a vapor'". Nesse momento, Babbage esbarrou na ideia de construir uma máquina de computação automática.

Ele não demorou a apresentar um projeto que chamou de "máquina diferencial", que poderia executar, de forma automática, os mesmos cálculos que um calculador humano, mas sem se atrapalhar com eles.

A máquina diferencial foi chamada assim devido ao princípio matemático em que estava baseada, o método das "diferenças finitas". Para reduzir uma longa digressão, trata-se de uma técnica para resolver expressões matemáticas com duas ou mais incógnitas, como $x = y^2 + yz - 1$. De forma bem conveniente, a técnica pode ser empregada por meio de nada mais que repetidas adições.

Em 1837, enquanto construía um protótipo da máquina diferencial, Babbage começou a pensar em uma máquina de calcular mais versátil. A máquina diferencial só era capaz de realizar somas, mas Babbage concebeu que seria possível construir uma máquina de uso geral habilitada para adição, subtração, multiplicação e divisão que pudesse ser programada por um operador em qualquer sequência. Ele a chamou de Máquina Analítica.

Pergunte-me qualquer coisa

A Máquina Analítica é geralmente descrita como o primeiro computador do mundo. Não é exagero: apresentava muitos dos principais recursos dos computadores modernos, incluindo unidade central de processamento e memória. Ainda mais importante, era capaz de computar qualquer função matemática teoricamente computável. No jargão da ciência da computação, era um "Turing-completo".

Ou teria sido, se Babbage a tivesse de fato construído. Ele passou o resto da vida trabalhando no projeto, mas, quando morreu, em 1871, só parte dele havia sido concluída. Talvez isso já fosse esperado: uma Máquina Analítica, com todos os recursos, teria sido do tamanho de uma locomotiva.

Foi preciso o trabalho de outro matemático visionário, Alan Turing, para que essas ideias fossem transformadas em realidade. Em 1936, quando tinha 24 anos e cursava sua pós-graduação, Turing escreveu o texto que lançou as bases da computação moderna.

Ele não pretendia nem tinha interesse em construir uma verdadeira máquina. Estava empenhado em resolver um desafio matemático espinhoso, obscuro, chamado "problema de decisão", formulado por David Hilbert em 1928.

Parte do computador mecânico de Charles Babbage, construído em 1871.

Hilbert queria saber se todas as declarações matemáticas (tal como 2 + 2 = 4) poderiam ser resolvidas ou se algumas eram "indecidíveis". Para uma afirmação como 2 + 2 = 4, isso é trivial, mas as mais complexas são mais traiçoeiras. Se a matemática fosse decidível, seria possível construir uma máquina que desse uma resposta definitiva sim/não para qualquer declaração matemática. Todas as grandes questões de matemática poderiam ser resolvidas.

Para responder a isso, Turing precisou primeiro conceitualizar que tipo de máquina seria capaz de realizar tal feito. Em um dos experimentos mais importantes já realizados, ele imaginou uma máquina capaz de ler símbolos impressos em uma tira infinita de papel. Depois de ler o símbolo, a máquina decidiria o que fazer segundo um conjunto de regras pré-programadas: apague o símbolo e/ou escreva um novo; mova a tira um espaço para a esquerda ou para a direita; ou pare. Dependendo das regras, essa "máquina de Turing" seria capaz de resolver problemas matemáticos. Contudo, como cada máquina tinha regras internas fixas, nenhuma poderia ser usada para testar a questão geral de Hilbert.

Máquina universal

Então veio o momento da súbita percepção de Turing: ele compreendeu que seria possível definir as regras internas na própria fita. Tal dispositivo poderia ser programado para executar as ações de qualquer máquina Turing concebível. Era uma "máquina Turing universal", capaz de executar qualquer sequência de operações matemáticas e lógicas. Em outras palavras, um computador.

A partir daí, foi razoavelmente fácil descobrir o que era e o que não era "computável" e, portanto, resolver o problema de Hilbert. Turing mostrou que havia problemas que mesmo uma máquina Turing universal não podia resolver.

Mas as expectativas eram muito positivas. Cinco anos mais tarde, o dispositivo teórico de Turing já se tornara realidade: o primeiro computador Turing completo, o Z3, foi construído em 1941, em Berlim. Por alguma razão, o governo alemão não conseguiu identificar o potencial militar do computador, mas os britânicos não cometeram o mesmo erro. Turing passou a trabalhar nos computadores Colossus, no complexo militar de Bletchley Park, e eles desempenharam papel fundamental na quebra dos códigos nazistas.

Os computadores avançaram um pouco desde esses mastodontes que atravancavam salas. Mas, sob as carcaças, não passam de meras atualizações físicas dos conceitos estabelecidos por Babbage e Turing.

Computador diz não

Um dos problemas matemáticos que Alan Turing mostrou que nunca poderia ser resolvido por um computador é o problema da parada autorreferencial, que pergunta: "Este programa vai parar?". Nenhum computador pode dizer com antecedência, sem de fato executar o programa. E ele também não poderá dizer com certeza se computar durante 1 trilhão de anos, sem chegar a uma conclusão. Com esse simples resultado, Turing provou que não existe qualquer procedimento para determinar se uma declaração matemática é verdadeira ou falsa. E, assim, a perspectiva de resolver todos os problemas da matemática desapareceu num sopro de lógica.

A ORIGEM DE (QUASE) TODAS AS COISAS → INVENÇÕES → MAIS RÁPIDO, MAIS RÁPIDO

Mais rápido, mais rápido

Em 1965, o cofundador da Intel, Gordon Moore, observou que o número de transistores em um circuito integrado dobrava a cada dois anos. Previu que esse crescimento exponencial continuaria por pelo menos dez anos. Sua previsão ficou conhecida como Lei de Moore e tem se confirmado desde então.

Transistor é o componente fundamental dos computadores modernos.

A lei de Moore não é uma lei da natureza, mas um cumprimento da profecia que impulsionou o progresso na indústria da computação.

Circuitos integrados são coleções de transistores e outros componentes microeletrônicos gravados num *chip* de silício.

1971
Intel 4004

2016
Intel Core i7-5960X

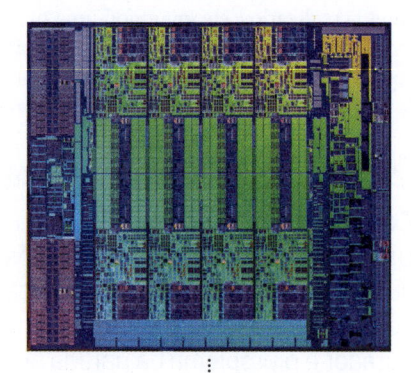

Tamanho real

A primeira unidade central de processamento (CPU) num único *chip*.

Um *chip* de ponta de *desktops* de computadores modernos.

Milhões de instruções por segundo.

2.300 transistores
0,092 MIPS | $200 | US$0,43
velocidade de processamento | custo | custo por transistor

26 bilhões de transistores
238.310 MIPS | US$999 | US$0,000000038
[dólares americanos]
velocidade de processamento | custo | custo por transistor

Em 1971, um *chip* com 26 bilhões de transistores teria sido mais ou menos do tamanho de uma quadra de tênis.

Se outras tecnologias seguissem a Lei de Moore, carros chegariam a 500 milhões de

1971 Mercedes-Benz 280 SE
velocidade máxima de 200 km/h | 27,5 km com 3,7 litros de combustível | custo 6.485 dólares

km/h, andariam 3 milhões e 200 mil quilômetros com menos de 4 litros de gasolina e custariam menos de um centavo. Aviões

1971 Boeing 727
870 km/h | custo 4,25 milhões de dólares

voariam a mais de 2 bilhões de km/h e custariam US$ 2. Um LP de vinil armazenaria 44 anos de música

LP de vinil de 12 polegadas em 1971 – 90 minutos de música.

A ORIGEM DE (QUASE) TODAS AS COISAS → INVENÇÕES → QUEM TEVE A PRIMEIRA VISÃO DE RAIO X?

Quem teve a primeira visão de raio X?

Para um homem sóbrio e reservado como Wilhelm Röntgen, o inverno de 1895 deve ter sido um período desconcertante. Começou com Röntgen achando que ficara maluco e terminou com ele se transformando no cientista mais famoso do mundo.

Durante onze anos, Röntgen trabalhara em uma universidade de pouco destaque em Würzburg, na Alemanha. Era conhecido pelos colegas como um físico esforçado, mas não alguém destinado à grandeza. Certamente não procurava ser o centro das atenções, e foi empurrado de forma relutante para essa situação por causa de uma luz misteriosa, diferente, que viu brilhar em seu laboratório, em uma noite de novembro de 1895.

Brilho estranho

Na época, Röntgen fazia experiências com um dispositivo conhecido como tubo de Crookes, versão inicial do tubo de raios catódicos que mais tarde passou a projetar imagens nas antigas telas de TV.

Tubo de Crookes é uma câmara de vidro parcialmente evacuada com um eletrodo em cada ponta. Se aplicarmos voltagem alta o bastante aos eletrodos, o vidro oposto ao eletrodo negativo brilha, efeito que agora sabemos se dever a elétrons energéticos acelerados pelo campo elétrico – raio catódico – atingindo os átomos do vidro.

Mas a luz que Röntgen viu não estava nem perto de seu tubo. Estava do outro lado do laboratório, a vários metros de distância, em um pequeno pedaço de cartolina pintado com material fluorescente. Longe demais para que os raios catódicos conseguissem chegar.

Röntgen deu início ao experimento. Pôs o tubo de vácuo atrás de um pedaço de cartolina preta para bloquear a luz visível, mas a tela continuava brilhando. Durante as semanas seguintes, tentou identificar a fonte do brilho, mal saindo do laboratório. "Não falei com ninguém sobre meu trabalho", escreveu mais tarde. "Só informei à minha esposa que estava fazendo algo que, quando chegasse ao conhecimento das pessoas, elas diriam que Röntgen havia enlouquecido."

No Natal, ele estava seguro acerca de sua sanidade. Algum tipo de radiação até então desconhecido estava sendo gerado dentro do tubo. Não estava claro o que era exatamente – por isso Röntgen a chamou de raios X. O que estava evidente era que essa radiação podia atravessar não só a cartolina, mas também a madeira e a pele humana. Ossos, no entanto, não: em certa ocasião, Röntgen pôs a mão entre o tubo e a tela, vislumbrando o próprio esqueleto.

Röntgen publicou a descoberta no jornal da sociedade científica local em 28 de dezembro de 1895, sem nenhum alarido. Mas sabia que estava no rumo de alguma coisa e, no dia 1º de janeiro de 1896, despachou cópias de seu artigo para físicos de toda a Europa. Doze delas continham algo que talvez revelasse um talento oculto para a publicidade pessoal: imagens de raios X da mão da esposa Anna Bertha, na qual os ossos e a aliança eram visíveis com nitidez.

Daí em diante, as coisas mudaram rápido. Um dos que receberam as primeiras imagens feitas com raios X do mundo foi Franz Exner, antigo colega de faculdade de Röntgen que dava aulas de Física na Universidade de Viena. Homem sociável, o círculo de Exner incluía o editor do maior jornal de Viena, *Die Presse*.

Notícias de primeira página

Eine sensationelle Entdeckung (uma descoberta sensacional) foi a manchete da primeira página do *Die Presse* em 5 de janeiro de 1896. Provavelmente era um dia letárgico de notícias pós-natalinas, mas eles sabiam quando estavam diante de um furo – mesmo que, em seu entusiasmo, tenham escrito errado o nome de Röntgen.

"Nos círculos instruídos de Viena, a notícia de uma descoberta que o professor Routgen teria feito em Würzburg está neste momento criando uma grande sensação", começava o artigo. "Se a referida descoberta se mostrar verdadeira... estaremos diante de um resultado que abre uma nova era da ciência exata e que terá notáveis consequências tanto na física quanto nas áreas médicas." Jornais do mundo inteiro seguiram o furo do *Die Presse*, e os raios X se tornaram a primeira notícia-sensação internacional relacionada à ciência.

Raios X à venda

O artigo original identificava de forma correta o que ia se tornar a mais importante aplicação dos raios X: a possibilidade de olhar dentro do corpo humano. O mundo não teve de esperar muito tempo para ver cumprida a promessa dos raios X. O que também ocorreu graças, em grande parte, à modéstia de Röntgen: ele se recusou a tirar vantagem de sua descoberta dizendo que ela "pertence ao mundo como um todo e não devia ser reservada a determinadas empresas através de patentes, licenças e coisas semelhantes". Apenas vinte dias após a reportagem inicial, uma empresa de Berlim iniciava a venda dos "tubos Röntgen" para médicos.

Demorou um pouco mais para as pessoas descobrirem o que eram os raios X. Só em 1910 foi descoberto que eles podiam ser polarizados; apenas em 1912 descobriu-se que podiam ser refratados. Ambas as conclusões indicam os raios X como apenas mais uma forma de radiação eletromagnética, assim como era a luz – uma forma, no entanto, extremamente energética, com comprimento de onda muito curto, o que lhe permitia cruzar sem dificuldade o revestimento de muitos materiais.

Então, Röntgen já recebera o primeiro prêmio Nobel de Física, concedido em 1901, embora, de modo coerente com seu temperamento, ele tenha se esquivado da cerimônia de premiação e doado o dinheiro do prêmio à sua universidade.

Röntgen morreu de câncer em 1923, embora seja improvável que tenha sido um mártir de sua ciência, pois fora, como seria de se esperar dele, bastante cuidadoso para não se expor aos raios por muito tempo. Quando de sua morte, seus documentos científicos pessoais foram destruídos, de acordo com os desejos expressos em seu testamento. Hoje não são muitos os que passam pela vida sem entrar em contato com raios X, seja em um hospital, na cadeira de dentista ou em um *scanner* de segurança de um aeroporto. Telescópios especiais coletam os raios e com eles produzem imagens dos processos mais violentos do Universo, como as colisões de galáxias e os colapsos de buracos negros. Com eles, vemos mais longe.

O relutante X-Man

Wilhelm Röntgen relutou em aceitar o fato de ter se tornado uma celebridade científica, mas sua ilustrada associação local, a Sociedade de Física e Medicina de Würzburg, estava determinada a promover o físico e seus raios. Um mês após a descoberta, realizou uma grande comemoração, quando o diretor da instituição propôs, sob frenética salva de palmas, que os raios X fossem rebatizados como "raios Röntgen". Com sua típica modéstia, Röntgen se manteve fiel ao nome original, assim como fez o mundo de língua inglesa. Mas o idioma alemão e a maioria das outras línguas europeias aceitaram a sugestão. De modo apropriado, o Google traduz agora "Herr Röntgen" como "Mr. X".

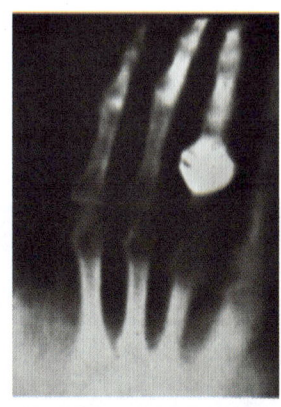

O primeiríssimo raio X, da mão da sra. X.

Informação privilegiada

Os raios X permitem que a equipe de segurança do aeroporto veja a parte interna das bagagens. Mas a maioria dos sistemas dos aeroportos não revela tudo.

Algum tipo de dispositivo eletrônico

Fonte de alimentação para *laptop*

Telefone celular

Guarda-chuva

Uma fonte no *scanner* emite raios X que passam pela maioria dos materiais, mas não conseguem penetrar nos mais densos, como os metais. Esses objetos mais densos podem obscurecer outros itens.

Materiais de baixa densidade, como papel, madeira, roupas, alimentos e plásticos, aparecem em tom alaranjado.

Materiais densos, como metal ou vidro, em um esverdeado, azulado ou na cor preta, dependendo da densidade.

Um segundo tipo de detecção, os raios X de retroespalhamento, fornece mais segurança. Essa tecnologia capta raios X que são refletidos de volta para a fonte e pode revelar objetos que a tecnologia padrão deixa passar.

Raios X de retroespalhamento da mesma mala revelam vários objetos suspeitos.

Arma de plástico

Potencial explosivo dentro do telefone

Líquido em uma garrafa

O *scanner* de raios X retroespalhado começou a ser usado para escanear pessoas em 2008, mas deixou de ser utilizado em 2013, após reclamações de que as imagens eram reveladoras demais.

O que a sorte tem a ver com isso?

Costuma-se dizer que a necessidade é a mãe da invenção. Mas, às vezes, o que acontece é o inverso disso.

Em 1968, Spencer Silver, da empresa química norte-americana 3M, estava tentando desenvolver uma cola superforte. Seu fracasso foi tão retumbante que acabou resultando no contrário, em uma cola particularmente fraca. Mas Silver reparou que ela possuía propriedades interessantes. A cola era forte o bastante para unir as coisas, mas suficientemente fraca para deixar que se soltassem sem deixar resíduo. Também tinha a propriedade de manter a viscosidade. Silver chamou-a de "solução sem um problema" por não conseguir identificar a que carência o produto poderia atender. Ele divulgou o achado na própria 3M para ver se alguém poderia localizar alguma utilidade para a descoberta. Em 1974, um colega dele, Arthur Fry, participou de um dos seminários de Silver. Fry cantava em um coral de igreja e ficava irritado com o fato de seus marcadores ficarem sempre caindo do hinário. Ele percebeu que podia usar a cola de Silver para que os marcadores aderissem durante algum tempo sem danificar as folhas, daí veio a ideia de etiquetas adesivas que pudessem ser reutilizadas.

Situação viscosa

A reação inicial do público ao lançamento pela 3M do bloco adesivo *Press' n Peel*, em 1977, foi de total indiferença. Contudo, depois de rebatizado, em 1980, como *Post-it notes*, o produto decolou. A cor característica também foi acidental. O laboratório de Fry tinha toneladas de blocos de rascunho com papel amarelo para testar.

As etiquetas adesivas *Post-it* são, às vezes, citadas como o grande exemplo de uma invenção que arrebatou o sucesso das garras do fracasso. Mas estão longe de ter sido o único caso. Do mesmo afortunado departamento das colas, temos a Super Bonder, descoberta por acaso em 1942 pelos químicos da divisão química da Eastman-Kodak, em Rochester, Nova York. Eles procuravam plásticos transparentes que pudessem ser transformados em miras para armas de fogo. Um dia, resolveram testar uma classe de produtos químicos chamados cianoacrilatos, que polimerizam espontaneamente em contato com a água. Começaram a testar, mas logo desistiram ao descobrir que os cianoacrilatos colavam rápido tudo que tocavam.

A equipe abandonou os cianoacrilatos, mas redescobriu-os em 1951 e percebeu o potencial que tinham como material adesivo. Nessa época, as colas geralmente precisavam de algum tipo de tratamento para ativar suas propriedades adesivas – como pressão, calor ou tempo de espera –, mas o cianoacrilato só precisava entrar em contato com a umidade do ar (ou de nossos dedos). A Eastman começou a vendê-lo em 1958, mas cometeu um erro ao escolher para o novo produto um nome que não pegava: Eastman #910. Ela vendeu a marca para a Loctite, que se saiu um pouco melhor ao lançá-lo como Loctite Quick Set 404 [Secagem rápida 404 da Loctite]. "Superglue" [Super Bonder no Brasil] foi uma expressão cunhada mais tarde.

> **Acidentes acontecem**
> Etiquetas adesivas, Super Bonder, micro-ondas e Teflon são os exemplos mais famosos de descobertas que, de forma inesperada, resultaram de projetos que visavam descobrir outras coisas. Mas há muitos, muitos outros. Quando Jacob Goldenberg, pesquisador de inovação na Arison School of Business, de Israel, analisou a origem de 200 invenções importantes, sua conclusão foi que, em cerca de metade das vezes, a novidade foi descoberta antes de sua aplicação. É mais frequente que a invenção seja a mãe da necessidade que o contrário.

Outro produto químico que passou do fracasso à fama foi o tetrafluoretileno. Em uma manhã de sábado, em abril de 1938, um químico chamado Roy Plunkett trabalhava no laboratório da DuPont de Nova Jersey tentando, sem êxito, inventar um novo refrigerante. Seu ponto de partida era um gás incomum, chamado tetrafluoretileno, composto de carbono e flúor. Tinha um tanque do gás, mas não conseguia tirar nada de lá. Melhorou a limpeza da válvula. Ainda nenhum gás. Então decidiu serrar o tanque no meio. O que encontrou foi uma substância cerosa e branca, sólida. Ele percebeu que as moléculas do gás haviam reagido entre si e criado um polímero, catalisado pelo revestimento de aço do tanque.

A **vaselina** foi extraída da *rod wax*, goma encerada, resíduo lamacento da perfuração do petróleo.

A **sucralose** foi desenvolvida como potencial inseticida.

O **Viagra** foi originalmente desenvolvido para ser usado como remédio para o coração, mas apresentou alguns inesperados efeitos colaterais.

Na frigideira

O politetrafluoretileno (PTFE) revelou algumas propriedades úteis. Por exemplo, a ligação carbono-flúor tem força incrível, tornando o polímero extremamente não reativo, o que levou à sua primeira aplicação. Cientistas que trabalhavam no Projeto Manhattan* buscavam uma forma de controlar o flúor que estavam usando para enriquecer urânio. O flúor é violentamente reativo, mas o PTFE revelou-se tão inerte que nem mesmo o flúor conseguiu brigar com ele, e assim os tubos e as válvulas foram revestidos com o polímero.

Os químicos logo descobriram que o PTFE – até então registrado sob a marca comercial Teflon – também repelia água e óleo, o que o transformava em um fantástico revestimento antiaderente para frigideiras. Ele protegeu, ainda, os trajes espaciais de astronautas, e hoje é usado para revestir válvulas cardíacas, porque o sistema imune não o rejeita.

O acaso em tempo de guerra também levou a outro componente da feitiçaria da cozinha, o forno de micro-ondas. Em 1945, Percy Spencer, engenheiro da Raytheon, empresa de defesa dos EUA, trabalhava no radar – o segundo mais importante projeto de *hardware* militar depois do Projeto Manhattan –, quando percebeu que uma barra de chocolate que trazia no bolso derretera na embalagem.

Spencer acreditou que o culpado fosse o eletromagnetismo que estava sendo gerado pelo componente principal do radar, o magnetron de cavidade gerador de micro-ondas. Então improvisou um forno experimental e começou a cozinhar. Primeiro estourou algumas pipocas, depois cozinhou um ovo, que explodiu no rosto de um colega.

Descobriu que as micro-ondas geradas pelo magnetron de cavidade do radar tinham o comprimento de onda adequado para fazer moléculas de água vibrarem de forma frenética e assim aquecê-las. Dois anos depois, a Raytheon começou a vender fornos de micro-ondas alimentados pelos mesmos magnetrons de cavidade usados em seus transmissores de radar. Chamados de Radarange, eram muito mais potentes que micro-ondas modernos, sendo capazes de assar uma batata em 2 minutos. "Demoramos muitos anos para perceber que não precisamos de um magnetron com qualidade de radar para esquentar comida", explicou, mais tarde, um neto de Spencer, Rod.

A era do plástico

Talvez o mais influente golpe de sorte tenha ocorrido a Leo Baekeland, químico que nascera na Bélgica e morava em Nova York. Em 1907, o mundo sofria com falta de goma-laca, uma resina secretada por insetos e usada como verniz para conservar a madeira. Ele tentou criar uma resina artificial combinando fenol e formaldeído, mas acabou produzindo uma massa marrom e pastosa. Sempre otimista, Baekeland achou que ela poderia ser moldada e depois tratada com calor para se transformar em material durável. Tinha inventado o primeiro plástico termofixo do mundo. Modesto, homenageou a si próprio chamando-o de baquelite [*bakelite*] e passou a ganhar uma fábula de dinheiro. A necessidade pode não ser a mãe da invenção, mas a sorte favorece a mente preparada.

---

* Programa de pesquisa e desenvolvimento que produziu as primeiras bombas atômicas durante a Segunda Guerra Mundial. Foi liderado pelos Estados Unidos, com o apoio do Reino Unido e do Canadá. (N.T.)

Ping!

Os fornos de micro-ondas foram um subproduto fortuito do desenvolvimento do radar durante a Segunda Guerra Mundial.

Um dos principais desenvolvedores do radar para os Aliados foi o físico estadunidense Percy Spencer. Em 1945, ele trabalhava na tecnologia do radar na Raytheon, uma companhia da Defesa.

Um dia, uma barra de chocolate que estava no bolso de Spencer derreteu sem razão aparente.

O radar trabalha emitindo ondas de rádio ou micro-ondas

Comprimento de onda: 100 m — **Espectro eletromagnético** — Um trilionésimo de 1 metro

Ondas de rádio e micro-ondas — Outros comprimentos de onda

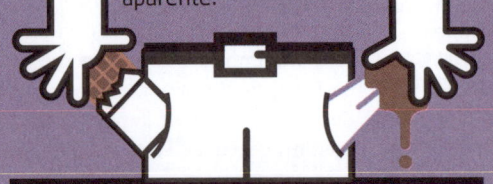

Spencer percebeu que ficara parado em frente a um magnetron de micro-ondas, a parte do radar que gera o raio.

Ele mandou um assistente comprar milho de pipoca e espalhou-o ao lado de um magnetron.

A pipoca começou a estourar.

Então ele cozinhou um ovo.

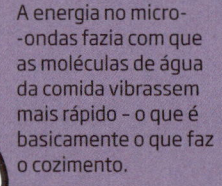

A energia no micro-ondas fazia com que as moléculas de água da comida vibrassem mais rápido – o que é basicamente o que faz o cozimento.

Moléculas de águ

A Raytheon precisava de novos produtos para a economia em tempo de paz. Spencer convenceu a companhia a investir em um projeto para transformar radares em equipamentos de cozinha.

Como o proverbial gorila de 360 quilos, o protótipo tinha quase 2 metros de altura e pesava mais de 250 quilos.

Era cinco vezes mais potente que um micro-ondas moderno e podia assar uma batata em 2 minutos. A empresa chamava isso de "cozinhar com cronômetro".

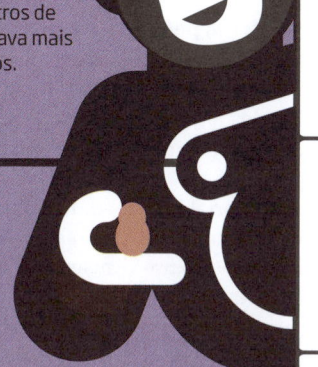

Em 1947, a Raytheon colocou à venda um modelo chamado Radarange. Custava 3 mil dólares, cerca de 30 mil dólares em valores atuais.

Foi um fiasco.

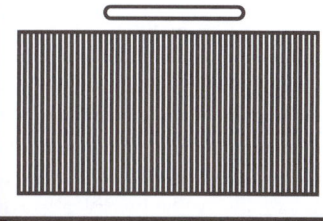

A Raytheon cometera o erro de usar os dispendiosos geradores de micro-ondas do mesmo tipo usados nos radares.

Em 1965, a empresa tentou de novo. Usando magnetrons mais baratos, lançou um forno menor, ao custo de 500 dólares. No final dos anos 1970, as vendas de fornos de micro-ondas ultrapassaram as vendas dos fogões convencionais.

A ORIGEM DE (QUASE) TODAS AS COISAS → INVENÇÕES → COMO NOS TORNAMOS OS DESTRUIDORES DE MUNDOS?

Como nos tornamos os destruidores de mundos?

Leo Szilard esperava para atravessar a rua perto da Praça Russell, em Londres, quando a ideia lhe ocorreu. Era 12 de setembro de 1933. Pouco menos de doze anos depois, os Estados Unidos jogaram uma bomba atômica sobre Hiroshima, matando um total estimado de 135 mil pessoas.

O caminho da ideia de Szilard à sua mortal concretização desenha um dos capítulos mais notáveis na história da ciência e tecnologia. Apresenta extraordinário elenco de personagens, muitos deles refugiados do fascismo, que se opunham à bomba em termos morais, mas foram cooptados pela terrível possibilidade de que a Alemanha nazista pudesse chegar na frente.

O próprio Szilard era judeu nascido na Hungria que fugira da Alemanha para o Reino Unido dois meses depois de Adolf Hitler se tornar chanceler. Desembarcara em um país então na vanguarda da física nuclear. James Chadwick acabara de descobrir o nêutron, e os físicos de Cambridge não demorariam para "dividir o átomo". Iam quebrar um núcleo de lítio em dois, bombardeando-o com prótons, confirmando a visão de Einstein de que massa e energia são a mesma coisa, como expresso pela equação $E = mc^2$.

O "momento eureka" de Szilard foi baseado nesse experimento inovador. Ele argumentou que, se pudéssemos encontrar um átomo que no processo de divisão por nêutrons emitisse dois ou mais nêutrons, a massa desse elemento emitiria grandes quantidades de energia numa reação em cadeia autossustentável.

Szilard insistiu na ideia, mas com pouco sucesso. Foi só em 1938 que se deu a reviravolta – por ironia em Berlim, capital nazista onde os físicos alemães Otto Hahn e Fritz Strassman bombardearam átomos de urânio com nêutrons. Ao analisarem os destroços, ficaram surpresos ao encontrar traços de um elemento muito mais leve, o bário.

Reação em cadeia

Por sorte, Hahn e Strassman eram oponentes do regime. Hahn escreveu para a química austríaca Lise Meitner, que trabalhara com ele em Berlim até fugir para a Suécia depois que os nazistas ocuparam Viena, em 1938. Meitner respondeu explicando que o núcleo de urânio estava se dividindo em duas partes mais ou menos iguais. Ela chamou o processo de "fissão".

A próxima peça do quebra-cabeças veio quando o físico italiano Enrico Fermi, que fugira do fascismo e estava trabalhando na Universidade de Colúmbia, em Nova York, descobriu que a fissão

A hora da bomba

O Projeto Manhattan foi impulsionado pelo temor de que os nazistas ganhassem a corrida para construir a bomba. Hoje não há dúvidas de que isso não ia acontecer. Depois que a Alemanha se rendeu, em 1945, dez de seus principais cientistas nucleares foram internados numa casa de campo perto de Cambridge. Havia escuta nos aposentos, e as transcrições deixam bem claro que os alemães estavam muito longe de uma bomba atômica, e nem mesmo acreditavam que fosse possível produzi-la.

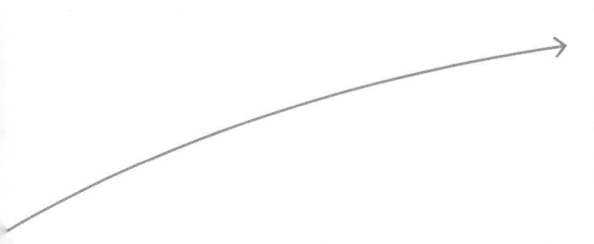

> **"Não acredito em uma única palavra de tudo isso."**
>
> Quando foi informado da destruição de Hiroshima, o físico nuclear alemão Werner Heisenberg se recusou categoricamente a acreditar que uma bomba nuclear fosse a responsável pelo ocorrido.

do urânio liberava os nêutrons secundários necessários para fazer a reação em cadeia ocorrer. Szilard logo se juntou a Fermi em Nova York.

Juntos, calcularam que 1 quilograma de urânio geraria mais ou menos tanta energia quanto 20 mil toneladas de TNT. Szilard já via a perspectiva de uma guerra nuclear. "Na minha cabeça, havia pouquíssima dúvida de que o mundo estava caminhando para o sofrimento", ele recordou mais tarde.

Outros, no entanto, pareciam céticos. Em 1939, o físico dinamarquês Niels Bohr – que se empenhava em ajudar cientistas alemães a escapar por Copenhague – jogou água fria na ideia. Chamou atenção para o fato de o urânio-238, o isótopo que constitui 99,3% do urânio natural, não emitir nêutrons secundários. Só um isótopo de urânio muito raro, o urânio-235, se dividiria desse modo.

Szilard, no entanto, continuou convencido de que a reação em cadeia era possível e receava que os nazistas também soubessem disso. Consultou colegas emigrantes húngaros, Eugene Wigner e Edward Teller. Eles concordaram que Einstein seria a melhor pessoa para alertar o presidente Roosevelt do perigo. A famosa carta de Einstein foi enviada logo após a eclosão da guerra na Europa, mas não causou grande impacto.

Tudo mudou radicalmente em 1940, quando vazaram notícias de que dois físicos alemães trabalhando no Reino Unido haviam provado que Bohr estava errado. Rudolf Peierls e Otto Frisch tinham descoberto como produzir urânio-235 em grandes quantidades, o que tornava possível a utilização do elemento para produção de uma bomba, e alertavam para as aterradoras consequências de seu lançamento. Peierls e Frisch – que haviam escapado com a ajuda de Bohr – também estavam horrorizados com a perspectiva de uma bomba atômica nazista e, em março, escreveram ao governo britânico reclamando uma ação urgente. O "Memorando sobre as Propriedades de uma 'Superbomba' Radioativa", escrito por eles, teve mais êxito que a carta enviada a Roosevelt por Einstein. Levou ao deslanche do projeto de bomba britânico, que tinha o codinome Tube Alloys.

A carta também levou os EUA a entrarem em ação. Em abril de 1940, o governo nomeou o veterano físico Arthur Compton para chefiar um programa de armas nucleares, que acabou se tornando o Projeto Manhattan. Uma das primeiras providências de Compton foi reunir vários grupos de pesquisa da reação em cadeia em um mesmo local, em Chicago. Naquele verão, a equipe deu início a uma série de experimentos para fazer a reação em cadeia acontecer.

O bombardeio de Pearl Harbor, em dezembro de 1941, trouxe novo estímulo. Um ano mais tarde, a equipe do Projeto Manhattan estava pronta para tentar uma reação em cadeia na pilha de urânio e grafite que haviam reunido sob uma arquibancada do campo de futebol da Universidade de Chicago, numa quadra de *squash*. Em uma quarta-feira, 2 de dezembro de 1942, eles tentaram.

Um dia sombrio

As comemorações foram silenciosas. Uma vez confirmada a reação, Szilard trocou um aperto de mão com Fermi: "Isso ficará marcado como um dia sombrio na história da humanidade", disse ele.

Nos quatro anos seguintes, EUA, Reino Unido e Canadá direcionaram imensa quantidade de recursos para o Projeto Manhattan. O Tube Alloys continuou a existir por algum tempo, mas acabou sendo absorvido pelo projeto americano. Os nazistas iniciaram um programa de bombas nucleares, mas não fizeram grande progresso.

Em 16 de julho de 1945, os Estados Unidos detonaram a primeira bomba nuclear no deserto do Novo México. O teste foi a prova final, terrível, de que a energia nuclear podia ser transformada em arma e levou Robert Oppenheimer a recordar um trecho da escritura hindu *Bhagavad Gita*: "Eu me tornei a morte, o destruidor de mundos".

Os ataques ao Japão deram início a uma corrida armamentista mundial. Após 1945, os EUA se empenharam no desenvolvimento maciço de bombas de hidrogênio de destruição em massa, que exploravam mais a fusão nuclear que a fissão nuclear. Os soviéticos desenvolveram e testaram sua própria bomba em 1949. O arsenal nuclear do mundo é hoje de 27 mil bombas nucleares.

Três minutos para a meia-noite

Em 1947, o conselho de ciência e segurança do *Bulletin of the Atomic Scientists* – fundado por veteranos do Projeto Manhattan – criou um relógio simbólico para representar quanto o mundo está perto do desastre nuclear. Quanto mais perto da meia-noite, mais iminente a ameaça.

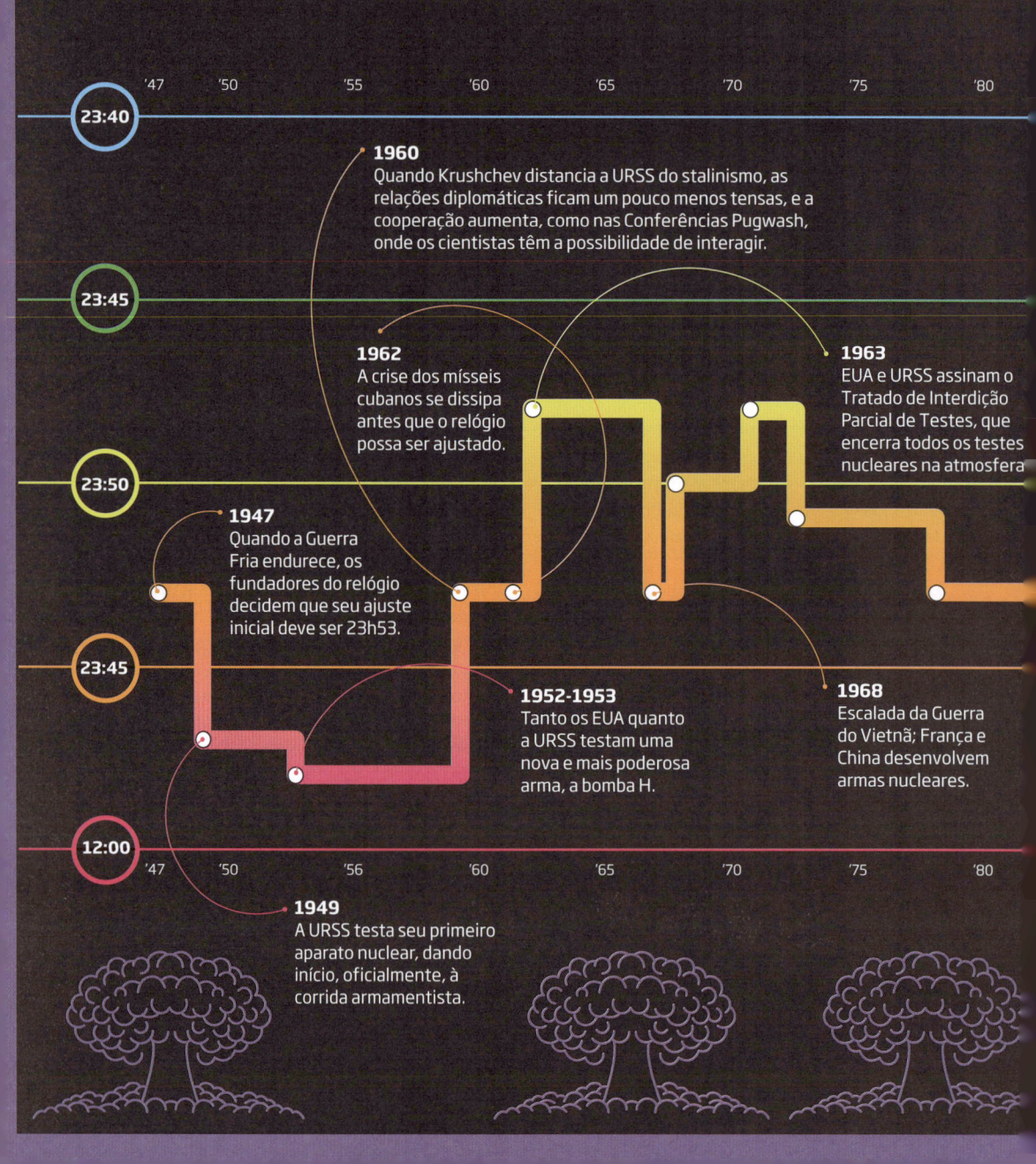

23:40

23:45

23:50

23:45

12:00

1960
Quando Krushchev distancia a URSS do stalinismo, as relações diplomáticas ficam um pouco menos tensas, e a cooperação aumenta, como nas Conferências Pugwash, onde os cientistas têm a possibilidade de interagir.

1962
A crise dos mísseis cubanos se dissipa antes que o relógio possa ser ajustado.

1963
EUA e URSS assinam o Tratado de Interdição Parcial de Testes, que encerra todos os testes nucleares na atmosfera

1947
Quando a Guerra Fria endurece, os fundadores do relógio decidem que seu ajuste inicial deve ser 23h53.

1952-1953
Tanto os EUA quanto a URSS testam uma nova e mais poderosa arma, a bomba H.

1968
Escalada da Guerra do Vietnã; França e China desenvolvem armas nucleares.

1949
A URSS testa seu primeiro aparato nuclear, dando início, oficialmente, à corrida armamentista.

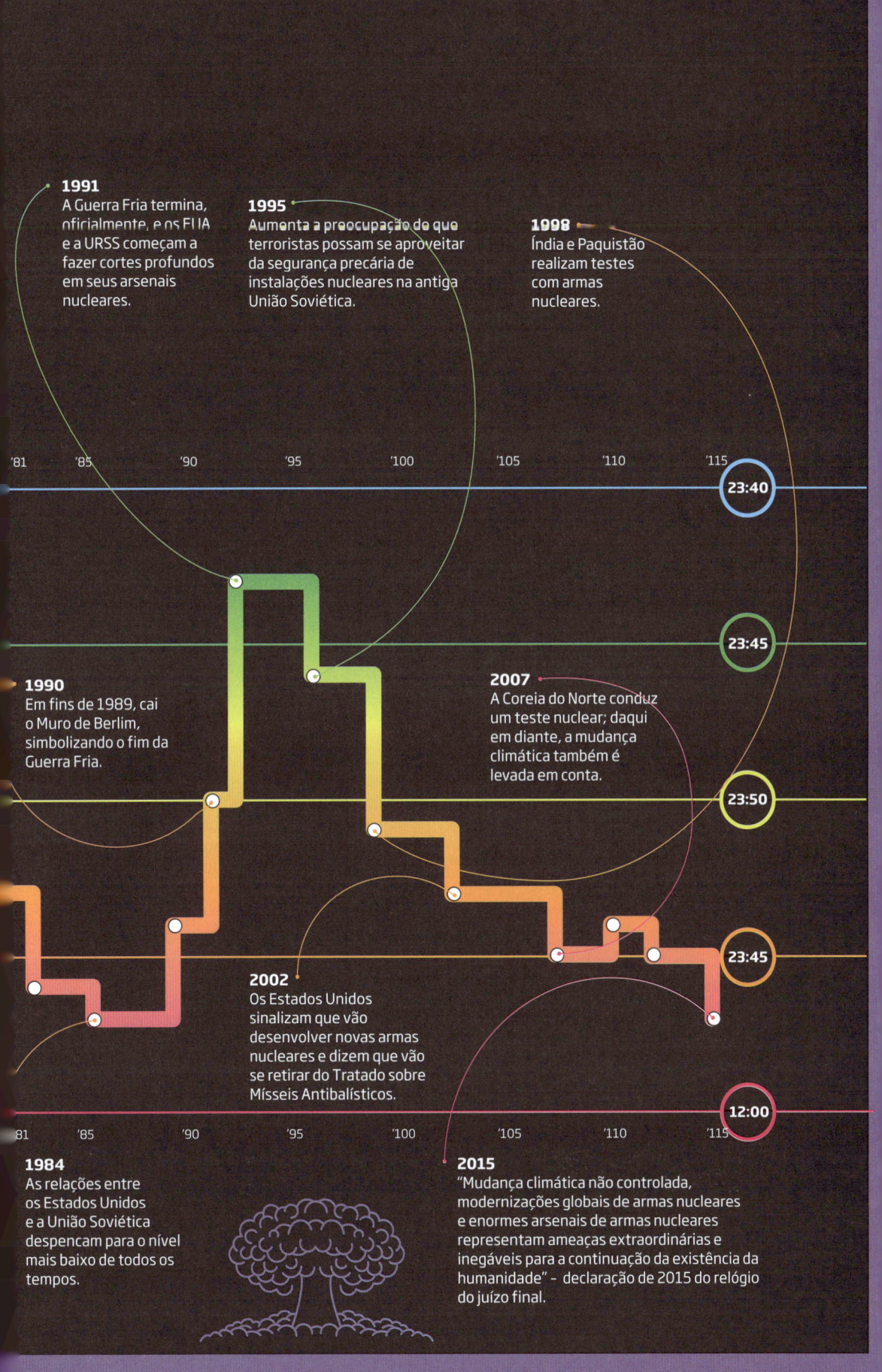

1991
A Guerra Fria termina, oficialmente, e os EUA e a URSS começam a fazer cortes profundos em seus arsenais nucleares.

1995
Aumenta a preocupação de que terroristas possam se aproveitar da segurança precária de instalações nucleares na antiga União Soviética.

1998
Índia e Paquistão realizam testes com armas nucleares.

23:40

1990
Em fins de 1989, cai o Muro de Berlim, simbolizando o fim da Guerra Fria.

2007
A Coreia do Norte conduz um teste nuclear; daqui em diante, a mudança climática também é levada em conta.

23:45

23:50

2002
Os Estados Unidos sinalizam que vão desenvolver novas armas nucleares e dizem que vão se retirar do Tratado sobre Mísseis Antibalísticos.

23:45

12:00

1984
As relações entre os Estados Unidos e a União Soviética despencam para o nível mais baixo de todos os tempos.

2015
"Mudança climática não controlada, modernizações globais de armas nucleares e enormes arsenais de armas nucleares representam ameaças extraordinárias e inegáveis para a continuação da existência da humanidade" – declaração de 2015 do relógio do juízo final.

A ORIGEM DE (QUASE) TODAS AS COISAS → INVENÇÕES → COMO DERROTAMOS AS BACTÉRIAS (POR ALGUM TEMPO)?

Como derrotamos as bactérias (por algum tempo)?

"Quando acordei, logo após o sol nascer, no dia 28 de setembro de 1928, não planejava revolucionar a medicina... Mas acho que foi exatamente o que fiz." Foi assim que Alexander Fleming descreveu sua descoberta da penicilina, um dos maiores avanços da ciência biomédica.

A versão oficial do que aconteceu é bem conhecida. Fleming era um bacteriologista do St. Mary's Hospital, em Londres, e investigava um grupo de bactérias chamadas estafilococos, ou *staph*, em forma abreviada, que provocavam doenças. Voltando cedo após um feriado prolongado, reparou que um de seus pratos de cultura fora contaminado por um mofo que impedia o estafilococo de crescer. Mais tarde, Fleming especulou que os esporos do fungo tinham chegado até ali por uma janela que ficara aberta.

Caldo de fungo

Fleming cultivou o fungo em um caldo e descobriu que um extrato dele matara diversas bactérias causadoras de doenças, em especial as responsáveis pela difteria – embora não tivesse surtido efeito sobre muitas outras, incluindo as da febre tifoide e do cólera. A princípio, chamou o líquido de filtragem de caldo de mofo, mas depois o rebatizou de penicilina, com base no nome latino do fungo, *Penicillium*. Também demonstrou que a penicilina não era tóxica para animais, mesmo em doses muito elevadas.

Fleming publicou seus resultados em 1929, em um texto onde também sugeria que a penicilina poderia ser usada para tratar de infecções bacterianas. Durante a década que se seguiu, ele se lançou numa cruzada incansável para tornar realidade seu potencial. E, o que foi mais importante, recorreu aos químicos para extrair a penicilina e purificá-la em grandes quantidades – algo que o próprio Fleming nunca conseguiu fazer.

Por fim, uma equipe da Universidade de Oxford, dirigida pelo australiano Howard Florey, resolveu o problema, e, em 1944, a penicilina estava sendo produzida em massa. Seu uso em feridos nos desembarques do Dia D definiu seu lugar na história médica.

A penicilina foi, sem a menor dúvida, o maior avanço médico do século XX. Antes dela, 80% das pessoas com sangue contaminado por infecções por estafilococos morriam; depois dela, esse número chegou quase a zero. É impossível dizer quantas vidas ela salvou, mas dezenas de milhões parece uma estimativa conservadora. E a era antibiótica que ela introduziu salvou outras centenas de milhões. Ainda assim, a verdadeira história de sua descoberta não é tão gloriosa quanto parece.

Índice de mortalidade por infecção bacteriana pelos estafilococos

1937	**Antes dos antibióticos**	
1943	Introdução da penicilina	
1944	**Tratamento com penicilina**	
1954	**Após o estafilococo se tornar resistente à penicilina**	
1960	Introdução da meticilina	
1961	**Tratamento com meticilina**	

Fonte: US Centers for Disease Control and Prevention.

Chato, chato...

Por um lado, os efeitos antibacterianos do fungo do *Penicillium* eram bem conhecidos antes de Fleming. E, embora tenha avançado mais que qualquer outra pessoa no caminho para explorar tal propriedade, ele quase perdeu a posse da bola.

O artigo que Fleming escreveu em 1929 foi praticamente ignorado. Ele também fez uma série de palestras, mas elas não fizeram sucesso porque ele era um orador muito chato. Continuou a trabalhar na penicilina, mas essa pesquisa não era sua prioridade, e isso não rendeu frutos. Um experimento mostrou que a penicilina desaparecia da corrente sanguínea de camundongos após 30 minutos, enquanto eram necessárias quatro horas para matar bactérias dispostas em uma placa. Isso parece ter convencido Fleming de que ela provavelmente não funcionaria.

Se é verdade que uma descoberta depende de 1% inspiração e 99% transpiração, o grupo de Florey merece mais crédito. Sua equipe era uma entre muitas que, de forma independente, haviam dado continuidade ao trabalho de Fleming e estavam tentando transformar a penicilina em terapia. Mas, embora recebesse da equipe de Florey culturas do fungo com as quais trabalhava, Fleming não lhes dava atenção. Só ficou interessado em 1942, quando tiveram êxito.

Ah, que delícia de guerra!

Florey lutou as próprias batalhas. Começou em 1938, mas continuou pesquisando mesmo com problemas financeiros. Sua equipe finalmente conseguiu isolar a penicilina e demonstrar que ela podia ser usada para tratar infecções. Mas, apesar de usarem todos os recipientes disponíveis, incluindo baldes plásticos de lixo e penicos, nunca conseguiram produzir a droga em quantidade suficiente para convencer governos ou empresas privadas a iniciar uma produção em grande escala.

No entanto, no meio de seus trabalhos, os pesquisadores foram beneficiados por um golpe de sorte: a Segunda Guerra Mundial estourou. Os governos dos Estados Unidos e do Reino Unido jogaram dinheiro no projeto, e, por fim, a produção em massa da penicilina foi organizada nos EUA.

Como foi então que parte tão grande do crédito pela descoberta acabou ficando com Fleming? A resposta é melhor estratégia de marketing. O comboio foi posto em movimento por Lord Beaverbrook, magnata da imprensa, patrono do St. Mary's Hospital, que providenciou uma cobertura ruidosa da descoberta de Fleming. Outro impulso veio de Almroth Wright, chefe de Fleming no St. Mary's,

Os alegres anos 1950

A revolução sexual é atribuída com frequência à invenção da pílula anticoncepcional, que começou a ser comercializada nos EUA em 1960. Mas é provável que outro medicamento tenha feito a festa começar muito mais cedo: a penicilina. Em 1939, a sífilis matou 20 mil pessoas nos Estados Unidos, e a gonorreia também era comum. Em meados de 1950, a penicilina já havia praticamente exterminado ambas as doenças – fato que coincidiu de forma bastante nítida com a mudança repentina no comportamento das pessoas em relação ao sexo casual.

que escreveu ao *The Times* defendendo que cabia a Fleming o principal crédito pela primazia. Wright tinha em mente a importância das relações públicas: como acontecia na época com todos os hospitais universitários britânicos, o St. Mary's dependia de doações.

Aliás, Florey recebeu, algum tempo depois, uma carta do St. Mary's pedindo doações. O texto começava da seguinte maneira: "Talvez você já tenha ouvido falar da descoberta da penicilina pelo dr. Alexander Fleming". Florey mandou emoldurar a carta e pendurou-a na parede. O ministério da informação do Reino Unido também perpetuou o mito de Fleming para fins de propaganda.

Em 1945, Fleming, Florey e o braço direito de Florey, Ernst Chain, foram agraciados em conjunto com o Prêmio Nobel, mas Fleming ficou com a maior parte das atenções da mídia. Entre o dia em que recebeu o prêmio e sua morte, em 1955, recebeu 140 outros prêmios importantes. Depois que ele morreu, seu laboratório, conhecido pela desordem, foi transformado em museu.

Para ser justo com Fleming, é preciso registrar que sempre que atendia a imprensa, encaminhava os jornalistas a Oxford para que o lado da história de Florey fosse conhecido. Mas Florey se recusava a falar com a imprensa e proibiu sua equipe de fazê-lo. Os repórteres também se interessavam mais pelo relato da descoberta casual de Fleming que pelo trabalho árduo e metódico de Florey – apesar dos penicos e baldes de lixo. E, assim, o mito da penicilina ganhou vida própria.

A ORIGEM DE (QUASE) TODAS AS COISAS → INVENÇÕES → É GUERRA!

É guerra!

Como os antibióticos atacam bactérias – e como as bactérias reagem.

Armas

- Cefalosporinas
- Glicopeptídeos
- Penicilinas

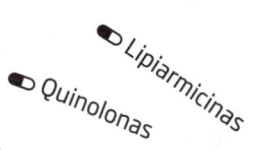

Parede celular
Antibióticos **sitiam** essa barricada protetora externa interrompendo a síntese de novos componentes, desgastando-a pouco a pouco.

- Lipopeptídeos cíclicos
- Polimixinas

Membrana plasmática
Os antibióticos atacam essa fina camada como um **aríete**, golpeando-a de modo incessante, até ela se desintegrar.

- Lipiarmicinas
- Quinolonas
- Sulfonamidas
- Rifamicinas

DNA & RNA
Material genético da célula. Suscetível ao **ataque de um cavalo de Troia** – antibióticos se introduzem na célula e realizam o ataque por dentro.

- Aminoglicosídeos
- Lincosamidas
- Macrólidos
- Tetraciclinas

Ribossomos
Maquinaria molecular para fabricar proteínas. Os antibióticos os **sabotam** interferindo em seu mecanismo interno – é como jogar uma chave inglesa nas engrenagens de um mecanismo.

236

Cápsula
Camada viscosa, protetora.

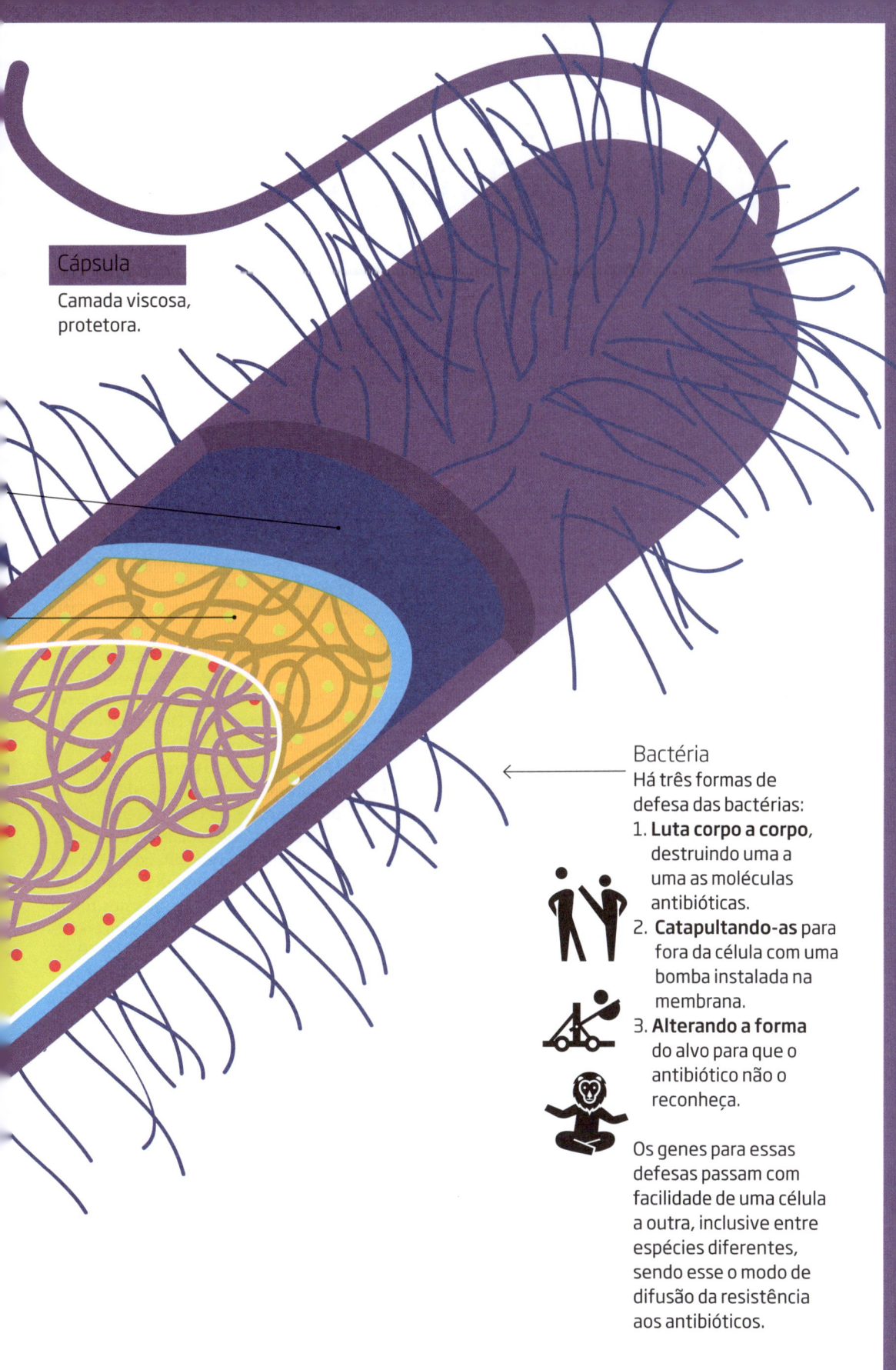

Bactéria
Há três formas de defesa das bactérias:
1. **Luta corpo a corpo**, destruindo uma a uma as moléculas antibióticas.
2. **Catapultando-as** para fora da célula com uma bomba instalada na membrana.
3. **Alterando a forma** do alvo para que o antibiótico não o reconheça.

Os genes para essas defesas passam com facilidade de uma célula a outra, inclusive entre espécies diferentes, sendo esse o modo de difusão da resistência aos antibióticos.

Os nerds realmente herdaram a Terra?

Tente imaginar a vida antes da internet. Sem *smartphones*. Sem mídia social. Sem Google. Sem Netflix, Spotify, Amazon, Uber ou Airbnb. Até mesmo sem e-mails. Se queremos ler as notícias, compramos um jornal. Se queremos ouvir música, compramos um CD. Se queremos nos comunicar com alguém que não está ao alcance da nossa voz, usamos o telefone.

Como sobrevivemos todos esses anos nessa Era das Trevas que vai até a década 1990?

Hoje, a internet está tão difundida que é fácil esquecer quanto ela ainda é nova. Em meados dos anos 1990, apenas cerca de metade dos estadunidenses já tinham ouvido falar dela; e, ainda assim, tratava-se, na época, de um projeto envolto em mistério e tecnicismos de ciência da computação. Seus pioneiros provavelmente não tinham ideia dos usos possíveis da internet, para quais fins ela acabaria sendo usada ou do quanto seria transformadora.

Modo melhor de se conectar

Se há um ano zero para a internet, é provável que seja 1961. Naquele tempo, os sistemas de comunicação eram canais direcionados entre dois locais. Chamadas telefônicas dependiam de linha física entre dois telefones. Radiocomunicações eram irradiadas de um ponto a outro. Mas os elos diretos eram extremamente ineficientes. Perceber que os computadores podiam ser conectados de modo melhor foi a chave que tornou a internet possível. Foi o resultado do trabalho de Leonard Kleinrock, engenheiro do Instituto de Tecnologia de Massachusetts (MIT) que, em 1961, começara a pensar em um modo de agilizar o fluxo de dados por meio de grandes redes de computadores.

Em vez de fazer a mensagem inteira viajar diretamente de um ponto a outro, a ideia de Kleinrock era cortar a mensagem em pedaços, ou pacotes, e deixar que cada um encontrasse seu caminho por intermédio da rede. O computador de destino remontaria a mensagem assim que todos os pacotes tivessem chegado.

A "comutação de pacotes" se mostraria muito mais eficiente e flexível que a utilização de linhas dedicadas. Se um *link* entre dois computadores caía, os pacotes podiam encontrar outra rota. Mas isso exigiu que a maneira como as redes de comunicação operavam fosse cuidadosamente repensada. Foi preciso que houvesse dispositivos na rede para ler cada pacote e encaminhá-lo ao seu destino, o que exigiu um código especial anexado a cada pacote que informasse ao roteador qual era a mensagem e como remontá-la. Esse código evoluiu, mais tarde, para um conjunto de regras chamado protocolo da internet, incluindo um endereço dedicado para cada computador da rede – o endereço IP.

Em 1966, o trabalho chamou atenção de uma organização militar de Pesquisa e Desenvolvimento chamada Agência de Projetos de Pesquisa Avançada (ARPA), que pediu que Kleinrock criasse uma rede de computadores em grande escala para conectar seus pesquisadores. Já então, Kleinrock havia se mudado para a Universidade da Califórnia, em Los Angeles. Montou o primeiro nó ali, em seu laboratório, e o segundo no Stanford Research Institute, perto de São Francisco. Outros nós foram adicionados, e a rede, cada vez maior, ficou conhecida como ARPANET.

Fracasso

A primeira transmissão não deu muito certo. O computador de Kleinrock travou ao enviar a palavra "login"; assim a primeira mensagem foi simplesmente "lo". A palavra completa foi enviada com sucesso cerca de uma hora mais tarde. Isso aconteceu em 29 de outubro de 1969.

Em 1973, a ARPANET se estendia do Havaí a Londres, cruzando os Estados Unidos. À medida que crescia, ficou claro que seu *software* de controle não era adequado para o trabalho. Dois cientistas de computadores, Vint Cerf e Robert Khan, produziram uma versão melhorada. Atualizaram o protocolo da internet para criar um conjunto de regras chamado TCP/IP (Protocolo de Controle da Transmissão/

O primeiro mouse de computador construído à mão em 1968.

Protocolo da Internet), que detalhava tudo, desde como os computadores deviam se identificar uns com os outros até a detecção de erros de transmissão.

Em 1975, eles testaram com êxito o TCP/IP através de um *link* entre a Universidade Stanford e o Colégio Universidade de Londres. Foi um momento fantástico na história da internet, mas havia nuvens no horizonte. A essa altura, redes de computadores tinham surgido no mundo todo, mas a maioria usava regras próprias de comunicação. Essas redes não eram capazes de conversar umas com as outras, e a internet corria o risco de se tornar uma Torre de Babel, com cada um falando uma língua diferente.

Isso mudou devagar. Em 1982, o Departamento de Defesa dos EUA adotou o TCP/IP em todas as suas redes, e, no ano seguinte, a ARPANET fez o mesmo. Enquanto isso, a companhia telefônica AT&T começou a desenvolver uma versão do TCP/IP escrita na linguagem de computador UNIX. Assim, fundamentalmente, esse código entrou no domínio público, para ser usado por qualquer um.

Tal ato de generosidade iluminada teve grande impacto na difusão da internet, já que qualquer computador rodando o UNIX podia ficar *on-line*. Isso aconteceu em 1989; e não é coincidência que o crescimento explosivo da internet tenha acontecido logo depois.

Outro desenvolvimento significativo ocorreu no mesmo ano. Na época, o maior nó da internet na Europa estava na CERN, o laboratório de física de partículas próximo a Genebra. Lá, um jovem cientista da computação chamado Tim Berners-Lee se ressentia pela ausência na internet de um sistema para visualizar, compartilhar e associar documentos. Para resolver esses problemas, Berners-Lee criou um sistema de *software* chamado WorldWideWeb, que incluía o primeiro navegador da Web. Incluía também um recurso para criar hiperlinks chamado protocolo de transferência de hipertexto [*hypertext transfer protocol*], ou HTTP. Ele utilizou o recurso para criar o primeiro site e colocá-lo *on-line*, em info.cern.ch.

Revolução da informação

O WorldWideWeb foi o *software* de que a internet – o *hardware* – precisava para escapar do laboratório. E ele se espalhou como fogo, pegando carona na difusão da infraestrutura da rede. Em 1993, a rede transportava apenas 1% do fluxo de informação do mundo. Hoje, aproxima-se dos 100%, uma revolução tecnológica de escala e velocidade sem precedentes. Se você se lembra dos dias anteriores à internet, considere-se afortunado: testemunhou a própria construção da história.

Internet, versão 1968

Outro evento marcante na evolução da internet ficou conhecido como A Mãe de Todas as Demonstrações. Em 8 de dezembro de 1968, uma equipe de engenheiros do Stanford Research Institute, da Califórnia, reuniu-se em São Francisco para uma conferência sobre tecnologia da computação que tinha como objetivo apresentar o futuro da informática. Entre outras inovações, apresentaram a videoconferência, a edição colaborativa, o hipertexto e o mouse de computador. Essa apresentação futurista permitiu uma espiada em um modo de vida que se tornaria normal cerca de trinta anos mais tarde, mas só após o crescimento explosivo de um sistema de comunicação totalmente novo chamado internet.

A ORIGEM DE (QUASE) TODAS AS COISAS → INVENÇÕES → W.W.QUANDO?

W.W.Quando?

Em 1969, computadores das Universidades da Califórnia e de Stanford foram conectados para criar o que viria a ser a tecnologia mais transformadora desde a prensa móvel.

- Força-Tarefa de Engenharia da Internet, montada para fornecer direção técnica.
- Procedimentos de computação da academia aos negócios.
- Endereços numéricos da internet substituídos por nomes.

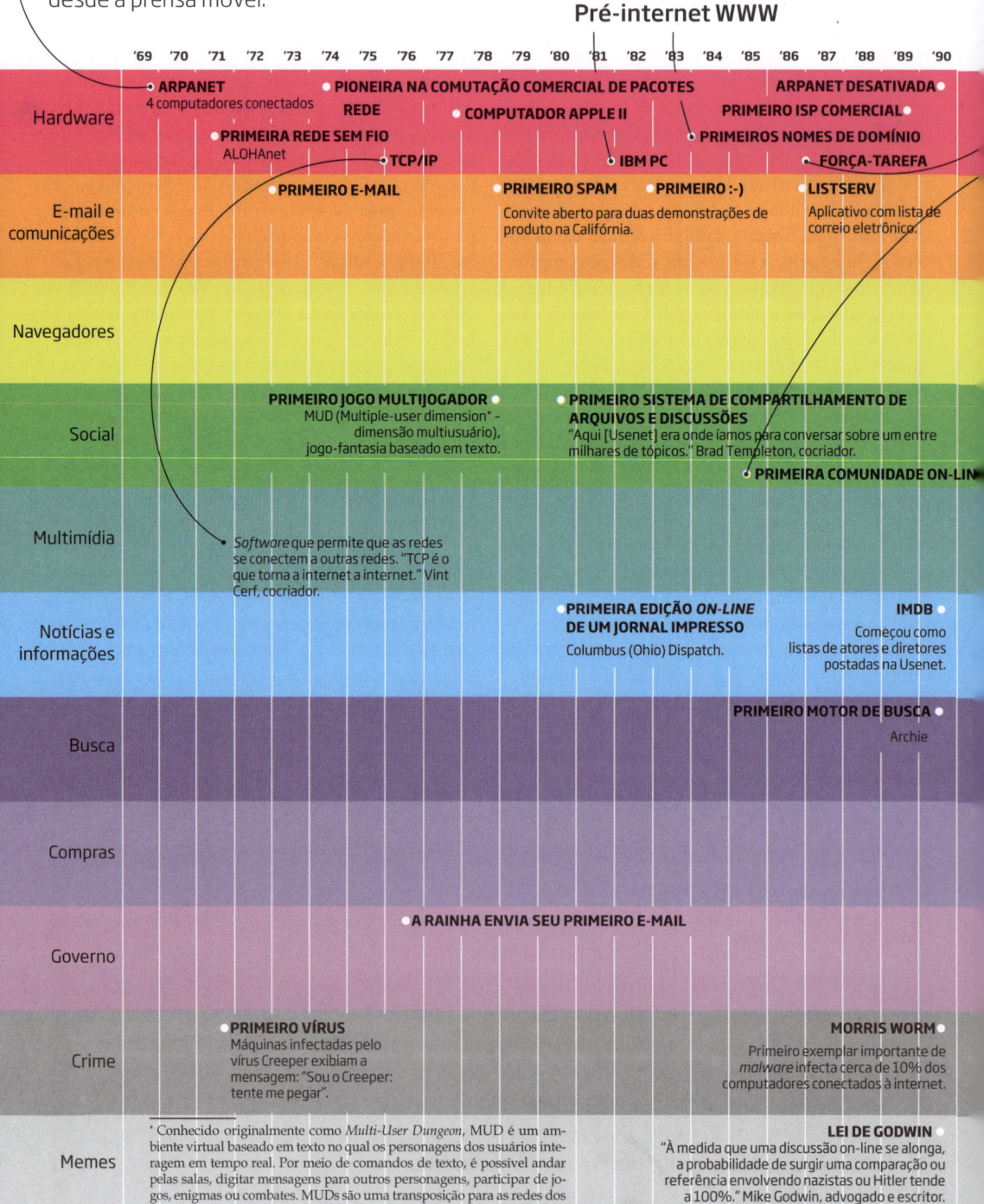

Pré-internet WWW

Hardware
- **ARPANET** ('69) — 4 computadores conectados
- **PRIMEIRA REDE SEM FIO** ('71) — ALOHAnet
- **PIONEIRA NA COMUTAÇÃO COMERCIAL DE PACOTES REDE** ('75)
- **TCP/IP** ('74)
- **COMPUTADOR APPLE II** ('77)
- **IBM PC** ('81)
- **ARPANET DESATIVADA** ('86)
- **PRIMEIRO ISP COMERCIAL** ('86)
- **PRIMEIROS NOMES DE DOMÍNIO** ('84)
- **FORÇA-TAREFA** ('86)

E-mail e comunicações
- **PRIMEIRO E-MAIL** ('72)
- **PRIMEIRO SPAM** ('78) — Convite aberto para duas demonstrações de produto na Califórnia.
- **PRIMEIRO :-)** ('82)
- **LISTSERV** ('86) — Aplicativo com lista de correio eletrônico.

Navegadores

Social
- **PRIMEIRO JOGO MULTIJOGADOR** ('78) — MUD (Multiple-user dimension* - dimensão multiusuário), jogo-fantasia baseado em texto.
- **PRIMEIRO SISTEMA DE COMPARTILHAMENTO DE ARQUIVOS E DISCUSSÕES** ('80) — "Aqui [Usenet] era onde íamos pra conversar sobre um entre milhares de tópicos." Brad Templeton, cocriador.
- **PRIMEIRA COMUNIDADE ON-LINE** ('85)

Multimídia
Software que permite que as redes se conectem a outras redes. "TCP é o que torna a internet a internet." Vint Cerf, cocriador.

Notícias e informações
- **PRIMEIRA EDIÇÃO *ON-LINE* DE UM JORNAL IMPRESSO** ('80) — Columbus (Ohio) Dispatch.
- **IMDB** ('86) — Começou como listas de atores e diretores postadas na Usenet.

Busca
- **PRIMEIRO MOTOR DE BUSCA** ('86) — Archie

Compras

Governo
- **A RAINHA ENVIA SEU PRIMEIRO E-MAIL** ('76)

Crime
- **PRIMEIRO VÍRUS** ('71) — Máquinas infectadas pelo vírus Creeper exibiam a mensagem: "Sou o Creeper: tente me pegar".
- **MORRIS WORM** ('88) — Primeiro exemplar importante de *malware* infecta cerca de 10% dos computadores conectados à internet.

Memes
* Conhecido originalmente como *Multi-User Dungeon*, MUD é um ambiente virtual baseado em texto no qual os personagens dos usuários interagem em tempo real. Por meio de comandos de texto, é possível andar pelas salas, digitar mensagens para outros personagens, participar de jogos, enigmas ou combates. MUDs são uma transposição para as redes dos jogos de RPG. (Extraído de *Cibercultura* de Pierre Lévy, editora 34.) (N.T.)

- **LEI DE GODWIN** ('90) — "À medida que uma discussão on-line se alonga, a probabilidade de surgir uma comparação ou referência envolvendo nazistas ou Hitler tende a 100%." Mike Godwin, advogado e escritor.

Larry Brilliant, cocriador, descreve, mais tarde, o protótipo da comunidade virtual, o site The Well, como "tudo que você encontra hoje na internet além do comercialismo".

Segundo o inventor Tim Bernes-Lee, o WWW foi o que tornou a internet útil para as pessoas comuns, porque permite que acessem informações sem precisar ter conhecimentos sobre o hardware do computador.

A CERN coloca o software World Wide Web em domínio público.

Uma organização sem fins lucrativos montada para gerenciar nomes de domínio e endereços de IP.

Pós-internet WWW

'91 '92 '93 '94 '95 '96 '97 '98 '99 '00 '01 '02 '03 '04 '05 '06 '07 '08 '09 '10 '11 '12 '13 '14 '15

- LIBERDADE!
- BIT TORRENT
- WORLD WIDE WEB
- IPV6 PROPOSTO — Para aumentar suprimentos de endereços de IP.
- BANDA LARGA — Ultrapassa a discagem nos EUA.
- ESTAÇÃO ESPACIAL INTERNACIONAL CONECTADA
- PRIMEIRO SITE
- PRIMEIRO HIPERTEXTO
- ICANN
- RSS FEEDS

- HOTMAIL
- MSN MESSENGER
- SKYPE
- IPHONE
- SNAPCHAT
- GMAIL
- SLACK

- MOSAIC
- TOR
- CHROME
- MICROSOFT EDGE
- NETSCAPE
- SAFARI
- INTERNET EXPLORER
- FIREFOX
- NAVEGADOR NEXUS

- PRIMEIRO BLOG — Justin's Links From The Underground
- WORDPRESS
- FACEBOOK
- INSTAGRAM
- LINKEDIN
- DIGG
- PINTEREST
- MATCH.COM
- "WEBLOG" É CRIADO
- MYSPACE
- FLICKR
- TWITTER
- GOOGLE+
- CLASSMATES.COM
- SECOND LIFE
- REDDIT
- YIK YAK

- PRIMEIRA WEBCAM — Transmissão ao vivo de uma cafeteira em operação.
- TRIPADVISOR
- YOUTUBE
- AUDIOGALAXY
- LAST.FM
- PODCAST É INVENTADO
- BBC IPLAYER
- PRIMEIRA FOTO — Gif da house band.
- NAPSTER
- NETFLIX STREAMING
- ITUNES
- SPOTIFY

- ARXIV — Artigos científicos
- PRIMEIRO JORNAL EUROPEU A ENTRAR ONLINE — Daily Telegraph
- WIKIPEDIA
- WIKILEAKS
- GOOGLE MAPS
- BUZZFEED
- SALON
- SLATE
- BABEL FISH
- HUFFINGTON POST
- GOOGLE STREET VIEW
- DRUDGE REPORT
- GOOGLE EARTH

- WEBCRAWLER — Primeiro motor de busca no sistema "full-text".
- BING
- SIRI
- YAHOO
- GOOGLE
- ALTA VISTA
- ASK JEEVES

- PRIMEIRA PROPAGANDA EM BANNER
- PRIMEIRO BANCO ONLINE
- GOOGLE AD WORDS
- AMAZON PRIME
- INSTACART
- NETMARKET — Primeira transação on-line.
- CRAIGSLIST
- ALIBABA
- AIRBNB
- AMAZON
- PAYPAL
- BITCOIN
- EBAY
- EXPEDIA
- APPSTORE

- CASA BRANCA — lança site e endereços de e-mail
- LEI DE COMBATE À PIRATARIA ON-LINE — Abandonada após protestos em massa.
- VOTAÇÃO ON-LINE EM ELEIÇÃO ESTONIANA
- CAN-SPAM ACT

- LISTA DE ESPIÕES BRITÂNICOS É VAZADA ON-LINE
- STORM BOTNET
- VAZAMENTOS DE SNOWDEN
- MAFIABOY DERRUBA SITES
- SITE SILK ROAD FECHADO
- ANONYMOUS É FUNDADO
- CRYPTOLOCKER
- NAPSTER É FECHADO
- SONY HACK

- DANCING BABY
- BADGER BADGER BADGER
- CHATROULETTE
- FLAPPY BIRD
- HAMSTER DANCE
- FATOS SOBRE CHUCK NORRIS
- REBECCA BLACK
- #JESUISCHARLIE
- ALL YOUR BASE ARE BELONG TO US
- LOLCATS
- GANGNAM STYLE
- RICKROLLING
- HARLEM SHAKE

'91 '92 '93 '94 '95 '96 '97 '98 '99 '00 '01 '02 '03 '04 '05 '06 '07 '08 '09 '10 '11 '12 '13 '14 '15

A ORIGEM DE (QUASE) TODAS AS COISAS → INVENÇÕES → COMO CONQUISTAMOS O ESPAÇO?

Como conquistamos o espaço?

Em 8 de setembro de 1944, o mundo tomou conhecimento de uma nova e terrível arma. Paris e Londres foram atingidas por gigantescas bombas caindo do céu. Para a Alemanha nazista, o míssil balístico V-2 era uma última e decisiva aposta. Hitler acreditava que o V-2 viraria a maré da guerra que ele estava perdendo. Ele estava errado, mas não resta dúvida de que o míssil mudou o curso da história.

O V-2 não foi a primeira arma trazida por foguete: mísseis movidos a pólvora foram inventados durante as guerras napoleônicas. Mas foi o primeiro foguete capaz de viajar a grande altitude na atmosfera, aproximando-se da orla do espaço.

Temos de agradecer por isso a um engenheiro estadunidense, Robert Goddard, nascido em 1882. Durante um período de doença na infância, ele estudou sozinho aerodinâmica e, mais tarde, se convenceu de que era possível voar para o espaço sideral.

Em 1914, Goddard registrou duas patentes daquilo que acreditava ser a única tecnologia suficientemente poderosa para nos permitir escapar da gravidade da Terra: foguetes de vários estágios, usando combustível líquido. Em 1919, expandiu suas ideias em um trabalho seminal, *A method of reaching extreme altitudes*.

Homens-foguete

Goddard não foi o único engenheiro com projetos relacionados ao espaço. Em 1922, um alemão chamado Hermann Oberth apresentou uma tese de doutorado sobre ciência aeroespacial à Universidade de Heidelberg. A tese foi rejeitada. Mas no ano seguinte ele publicou, por iniciativa própria, um livro chamado *By Rocket into Planetary*, que inspirou um grupo de alemães com ideias parecidas a fundar a Sociedade para a Viagem Espacial.

Enquanto isso, a União Soviética criava a Sociedade para Estudos da Viagem Interplanetária, extensão oficial da academia militar em Moscou. Em outubro de 1924, a Sociedade realizou um debate público sobre a viabilidade do lançamento de um foguete para a Lua. O desafio era produzir o primeiro foguete movido a combustível líquido e, por fim, escapar dos laços da gravidade da Terra.

Os americanos garantiram vantagem inicial. Em 16 de março de 1926, Goddard supervisionou o primeiro lançamento de um foguete movido a combustível líquido em Auburn, Massachusetts. Ele não foi exatamente disparado para a Lua: o foguete voou por 2,5 segundos, atingiu altura de 12 metros e caiu em uma plantação de repolhos. Percebendo que precisava guiar de alguma maneira seu aparelho, Goddard acrescentou palhetas móveis e controle giroscópico.

Nesse momento, Goddard parecia bem à frente do jogo. Mas seus rivais estavam chegando perto. Em 1929, Oberth fez a demonstração convincente de um motor de foguete em um teste estático. Sua equipe incluía um estudante de 18 anos chamado Wernher von Braun, que não demorou a ultrapassar Oberth como líder dos esforços alemães.

Em 1933, a União Soviética realizou o próprio teste de lançamento, sob a orientação de outro futuro colosso da ciência aeroespacial, Sergei Korolev. Ele se tornaria o farol orientador

> **A vida imita a ficção científica**
> O espaço sempre exerceu poderosa influência sobre a imaginação, mas sonhos realistas de realmente ir até lá só começaram nos anos 1860, quando Júlio Verne publicou os romances *Da Terra à Lua* e *Ao redor da Lua*. Tanto Robert Goddard, pai da ciência aeroespacial americana, quanto seu equivalente alemão, Hermann Oberth, encontraram inspiração juvenil nessas obras de ficção científica e, apesar do ceticismo generalizado, ajudaram a fazer com que elas se tornassem realidade um século depois de serem publicadas.

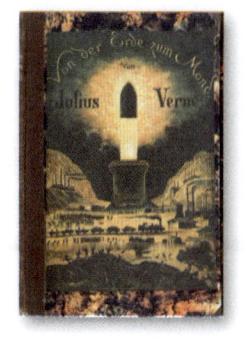

Os primeiros cientistas aeroespaciais foram inspirados pelos romances de Júlio Verne.

do programa espacial da URSS e ainda estava no comando quando Yuri Gagarin se tornou o primeiro homem a orbitar a Terra, em 1961.

Enquanto o mundo se mobilizava, antecipando a guerra, governos e suas forças armadas começaram a se interessar cada vez mais por foguetes. Imaginem ser possível lançar explosivos em direção a outro país com um simples aperto de botão! Ideias menos agressivas relacionadas ao voo espacial foram, então, colocadas em segundo plano.

Bombas prontas

A Alemanha não demorou a assumir a liderança. Em 1933, foi iniciado o trabalho para criar o protótipo que levaria ao V-2; os primeiros testes de lançamento bem-sucedidos ocorreram em 1934. Depois do progresso inicial, no entanto, Von Braun e sua equipe enfrentaram uma série de contratempos, e a falta de entusiasmo de Hitler foi um dos piores. Mas, quando a guerra passou a favorecer os Aliados, o programa foi intensificado.

Sob certos pontos de vista, o V-2 foi um grande sucesso. Foi o primeiro míssil balístico do mundo e, de modo mais significativo, o primeiro objeto feito pelo homem a chegar ao espaço, em um voo de teste realizado no dia 20 de junho de 1944. Nesse ponto havia pouca dúvida dos engenheiros de que os grandes motores de foguetes com propulsão a combustível líquido seriam capazes de levar seres humanos ao espaço.

A derrota dos nazistas tirou a Alemanha da corrida especial, mas seus cientistas aeroespaciais continuaram a trabalhar nos EUA e na URSS, recrutados pelos antigos inimigos. No primeiro momento, ambos os lados queriam os V-2s ainda não utilizados e a tecnologia para produzir outros. Mais tarde, ficaram interessados em construir mísseis balísticos intercontinentais para lançar ogivas nucleares. Por fim, começaram uma corrida para a Lua. Tudo baseado na engenharia aeroespacial alemã.

A competição foi dura, e o progresso, rápido. Em 1946, uma câmera no topo de um V-2 lançado do Campo de Testes de Mísseis de White Sands, no Novo México, capturou uma imagem da curvatura da Terra e o vazio além dela, sendo a primeira foto do espaço. Foi mais ou menos nessa época que a expressão *it's not rocket science** tornou-se popular.

Ambos os lados também fizeram melhoramentos no V-2, construindo foguetes maiores e melhores. Era apenas questão de tempo para que um lado ou outro fosse capaz de colocar um artefato em órbita. Esse dia foi 4 de outubro de 1957.

É difícil compreender hoje a consternação causada com o lançamento pela União Soviética do primeiro satélite artificial do mundo. O Ocidente assistiu com apreensão o Sputnik 1 emitir um fraco sinal de rádio em direção à Terra. A pequena esfera de metal se manteve por dez semanas em órbita antes de se incendiar na reentrada. Considerando que tinha apenas 58 centímetros de diâmetro e nada além de um rádio transmissor no interior, a preocupação parece desproporcional. Ainda assim, os EUA tinham sido derrotados na questão da órbita. Quatro anos depois, os soviéticos pareciam ter duplicado sua vantagem quando Korolev colocou Gagarin em órbita.

Caminhando na Lua

Mas os Estados Unidos riram por último. Em agosto de 1969, a NASA usou um foguete Saturno V para colocar humanos na Lua. O que começara como última trincheira aberta para a Alemanha vencer a guerra acabou levando a uma vitória da propaganda pró-americana – e ajudou a alimentar um programa de pesquisa espacial que nos ensinou, mais que qualquer outro, sobre de onde viemos e para onde estamos indo.

---

* "Literalmente, "isso não é ciência aeroespacial". Trata-se de uma expressão comum na língua inglesa para se referir a algo que não seria tão complicado quanto pode parecer ser à primeira vista, equivalente à expressão em português "isso não é um bicho de sete cabeças". (N.T.)

É ciência aeroespacial...

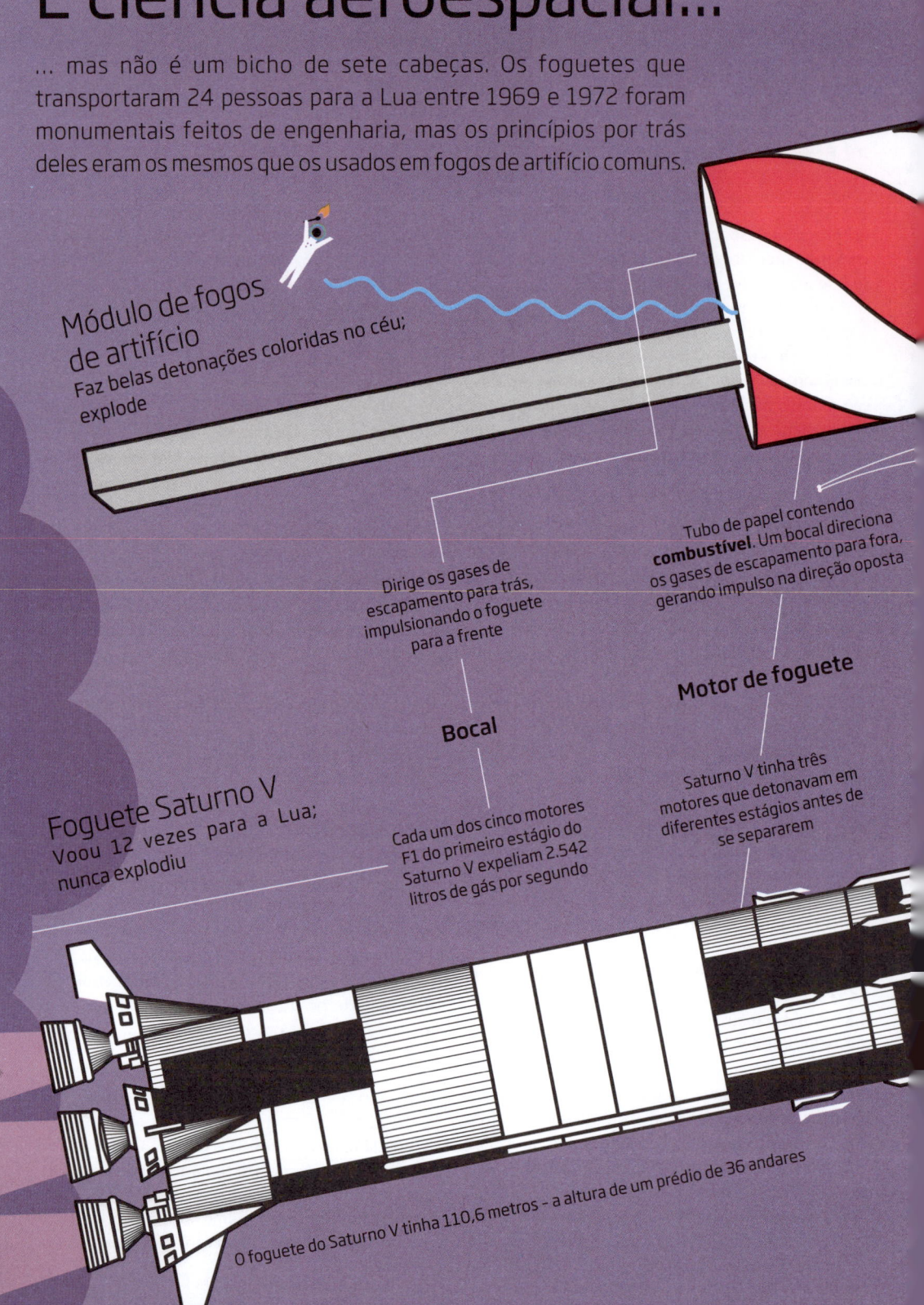

... mas não é um bicho de sete cabeças. Os foguetes que transportaram 24 pessoas para a Lua entre 1969 e 1972 foram monumentais feitos de engenharia, mas os princípios por trás deles eram os mesmos que os usados em fogos de artifício comuns.

Módulo de fogos de artifício
Faz belas detonações coloridas no céu; explode

Tubo de papel contendo combustível. Um bocal direciona os gases de escapamento para fora, gerando impulso na direção oposta

Bocal
Dirige os gases de escapamento para trás, impulsionando o foguete para a frente

Motor de foguete
Saturno V tinha três motores que detonavam em diferentes estágios antes de se separarem

Foguete Saturno V
Voou 12 vezes para a Lua; nunca explodiu

Cada um dos cinco motores F1 do primeiro estágio do Saturno V expeliam 2.542 litros de gás por segundo

O foguete do Saturno V tinha 110,6 metros – a altura de um prédio de 36 andares

Combustível

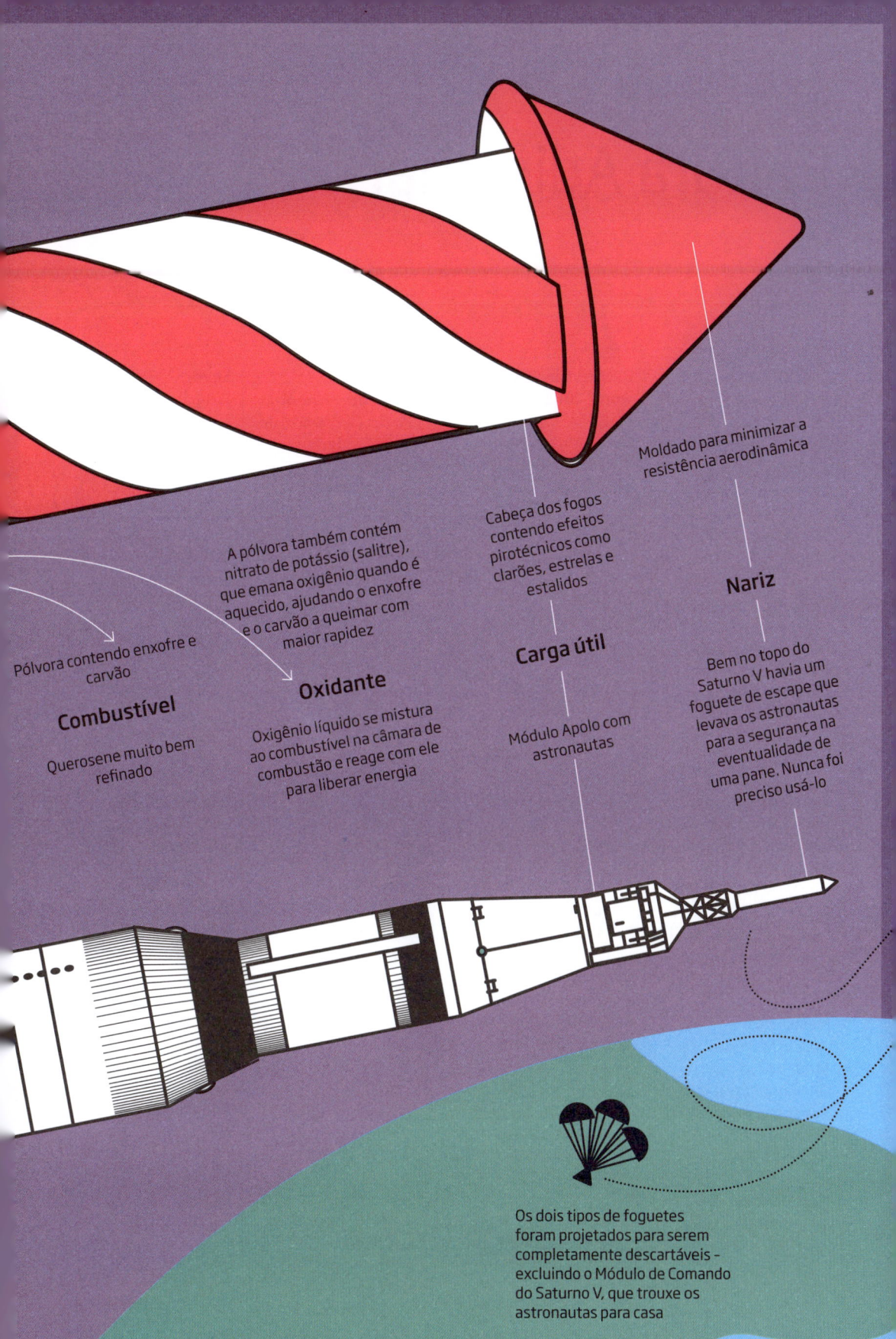

Querosene muito bem refinado

Pólvora contendo enxofre e carvão

Oxidante

Oxigênio líquido se mistura ao combustível na câmara de combustão e reage com ele para liberar energia

A pólvora também contém nitrato de potássio (salitre), que emana oxigênio quando é aquecido, ajudando o enxofre e o carvão a queimar com maior rapidez

Carga útil

Módulo Apolo com astronautas

Cabeça dos fogos contendo efeitos pirotécnicos como clarões, estrelas e estalidos

Nariz

Bem no topo do Saturno V havia um foguete de escape que levava os astronautas para a segurança na eventualidade de uma pane. Nunca foi preciso usá-lo

Moldado para minimizar a resistência aerodinâmica

Os dois tipos de foguetes foram projetados para serem completamente descartáveis - excluindo o Módulo de Comando do Saturno V, que trouxe os astronautas para casa

A ORIGEM DE (QUASE) TODAS AS COISAS → LEITURA ADICIONAL

Leitura Adicional

Capítulo 1
O Universo

Matéria, espaço e tempo
A Brief History of Time: From the Big Bang to Black Holes, de Stephen Hawking (Bantam Dell, 1988)

Estrelas e galáxias
Galaxies: A Very Short Introduction, de John Gribbin (Oxford University Press, 2008)

Elementos químicos
The Elements: A Visual Exploration of Every Known Atom in the Universe, de Nick Mann e Theodore Gray (Black Dog & Leventhal, 2011)

Meteoritos
Atlas of Meteorites, de Monica M. Grady, Giovanni Pratesi e Vanni Moggi Cecchi (Cambridge University Press, 2013)

Matéria escura e energia escura
The 4% Universe: Dark Matter, Dark Energy, and the Race to Discover the Rest of Reality, de Richard Panek (Oneworld, 2012)

Buracos negros
Black Holes: The Reith Lectures, de Stephen Hawking (Bantam, 2016)

Capítulo 2
Nosso Planeta

O sistema solar
Wonders of the Solar System, de Brian Cox e Andrew Cohen (Collins, 2010)

A Lua
The Moon, a Biography, de David Whitehouse (Orion, 2002)

Continentes e oceanos
Ocean Worlds: The Story of Seas on Earth and Other Planets, de Jan Zalasiewicz e Mark Williams (Oxford University Press, 2014)

Tempo
The Cloudspotter's Guide, de Gavin Pretor-Pinney (Sceptre, 2006)

Solo
Earth Matters: How Soil Underlies Civilization, de Richard Bardgett (Oxford University Press, 2016)

Ar
Out of Thin Air: Dinosaurs, Birds, and Earth's Ancient Atmosphere, de Peter Ward (National Academies Press, 2006)

Petróleo
The Prize: The Epic Quest for Oil, Money and Power, de Daniel Yergin (Simon & Schuster, 1991)

Capítulo 3
Vida

Vida
Creation: The Origin of Life / The Future of Life, de Adam Rutherford (Penguin, 2014)

Células complexas
The Vital Question: Why is Life The Way It Is?, de Nick Lane (Profile Books, 2015)

Sexo
Power, Sex, Suicide: Mitochondria and the Meaning of Life, de Nick Lane (Oxford University Press, 2005)

Insetos
Planet of the Bugs: Evolution and the Rise of Insects, de Scott Shaw (University of Chicago Press, 2014)

Dinossauros
Dinosaurs, de Michael Benton e Steve Brusatte (Quercus, 2008)

Olhos
Climbing Mount Improbable, de Richard Dawkins (W. W. Norton, 1996)

Sono
Sleep: A Very Short Introduction, de Steven W. Lockley e Russell G. Foster (Oxford University Press, 2012)

Humanos
The Strange Case of the Rickety Cossack and Other Cautionary Tales from Human Evolution, de Ian Tattersall (Palgrave Macmillan, 2015)

Linguagem
The Evolution of Language, de W. Tecumseh Fitch (Cambridge University Press, 2010)

Amizade
How Many Friends does One Person Need?: Dunbar's Number and Other Evolutionary Quirks, de Robin Dunbar (Faber & Faber, 2010)

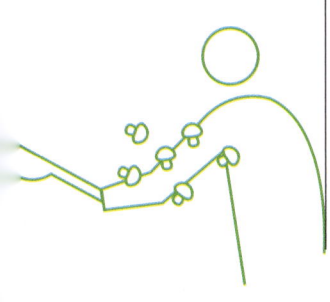

Cotão do umbigo
Elephants on Acid: And Other Bizarre Experiments, de Alex Boese (Mariner Books, 2007)

Capítulo 4 Civilização

Cidades
Mesopotamia: The Invention of the City, de Gwendolyn Leick (Penguin, 2002)

Dinheiro
Money Changes Everything: How Finance Made Civilization Possible, de William N. Goetzmann (Princeton University Press, 2016)

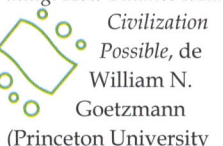

Funerais
The Palaeolithic Origins of Human Burial, de Paul Pettitt (Routledge, 2010)

Cozinha
Catching Fire: How Cooking Made us Human, de Richard Wrangham (Profile Books, 2010)

Animais domesticados
The Covenant of the Wild: Why Animals Chose Domestication, de Stephen Budiansky (Orion, 1994)

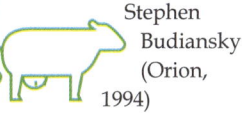

Religião organizada
Big Gods: How Religion Transformed Cooperation and Conflict, de Ara Norenzayan (Princeton University Press, 2015)

Álcool
Uncorking the Past: The Quest for Wine, Beer, and Other Alcoholic Beverages, de Patrick E. McGovern (University of California Press, 2009)

Posses
Paraphernalia: The Curious Lives of Magical Things, de Steven Connor (Profile Books, 2011)

Roupas
The Wild Life of our Bodies: Predators, Parasites, and Partners that Shape Who We Are Today, de Rob Dunn (HarperCollins, 2011)

Música
The Singing Neanderthals: The Origins of Music, Language, Mind and Body, de Steven Mithen (Harvard University Press, 2006)

Higiene pessoal
Bum Fodder: An Absorbing History of Toilet Paper, de Richard Smyth (Souvenir Press, 2012)

Capítulo 5 Conhecimento

Escrita
Lost Languages: The Enigma of the World's Undeciphered Scripts, de Andrew Robinson (McGraw-Hill, 2002)

A ORIGEM DE (QUASE) TODAS AS COISAS → LEITURA ADICIONAL

Zero
Nothing: From Absolute Zero to Cosmic Oblivion – Amazing Insights into Nothingness, por *New Scientist* (Profile Books, 2013)

Medida
The Measure of All Things: The Seven-Year Odyssey and Hidden Error that Transformed the World, de Ken Alder (Little, Brown, 2002)

Contagem do tempo
The Mastery of Time: A History of Timekeeping, from the Sundial to the Wristwatch. Discoveries, Inventions, and Advances in Master Watchmaking, de Dominique Fléchon e Franco Cologni (Flammarion, 2011)

Política
The Righteous Mind: Why Good People are Divided by Politics and Religion, de Jonathan Haidt (Penguin, 2013)

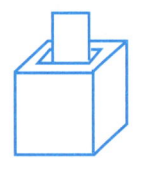

Química
The Disappearing Spoon: And Other True Tales of Madness, Love, and the History of the World from the Periodic Table of Elements, de Sam Kean (Little, Brown, 2010)

Mecânica quântica
Quantum Theory Cannot Hurt You: Understanding the Mind-Blowing Building Blocks of the Universe, de Marcus Chown (Faber & Faber, 2014)

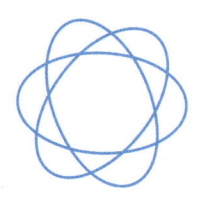

Capítulo 6 Invenções

Roda
The Wheel: Inventions and Reinventions, de Richard W. Bulliet (Columbia University Press, 2016)

Rádio
Marconi: The Man who Networked the World, de Marc Raboy (Oxford University Press, 2016)

Voo
First Flight: The Wright Brothers and the Invention of the Airplane, de T. A. Heppenheimer (John Wiley, 2003)

Teclado QWERTY
Quirky Qwerty: A Biography of the Typewriter & its Many Characters, de Torbjorn Lundmark (Penguin, 2003)

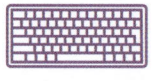

Computadores
Alan Turing: The Enigma, de Andrew Hodges (Princeton University Press, 2014)

Raios X
Röntgen Rays: Memoirs, de Wilhelm Conrad Röntgen, *sir* George Gabriel Stokes e *sir* Joseph John Thomson (Sagwan Press, 2015)

Descobertas acidentais
Chance: The Science and Secrets of Luck, Randomness and Probability, por *New Scientist* (Profile Books, 2015)

Armas nucleares
Inside the Centre: The Life of J. Robert Oppenheimer, de Ray Monk (Jonathan Cape, 2012)

Antibióticos
Alexander Fleming: The Man and the Myth, de Gwyn Macfarlane (Chatto & Windus, 1984)

A internet
Tubes: Behind the Scenes at the Internet, de Andrew Blum (Ecco Press, 2012)

Ciência aeroespacial
Rockets into Space, de Frank H. Winter (Harvard University Press, 1993)

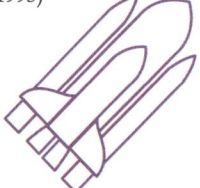

Agradecimentos

Este livro não teria se tornado realidade sem o apoio de muitas pessoas da *New Scientist*, em especial Sumit Paul-Choudhury e John MacFarlane. Agradeço a Catherine Brahic, Daniel Cossins, Liz Else, Dave Johnston, Will Heaven, Valerie Jamieson, Frank Swain e Jeremy Webb por suas ideias e sugestões, e a todos da *New Scientist* pelo brilho de sua excelência.

Agradeço também à equipe não menos brilhante de John Murray: Nick Davies, Georgina Laycock e Kate Miles no editorial, Amanda Jones na produção, Rosie Gailer na publicidade, Ross Fraser no marketing, Al Oliver na arte e Ben Gutcher em vendas.

Em São Francisco, agradeço a Alan McLean pelo olhar crítico, a Derek Watkins pela perícia em mapeamentos, e a Brian X. Chen pela cera de seu ouvido. Muitas dessas ilustrações não seriam possíveis sem o uso de D3, uma biblioteca em JavaScript para a visualização de dados.

Parte do material deste livro é adaptado de artigos anteriormente publicados em *New Scientist*.

Foram feitos todos os esforços apropriados para identificar os detentores de direitos autorais, mas se houver erros ou omissões John Murray terá prazer em inserir o reconhecimento apropriado em quaisquer futuras impressões ou edições.

Permissões de uso de imagens

© Education Images / UIG via Getty: p. 27.
© *The New York Times* / Redux / eyevine: p. 35.
© John Chumack / Science Photo Library: p. 36.
© NASA, ESA, J. Hester e A. Loll, Arizona State University: p. 37.
© NASA / Goddard / Lunar Reconnaissance Orbiter: pp. 48-9.
© John Valley, University of Wisconsin: pp. 52-3.
© Science Stock Photography / Science Photo Library: pp. 60-1 (Solo).
© Natural History Museum, London / Science Photo Library: pp. 60-1 (Tatuzinhos-de-jardim).
© Phil Degginger / Science Photo Library: p. 76.
© Leonello Calvetti / Science Photo Library: p. 77 (superior).
© Photo Researchers, Inc / Science Photo Library: p. 77 (embaixo); pp. 92-3 (da esquerda para a direita): Postosuchus © Dr. Jeff Martz/NPS; Tapejara © Deagostini/UIG/ Science Photo Library; Eudimorphodon © Leonello Calvetti/Science Photo Library; Sarchosucus © Walter Myers/Science Photo Library; Sinornithosaurus © Nobumichi Tamura/Stocktrek Images/Getty. Anchiornis © Julius T. Csotonyi/Science Photo Library; Ornithosuchus © Natural History Museum, London/Science Photo Library; Scansoriopteryx © IVPP, China; Desmatosuchus © Friedrich Saurer/Science Photo Library; Microraptor © Natural History Museum, London/Science Photo Library; Pterodactyl © Friedrich Saurer/Science Photo Library; Liopleurodon © Friedrich Saurer/Science Photo Library; Gigantoraptor © Friedrich Saurer/Science Photo Library; Mosasaurus © Jacopin/BSIP/Science Photo Library; Archaeopteryx © Leonello Calvetti/Science Photo Library;
Poposaurus © Dr. Jeff Martz/NPS.
© Fernando Gómez: p. 95.
© Nicolas Primola/E. Panagopoulos/Craig Mackie: pp. 96-7
© Jennifer Daniel: pp. 116-17.
© Stuart Bur/Getty: p. 135.
© FLPA/REX/Shutterstock: p. 139.
© Shutterstock.com: p. 149 (avelã).
© Davit Hakobyan/AFP/Getty: p. 155.
© CDC/Phanie/REX/Shutterstock: p. 156 (piolho das roupas).
© Biophoto Associates/Science Photo Library: p. 156 (piolho de cabeça).
© CDC-Who/Phanie/REX/Shutterstock: p. 156 (piolho pubiano).
© Natural History Museum, London/Science Photo Library: pp. 156-57 (piolho de gorila e piolho de chimpanzé).
© Jennifer Daniel: pp. 184-85.
© Schmidt-Luchs/ullstein bild via Getty: p. 207.
© The United States Patent and Trademark Office: p. 216 (direita).
© The United States Patent and Trademark Office: p. 216 (esquerda).
© Mansell/Time & Life Pictures/Getty: p. 217 (direita).
© Universal History Archive/UIG via Getty: p. 217 (esquerda).
© SSPL/Getty: p. 219.
© Cortesia de Intel: p. 220 (esquerda).
© Cortesia de Intel: p. 220 (direita).
© Car Culture Collection/Getty: p. 221 (alto).
© Granger, NYC/Alamy: p. 221 (meio).
© Plainview/Getty: p. 221 (embaixo).
© Science Photo Library: p. 223.
© American Science and Engineering, Inc.: pp. 224-25.
© Apic/Getty: p. 239.
© Detlev Van Ravenswaay/Science Photo Library: p. 243.

A ORIGEM DE (QUASE) TODAS AS COISAS → ÍNDICE REMISSIVO

Índice Remissivo

A

acondritos 26-7
aeroplanos 210-13
aeroporto, segurança em 224-25
aetossauros 91, 92
água
  e origem da vida 74-5, 76-7
  nuvens e chuva 55
  oceanos 50-1
álcool 146-49
alfabetos 171
álgebra 175, 176
Al-Khwarizmi 176
alquimia 190, 191
amizade 110-13 
amperes 179, 180
analítico, motor 218
anãs brancas 19, 20-1, 36
animais 53
  alimentação do animal 140-41
  domesticados 138-41
  e álcool 146
  e amizade 110
  e linguagem 106, 107
  e morte 130, 131
  e música 158, 159
  e rodas 203
  em histórias religiosas 144
  olhos 94-7
  piolhos 155, 156-57
  posses 150
  sono 94-7
  ver também humanos
animais domesticados 101, 138-41
animais multicelulares 53
antibióticos 234-37
ar 62-5
arcossauros 91
argônio 65
Aristóteles 190
aritmética 174-75, 176
arizonasaurus 91
arqueas 78-9
ARPANET 238, 239
artigo sobre papel higiênico 152-53, 162-65
asteroides 26, 27
asteroides, cinturão de 43, 45
atmosfera 62-3
australopithecus afarensis 130
australopithecus sediba 103
axilas 163

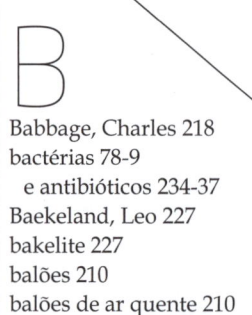

B

Babbage, Charles 218
bactérias 78-9
  e antibióticos 234-37
Baekeland, Leo 227
bakelite 227
balões 210
balões de ar quente 210
bebida 146-49
beijo cloacal 85
berílio 23
Berners-Lee, Tim 239
Big Bang 14-5
Big Splat 46
binários, números 177
bipedalismo 102
bitcoin 127
Bohr, Niels 195, 197, 231
bonobos 154, 159
boro 23
Brahmagupta 174-75, 176
Brak 123
Braun, Karl Ferdinand 206
buracos negros 18, 34-7

C

cachorros 138-39
  sono 101
cálcio 25

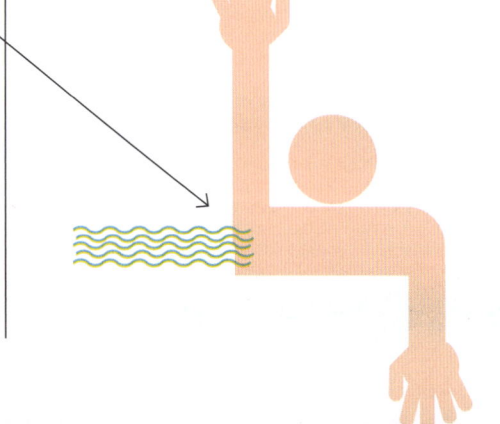

cálculo 177
canções 159
candelas 179, 181
carbono 24-5
Çatalhöyük 123
cavalos: tamanho do
  pênis 82
  sono 100
Cayley, George 210-11
célula polar 57
células 78-81
cera do ouvido 115-17
Cerf, Vint 238-39
cerveja 147, 149
Chelyabinsk 26
chimpanzés 102
  dieta 134, 135
  e álcool 146
  e morte 130, 131
  pelo 154
  piolhos 156-57
  posses 150
  ritmo 159
chocolate 147, 149
chuva 55
ciclones 55
cidades 122-25
ciência aeroespacial
  242-45
cinturão de Kuiper 43
civilização
  álcool 146-49
  animais domesticados
    138-41
  cidades 122-25
  cozinha 134-37
  dinheiro 126-29
  funerais 130-31
  higiene pessoal 162-65
  música 158-61
  posses 150-53
  religião organizada
    142-45
  roupas 154-55

clima 54-7
cloro 25
cloroplasto 79, 81
cobre 25
coisas 150-53
cola 226
comida 140-41, 152
comprimento 178-79,
  181
computadores 152,
  218-19
condritos 26
condritos carboníferos
  26
conhecimento
  contagem do tempo
    182-85
  escrita 170-73
  mecânica quântica
    194-97
  medidas 178-81
  política 186-89
  química 190-93
  zero 174-77
conservadores 186-87,
  189
consumo de energia
  68-9
continentes 50-1, 52
cópula 85
corrente elétrica 179,
  180
cotão do umbigo 114-15
cozinha 134-37, 227
cremação 131
creme dental 162
cuneiforme 170

dança do papai 158
Darwin, Charles 74, 78,
  94, 102, 138, 158

Darwin, George 46
De Rozier, Pilâtre 210
Deflexão, raios X 225
Densmore, James 214
dentes: limpeza 162
  e comida cozida 135
Descartes, René 176
deuses 142
dinheiro 126-29
dinossauros 90-3
dióxido de
  carbono 62,
  63, 65, 75,
  76-7
dióxido de enxofre 62
DNA 75
doze 184-85

economia de
  subsistência 128
ediacaranos 79
efeito de Coriolis 54-5
Einstein, Albert 31, 34-
  5, 194, 196, 231

elefantes 100
elementos químicos
  22-3
  e origem da vida 75
  no corpo humano 24-5
  tabela periódica 190-93
elementos ver
  elementos químicos
elétrons 191

endorfinas 110
endossimbiose 79
energia escura 31-3
entidades sobrenaturais
  o menos absurdas
    possível 144-45
entropia 15
enxofre 25
eoraptor 91
eritropsidínio 95
escrita 170-73
espaço 14-5
  ciência aeroespacial
    242-45
  ficção científica 242
  ver também universo
espaguetificação 34
espermatóforos 84
estrelas 18-21, 23
  e buracos negros 34-7
estrôncio 25
etanol 146
etiquetas adesivas 226
eucariotos 78-9, 82, 83
evolução 102-03

251

F

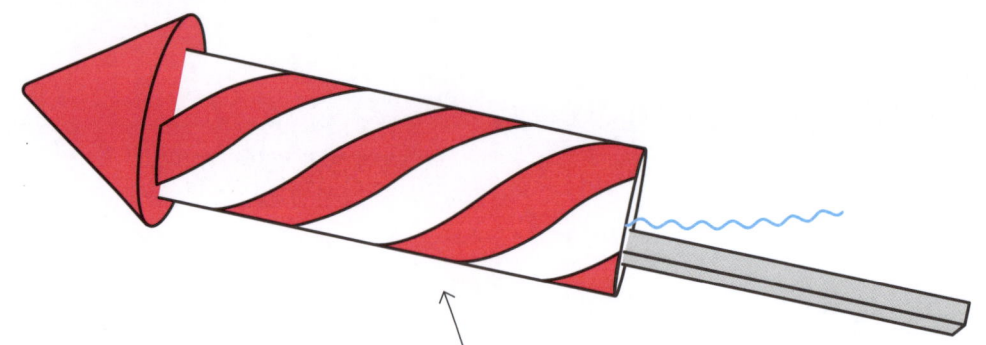

fermentação 146-49
fermento 146
Fermi, Enrico 230-31
ferramentas 151
Ferrel, célula de 56-7
ferro 23, 25, 62-3
fertilização externa 85
fiapo do umbigo 114-15
Fibonacci 175, 176
fitossauros 91, 92
Fleming, Alexander 234-35
Florey, Howard 234, 235
flúor 25
fogo 134, 150-51
fogos de artifício 244-45
fósforo 25
fósseis, combustíveis 66-9
fotossíntese 53, 62-3
Francesa, Revolução 178, 186-87
Frege, Gottlob 177
frutas, mosca das 139
funerais 130-31
furões 139

G

galáxias 18-21
galinhas 139
gatos 139
   gato de Schrödinger 195
Gayetty, Joseph 162, 163
Geiger, Hans 191
geometria 176
gigantes gasosos 43, 45
gigantes, estrelas 19, 20-1, 36-7
Glidden, Carlos 214
Gliese 667C 44
Gliese 876 44
Göbekli Tepe 142, 143
Goddard, Robert 242
golfinhos 101
gorilas: dieta 135
   pelo 154
   piolhos 155, 156-57
   tamanho do pênis 82
Grande Oxigenação evento da 62-3
gravidade 31

H

Hadley, célula de 56
Hamoukar 122-23
harmonia 160-61
Hawking, Stephen 14-5
HD 1080 44
Heisenberg, Werner 195, 197
hélio 22, 23
Herrerasaurus 91
hidras 94-5
hidrogênio 22, 23, 24-5, 75
hidrotermal, teoria 74-5
hieróglifos 171
higiene pessoal 162-65

Hilbert, David 218-19
Homo erectus 102-03, 107, 134, 135
Homo floresiensis 103
Homo heidelbergensis 103, 107, 130-31
Homo naledi 103, 131
Homo sapiens 103, 107, 131, 135
Hubble, Edwin 14
humanos 102-05
   amizade 110-13
   axilas 163
   cera do ouvido 115-17
   cotão do umbigo 114-15
   dança do papai 158
   elementos químicos 24-5
   linguagem 106-09
   melecas 115
   olhos 115
   sono 98-9
   ver também civilização; invenções; conhecimento
vivos e mortos 132-33

I

insetos 86-9
internet 238-41
intertropical zona de convergência 56
invenções
   antibióticos 234-37
   armas nucleares 230-33
   ciência aeroespacial 242-45
   computadores 218-19
   descobertas inesperadas 226-29

etiquetas adesivas 226
internet 238- 41
micro-ondas 227, 228-29
papel higiênico 162-63
rádio 206-09
raios X 222-25
roda 202-05
supercola 226
teclado QWERTY 214-17
Teflon 226-27
voo 210-13
iodo 25
IOUs 128

J

jet streams 55
Júpiter 43

K

kelvins 179, 181
Kepler 80 44
Khan, Robert 238-39
Kleinrock, Leonard 238
Korolev, Sergei 243

L

Lagrange, Joseph-Louis 177
Langley, Samuel 211
Laplace, Pierre-Simon 34
Lei de Moore 220-21
Leibniz, Gottfried 177
leitura 170
leões marinhos 100

Lilienthal, Otto 211
linguagem 106-09, 150, 202-03
  escrita 170-73

中文

lítio 22
Lodge, Oliver 207
Lua 27, 43, 46-9, 52, 211
luz: e olhos 94-7
  intensidade 179, 181

M

macroagregados 60
magnésio 25
Maillard, reação de 134
manganês 25
Manhattan, Projeto 230, 231
máquinas de escrever 214-17

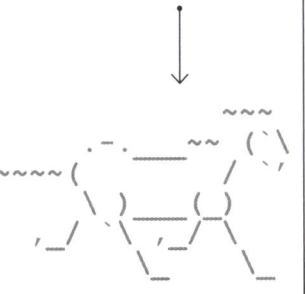

Marconi, Guglielmo 206-07
Marsden, Ernest 191
Marte 27, 42, 43, 44, 63
massa 178, 179, 180
matemática 174-77

matéria 14-7
  matéria escura 30-3
  matéria escura 30-1
  matéria escura 30-3
mecânica quântica 15-6, 191, 194-97
medição 178-81
Meitner, Lise 230
meleca 115
Mendeleev, Dmitri 190-93
Mercúrio 42, 44
metamorfose 87
metano 62, 63
meteoritos 26-9, 50, 51
meteoritos de ferro 27
meteoritos mistos 27
metros 178-79, 181
Michell, John 34
microagregados 60
micro-ondas 227, 228-29
mitocôndrias 79, 80, 83
moeda corrente 127, 129
moeda fiduciária 127, 129
moeda-mercadoria 126-27, 128
molibdênio 25
mols (unidade de medida) 179, 181
Montgolfier, Jacques Étienne 210
morcegos 101
morte 130-33
muco 115
música 158-61

N

nada 15-7
  zero 174-77
nariz: melecas 115
nazistas: armas nucleares 230, 231
  ciência aeroespacial 242, 243
neandertais 103, 107, 134, 135, 158
Netuno 42, 43
Newton, Isaac 177, 191
nitrogênio 25, 63, 64-5
nucleares, armas 230-33
número de Dunbar 111, 112
números: doze 184-85
  zero 174-77
Nuvem de Oort 43
nuvens 55

O

Oberth, Hermann 242-43
oceanos 50-1
olhos 94-7, 115
olivina 75, 76-7
Oort, Jan 30
Oppenheimer, Robert 231
orangotangos: dieta 135
  pelo 154
ouro 127
oxigênio 24, 62-3, 65, 86
oxitocina 110

P

panspermia 74
papel higiênico 152-53, 162-65
partículas primárias 61
pássaros: sono 101
Peirce, Charles Sanders 178
peixe-dourado 139
penicilina 234-35
pênis 85
  tamanho 82
Penrose, Roger 14-5
periódica, tabela 190-93
permuta 126, 128
pernas 102
petróleo 66-7
pictogramas 170-71, 172-73
piolhos 155, 156-57
Pisanosaurus 91
Planck, Max 194, 196

planetas 42-5
  ver também Terra
plesiossauros 91, 92
Plunkett, Roy 227
Plutão 43
polinização 84
política 186-89
Popov, Aleksandr 207
porcos 139
posses 150-53
potássio 25
princípio da incerteza 195, 197
procariotos 78
progressistas 186-87, 188
protolinguagem 106
pterossauros 91, 93
PTFE (politetrafluoretileno) 226-27

Q

quantidade de substância 179, 181
quilogramas 178, 179, 180

R

radar 227
rádio 206-09
Rainha Vermelha, hipótese da 82
raios X 222-25
rã-touro 100
rauisuchias 91, 92
redes sociais 110-13
relâmpago 55
religião 142-45
relógios 182
REM (movimento rápido dos olhos), sono 98, 99, 100
respiração 62-3, 64-5
reuma 115
rinocerontes: tamanho do pênis 82
ritmo 158, 159
RNA 75
rodas 202-05
Röntgen, Wilhelm 222-23
roupas 151, 152-53, 154-55
Rutherford, Ernest 207

S

sapatos 154-55
Saturno 43
Saturno V, foguete 244-45
Scansoriopteryx 92-3
Schrödinger, Erwin 195, 197
Schwarzschild, Karl 34-5
Seaborg, Glenn 191
segundos 179, 180, 182-83
sexo 82-5
  e penicilina 235
sexual, canibalismo 85
Sholes, Christopher Latham 214
silabários 171
silício 25
Silver, Spencer 226
simetria 15
singularidade 35
Smith, Adam 150
sódio 25
Sol: formação 42
  e clima 54, 57
  eclipse solar total 47
  ver também sistema solar
solar, eclipse 47
  sistema 42-5
solo 58-61
sonhos 98, 99
sono 98-101
  reuma 115
sono de ondas lentas 99, 100
sono profundo 98-9, 100
Spencer, Percy 227, 228-29
Steinhauser, Georg 114-15
Stringfellow, John 210
submicroagregados 61
sucralose 227
supercola 226
supergigantes 19, 20-1
supernova 23, 37
Szilard, Leo 230, 231

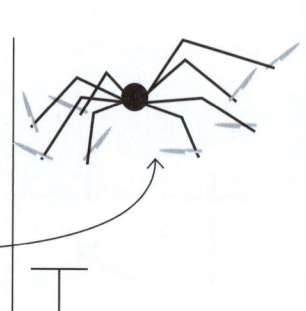

T

TCP/IP 238-39
teclado 214-17
teclado QWERTY 214-17
Teclado Simplificado Dvorak 215
Teflon 226-27
Telescópio Espacial Hubble 18-9
temperatura 179, 181
tempestades 55
tempo 14-5
  medida 179, 180, 182-85
tempo profundo 183
teoria do estado estacionário 14
teoria dos conjuntos 177
teoria geral da relatividade 14-5, 34-5
Terra Bola de Neve 63
Terra
  ar 62-5

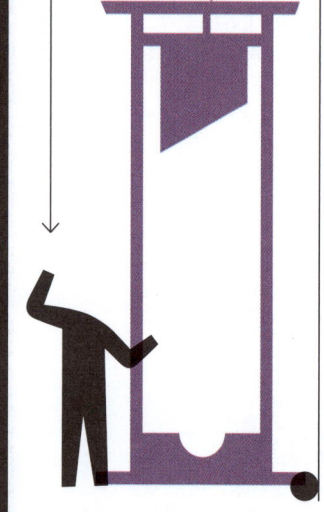

áreas urbanas e rurais 124-25
bilhão da chatice 78
continentes e oceanos 50-3
e Lua 46-9
e segundos intercalados 183
no sistema solar 42-5
origem da vida 74-7
petróleo 66-9
sinais de rádio da 208-09
solo 58-61
tempo 54-7
Tesla, Nikola 206-07
Tétis, Oceano de 67
tornados 55
transistores 220
transporte
  aeroplanos 210-13
  animais domesticados 140-41
  rodas 202-05
transurânicos, elementos 22
traumática, inseminação 85
trilobitas 94, 95
tropicais, ciclones 55
Turing, Alan 218-19
Turing, máquina de 219

U

Universo
  buracos negros 34-7
  elementos químicos 22-5
  estrelas e galáxias 18-21
  matéria, espaço e tempo 14-7
  matéria escura e energia escura 30-3
  meteoritos 26-9
  ver também sistema solar; espaço
Urano 42
Uruk 122-23, 202

V

V-2, míssil balístico 242
vaselina 227
vento 54-5, 56-7
ventos alísios 56-7
ventos do oeste 57
Vênus 42, 44, 63
Viagra 227
Vida
  amizade 110-13
  células complexas 78-81
  cera do ouvido 115-17
  cotão do umbigo 114-15
  dinossauros 90-3
  humanos 102-05
  insetos 86-9
  linguagem 106-09
  olhos 94-7
  origem da 74-7
  sexo 82-5
  sono 98-101
vinho 147, 148, 149
von Braun, Wernher 242-43
voo 210-13

W

Wheeler, John Archibald 35
WIMPs (partículas maciças com interação fraca) 30
World Wide Web 239, 240-41
Wrangham, Richard 135
Wright, Orville e Wilbur 210, 211

Z

zero 174-77
zinco 25
zircões 50-3
Zwicky, Fritz 30